高职高专教育“十二五”规划教材
项目引领 任务驱动下的新教材

计算机绘图
（中文版 AutoCAD 2010）

主　编　卢德友
副主编　张春来　孟庆伟
　　　　陈小飞　黄铁霞
主　审　罗浩东

黄河水利出版社
·郑州·

内 容 提 要

“以服务为宗旨，以就业为导向”的职业教育方针，决定着职业教育教学改革的方向。作为职业教育教学改革中行之有效的方法之一——“行为导向教学法”，决定着与之相适应的教材编写必须坚持以“学生为主体，教师为主导”的原则。《计算机绘图（中文版 AutoCAD 2010）》正是基于“行为导向教学法”的新教材。它之所以新，是因为它不同于传统的教学模式，不同于传统的教材结构，内容以能力培养为主，理论与实践并重，注重教，更注重学，是一本教师的教材，更是一本学生的学习工具。

全书共分 10 个项目，每一个项目都有一个项目主题。围绕主题，每个项目都有不同数量的任务。“项目引领，任务驱动”是本书的精髓。

本书适合作为高职高专和中等职业学校教材，也可作为工程设计人员、CAD 爱好者的自学参考书。

图书在版编目（CIP）数据

计算机绘图：中文版 AutoCAD 2010/卢德友主编.—郑州：黄河水利出版社，2011.1

ISBN 978-7-80734-969-3

Ⅰ.①计…　Ⅱ.①卢…　Ⅲ.①计算机制图-应用软件，AutoCAD　Ⅳ.①TP391.41

中国版本图书馆 CIP 数据核字（2010）第 260947 号

组稿编辑：简　群　电话：0371-66026749　E-mail：w_jq001@163.com

出 版 社：黄河水利出版社

地址：河南省郑州市顺河路黄委会综合楼 14 层　　邮政编码：450003

发行单位：黄河水利出版社

发行部电话：0371-66026940、66020550、66028024、66022620（传真）

E-mail：hhslcbs@126.com

承印单位：河南省瑞光印务股份有限公司

开本：787 mm×1 092 mm　1/16

印张：16.25

字数：372 千字　　印数：1—4 000

版次：2011 年 1 月第 1 版　　印次：2011 年 1 月第 1 次印刷

定价：29.00 元

前　言

“以服务为宗旨，以就业为导向”的职业教育方针，成为职业教育教学改革、课程改革和教材建设的指挥棒。“行为导向教学法”强调通过学生自己的实践或行动来培养和提高职业能力，是目前职业学校教学实践中行之有效的方法之一，成为教育教学改革中的一种新思路。因此，它也决定着与之相适应的教材编写必须坚持以“学生为主体，教师为主导”的原则。基于这样的背景与教学理念，作者参考同行们的经验，结合自己在教学工作中的教学成果，编写了这本“行为导向教学法”下的《计算机绘图（中文版 AutoCAD 2010）》教材。

学习《计算机绘图（中文版 AutoCAD 2010）》，目的在于掌握 AutoCAD 绘制工程图样的方法。实践告诉我们，单纯地学习 AutoCAD 命令远没有带着问题去探究更加有效。因此，本教材的宗旨在于通过“项目引领，任务驱动”的方式，把学习 AutoCAD 操作的任务分解为由不同的项目来完成。项目的设计采用结构化的方法，自上而下，逐步细化；项目的实施则自下而上，由易到难，逐步完善。

本教材首先设计一个大的工程项目——绘制建筑工程施工图，要求通过 10 个分项目的学习达到学会绘制建筑工程图的目的。工程项目贯穿于整个教材，每个分项目下的每个任务都在为解决这个工程项目服务。

本教材的总项目是绘制一幅二单元五层住宅楼的建筑平、立、剖面图，不能涵盖建筑工程的所有图纸，目的是以此为基础，达到触类旁通。

作为课程教学，可以把总项目内容作为本课程综合练习的题目，让学生围绕这个项目进行分项目的学习，最后完成综合练习教学任务。由此，不但达到本课程内容的教学，也完成了本课程相应的实践性教学。

为了使本教材适应专业更宽泛，不同专业的教师在教学过程中，可以另选总项目作为本课程综合练习的题目。作者在书后附有水利、机械等工程图，以此为总项目，不同专业的教学可以参照。对应不同专业的教学，本书的分项目内容都可以为之服务，只不过是教师在教学过程中加入一些本专业的元素，达到“以不变应万变”之功效。

在编写本书的过程中，作者参考了大量的资料与文献。有些理论与观点，同行们有精辟的论述，作者再三斟酌也不能超越，故拿来引用，以充实本书的内容。来自相关论文和论著的资料与文献，附录在书后，在此对相关作者表示感谢。有些资料与文献来自网络，无从找到作者，在此也一并表示感谢。

在编写本书的过程中，得到了黄功学的大力支持，刘国发、袁国立为本书提供了技术指导，陈红中为本书提供了大量资料。

全书由卢德友主编，项目一由宁夏水利电力工程学校黄铁霞编写，项目二、三、六、七由华北水利水电学院水利职业学院卢德友编写，项目四由安徽水利水电职业技术学院张春来编写，项目五、十由华北水利水电学院水利职业学院孟庆伟编写，项目八由华北水利水电学院水利职业学院陈红中编写，项目九由三峡电力职业学院陈小飞编写。郑州航空工业管理学院罗浩东担任本书的主审。

由于"行为导向教学法"是一种较新的教学模式，作者在教学过程中运用也不是很久，加上水平有限，因此在编写本教材过程中难免有许多不足之处，希望同行们提出宝贵意见，以便以后更好地改进。

作　者

2010年8月于郑州

目　录

项目一

学习准备

➤ 项目导入

观看两段视频：

这是两段美国中学生课堂学习时的情境。

第一段学习内容为电阻通电发热的实验。教师通过对牛肉肠、酱黄瓜和柠檬通电，使之加热，让学生观察电阻发热情况。课堂上教师将烤热的牛肉肠夹在面包里，做成“热狗”，鼓励学生吃掉；将柠檬当做魔术球现场表演抛球技巧，然后把多余的柠檬分发给学生，只留一个做实验。整个教学过程师生融洽，教师风趣、幽默，学生主动、活泼。

第二段是语言课程的学习。课堂上教师要求学生写出一个并列复句。一个男生写道：“我在公园里，看到几个辣妹。”引起同学们大笑。接下来教师要求一名女生再写一个并列复句，刚提到一名女生的姓名，再次引起大家大笑。教师很机智地说：“那肯定是一个很好的恋爱故事。”整个课堂充满欢声笑语。教学过程中，教学内容丰富，教学方法灵活多变，更多地体现学生参与，充分发挥学生的想象力和自主性。

通过以上两段视频，学生思考：

(1)上述视频中的课堂教学与我们传统的教学模式有何不同？你对这种教学方式持何种态度？

(2)如果我们也按上述教学模式教学，我们需要做哪些工作？

(3)上述两段视频的教学内容为实训和语言性质的课程，学生参与性高，课堂生动活泼。如果将这种教学模式引入计算机绘图(AutoCAD)课，我们应该如何开展？

➤ 项目说明

项目一是为运用“行为导向教学法”学习本课程所要做的学习准备。

“行为导向教学法”教学活动的开展，通常是围绕某一课题、问题或项目，以“任务”为载体，引导学生自主学习和探索的过程。它包括以行为为导向的课程体系、以行为为导向的教学内容、以行为为导向的考核标准、以行为为导向的教学组织、以行为为导向的教学方法。

我们将打破传统的教学模式和学习形式来组织本课程的教学与学习。教学内容以项目为单元，把过去的教学内容分解为与工作流程相对应一致的任务，以任务驱动、活动探究的形式开展；学习形式以团队合作为目标，学习者要在学习过程中进行角色扮演，既要分工明确，又要团结协作。

计算机绘图(AutoCAD)课是一门集知识和技能于一体、实践性很强的课程,要求学生既要学好理论知识,又要掌握实际操作技能,更多的是以“行动”来实行教学,更多地体现学生积极参与教与学的过程。计算机绘图(AutoCAD)课采用强调以职业活动为导向,以人的发展为本位的“行为导向教学法”将有“先天”的优势。同时,随着现代教育技术的发展和运用,许多学校的教室都安装了先进的多媒体设备,也为 AutoCAD 课程采用“行为导向教学法”的教学提供了技术支持。

因此,我们要根据“行为导向教学法”的要求来开展计算机绘图(AutoCAD)课的教学活动。首先,组建学习团队,建立团队文化,加强团队精神建设。其次,我们要为学习本课程建立一个工程项目,设置为一个教学情境,以此来引领全书的教学任务。让学习者一开始就认识工程项目,可以明确学习目标。最后,使学生初步了解 AutoCAD 的相关知识,这既是学习者学习知识的过程,也是感受“行为导向教学法”的过程。

➢ 项目主要任务

◇ 建立学习团队
◇ 建立团队档案
◇ 认识工程项目
◇ 感受工程项目
◇ 学习 AutoCAD 的相关知识

任务一　建立学习团队

活动1　认识团队

播放视频：

这是某装饰工程公司。在这个公司里有经理室、设计室、接待室、施工组、造价部等部门。除经理室外，每个工作部门有三到五人不等的工作人员，他们各自在自己的工作岗位上履行自己的职责。他们既分工明确，又团结合作。他们朝气蓬勃，勤奋努力。在他们公司的墙面上悬挂着公司的格言，他们有自己的座右铭。他们着装统一，言语大方，彬彬有礼。每天，有大量的客户来他们公司洽谈业务；每天，有大批的施工人员外出施工；每天，他们需要设计大批的工程图纸；每天……

这是一个有朝气的团队，这是一个有作为的装饰公司。

看完这段视频，学生回答：

(1)从这段视频中，你体会到什么叫团队?

(2)一个公司、一个部门为什么要有格言？什么是团队精神?

(3)怎样组建一个团队？团队文化由哪几部分组成?

(4)假如我们这个学习班作为一个公司，你作为人力资源部经理，你如何营造一个团队?

活动2　建立学习团队

2.1　小游戏(抽卡片)

教师根据事先对所授课班级的了解，有意识地按每组5~8人的原则将学生分成若干小组。根据小组数目的多少，教师课前在电脑上下载与分组数目一样多的动物图案，如狗、马、牛等，或下载与分组数目一样多的植物或蔬菜图案等，然后将每种动物(或植物)图案复印出与小组人员一样多的卡片，目的是让学生抽取，看看谁和自己的图案一样。

通过该游戏，一方面是让学生体验谁在学习 AutoCAD 时与自己有缘，另一个方面也可以作为教师对学生分组的依据。

2.2　组建团队

由于学生学习习惯、学习态度不一样，男女生也不一样多，学习程度也不尽相同，刚才抽到相同卡片的学生不能完全作为组成学习团队的依据。这时，教师要尽量与班内学生沟通，了解每个学生的基本情况，在不违背学生意愿的情况下，做适当调整。调整的原则是每组都要有一定数量的男女生搭配，性格好动与爱静的适当搭配，学习习惯、学习态度和学习程度不同的学生适当搭配。注意，教师此时一定不要违背学生的意愿。既要照顾学生的意愿，也要考虑便于学生共同学习的目的。

2.3　建立团队文化

团队组建结束后，要建立团队文化。首先，每个小组选出一名队长，作为小组负责人；选出一名形象代言人，作为小组的成果发布人。其次，在小组负责人的领导下，发挥集体智慧，给自己的团队起个队名、设计一个队徽、设计一句自己团队的格言。有兴趣的话，还可以设计自己团队的吉祥物。

如果本次时间不够，或者学生思考还不够成熟，课后学生可以继续完善，下次课学生可以在大家面前展示自己的团队文化。

既然全班成员按小组分工了，那么教室布置就不能按传统方式摆放，应将课桌按有利于学生学习的“团圆”的方式摆设，至少要把小组的桌椅各自拼放一起。

任务二　建立团队档案

活动1　建立文化档案

团队成立后，首先要建立团队成员表。团队成员表可参考表1-1。

表1-1　团队成员表

姓名	性别	小组身份	属相	星座	爱好

其次要建立团队文化档案表，参考表1-2。

表1-2　团队文化档案表

<table>
<tr><td colspan="6">（团队名称）</td></tr>
<tr><td rowspan="2">团队成员</td><td></td><td></td><td></td><td></td><td></td></tr>
<tr><td></td><td></td><td></td><td></td><td></td></tr>
<tr><td>队长</td><td colspan="2"></td><td>形象代言人</td><td colspan="2"></td></tr>
<tr><td>队徽</td><td colspan="2">（可电脑画，也可打印粘贴）</td><td>吉祥物</td><td colspan="2">（可电脑画，也可打印粘贴）</td></tr>
<tr><td>团队格言</td><td colspan="5"></td></tr>
</table>

活动 2　建立学习档案

2.1　建立小组学习档案

可以在学生用机上建立小组学习档案，条件允许的学校可以将学习档案建立在学校 FTP 服务器上。小组学习档案架构可参考图 1-1。

2.2　建立个人学习档案

小组成员每人都要在小组学习档案架构下建立自己的学习档案。个人学习档案可以根据自己在学习时所用到的资源、材料、文档等，归纳汇总在小组个人文件夹里。

任务二的工作主要是由学生自己完成，但完成后的成果教师应作为教学资料保存。在平时的教学过程中，教师对小组成果进行评价，评价结果作为期末成绩的一部分记入学业成绩。

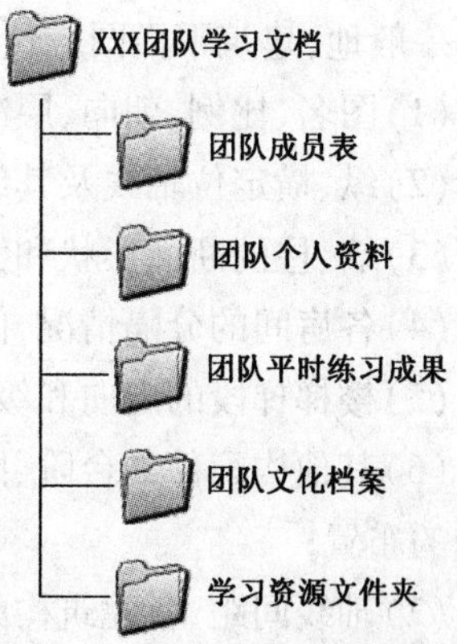

图 1-1　小组学习档案架构

任务三　认识工程项目

在工程制图课程中，我们学习了手工绘制工程图样的方法与技巧，现在学习 AutoCAD 就是运用计算机绘图的方法来解决工程实际问题。计算机绘图与手工绘图有相同的地方，也有不同之处。

计算机绘图应用于绘制工程图样时，它并不需要学生掌握太多的理论知识，强调的是学生在工程实际中的运用与操作。学习 AutoCAD 时单纯地学习命令，不如带着解决一个工程项目中的实际问题更能激发学生的学习兴趣，所以本教材首先设计一个大的工程项目——绘制建筑工程施工图。

我们首先来认识工程项目。

活动 1　了解项目内容

绘制二单元五层住宅楼的

建筑平面图、建筑立面图和建筑剖面图

如图 1-2，绘制建筑平面图、建筑立面图和建筑剖面图。

在以后的学习过程中，我们就以这个项目为中心，展开 AutoCAD 知识的学习。教学过程中，我们可以以此项目作为综合练习的题目，最终达到会画建筑图。

活动 2　学习相关制图标准及要求

根据图 1-2 的内容，我们首先学习这个项目中的内容所涉及的相关制图标准和要求，为后面的学习做准备。

2.1 建筑平面图

1. 图示内容

一般地，建筑平面图应包括以下内容：

(1)图名、比例、朝向、层次；

(2)纵、横定位轴线及其编号；

(3)墙、柱的断面形状和大小；

(4)各房间的分隔情况，门窗布置及型号；

(5)楼梯梯段的走向和级数；

(6)其他构配件如台阶、雨篷、阳台的位置，卫生间、厨房、壁厨等固定设备及雨水管、明沟的布置；

(7)轴线间距、各建筑构配件的定形尺寸、定位尺寸以及楼地面的标高；

(8)剖面图的剖切符号；

(9)详图索引符号；

(10)施工说明等。

2. 相关规定和要求

1)定位轴线

定位轴线用细点划线绘制，其编号注在直径为 8 ~ 10 mm 的圆内，圆心在定位轴线的延长线或延长线的折线上。平面图上定位轴线的编号，主要标注在图样的下方与左侧。横向编号用阿拉伯数字，从左至右顺序编写；竖向编号用大写英文字母，从下至上顺序编写，I、O、Z 不用。

2)图线

建筑平面图中被剖切到的主要轮廓线，如墙的断面轮廓线用粗实线表示；次要轮廓线，如楼梯、踏步、台阶等，用中实线表示；图例线、引出线、标高符号等用细实线表示。

3)符号和图例

在底层平面图上应画出指北针，所指方向应与总平面图中风玫瑰的指北方向一致。指北针用细实线绘制，圆的直径为 24 mm，指北针尾部宽为 3 mm，指针尖端指向北，由指北针可以看出整幢住宅和各个房间的朝向。

4)尺寸标注

在建筑平面图中，应标注房屋总长、总宽，各房间的开间、进深，门窗洞的宽度、位置、墙厚，以及其他一些主要构配件与固定设施的定形和定位尺寸。其中外墙应注三道尺寸，最靠近图形的一道，是表示外墙的细部尺寸；第二道主要标注轴线间的尺寸；最外一道，表示这幢住宅两端外墙面之间的总尺寸。上述尺寸，均不包括粉刷层厚度。

在建筑平面图中，宜标注室内外地面、楼地面、阳台等处的完成面标高，即包括面层(粉刷层厚度)在内的建筑标高。在底层平面图中，还应标注出地面的相对标高，在地面有起伏处，应画出分界线。

2.2 建筑立面图

1. 图示内容

(1)图名、比例;

(2)立面两端的定位轴线及其编号;

(3)门窗的位置和形状;

(4)屋顶的外形;

(5)外墙面的装饰及做法;

(6)台阶、雨篷、阳台等的位置、形状和做法;

(7)标高及必须标注的局部尺寸;

(8)详图索引符号;

(9)施工说明等。

2. 相关规定和要求

1)定位轴线

立面图中一般只画两端的定位轴线并给出编号,以便与平面图对照来确定立面的朝向,如①~⑦立面图也称南立面图。

2)图线

室外地坪线用1.4b的加粗实线表示;外轮廓线用粗实线表示;在外轮廓线之内的凹进或凸出墙面轮廓线,以及门窗洞、雨篷、阳台、台阶、平台、遮阳板等建筑设施或构配件的轮廓线,画成0.5b的中实线;一些较小的构配件和细部的轮廓线,表示立面上凹进或凸出的一些次要构造或装修线,如雨水管,墙面上的引条线、勒脚、图例线等,画成线宽为0.25b的细实线。

3)尺寸标注

在立面图中,一般不标注房屋的总长和总高,也不标注门、窗的宽度和高度尺寸,而应标注室内外地面、楼面、阳台、平台、檐口、门、窗等处的标高。在建筑立面图中注写标高时,除门、窗洞口不包括粉刷层外,通常在标注构件的上顶面(如女儿墙顶面和阳台栏杆顶面)时,用建筑标高,即完成面标高;而在标注构件下底面(如阳台底面、雨篷底面)时,用结构标高,即不包括粉刷层的毛面标高。

2.3 建筑剖面图

1. 图示内容

(1)图名、比例;

(2)外墙的定位轴线及其编号;

(3)剖切到的室内外地面、楼板、屋顶、内外墙及门窗、各种梁、楼梯、阳台、雨篷等的位置、形状及图例;

(4)未剖切到的可见部分轮廓线,如墙、门窗、梁、柱的位置和形状;

(5)垂直尺寸及标高;

(6)详图索引符号;

(7)施工说明等。

2. 相关规定和要求

1)定位轴线

在建筑剖面图中,通常给出被剖切到的墙或柱子的定位轴线及其间距,建筑剖面图中定位轴线的左右相对位置,应与平面图中剖视方向投射后所得到的投影相一致,以便与建筑平面图对照识读。

2)图线

室外地平线为线宽 1.4b 的加粗实线;被剖切到的主要建筑构造、构配件的轮廓线,室外台阶和平台,为线宽 b 的粗实线;被剖切到的次要构配件的轮廓线,为线宽 0.5b 的中实线;屋面、楼地面的面层线,墙面上的一些装修线(外墙上的勒脚、引条线、内墙上的踢脚板)、一些固定设施、构配件的轮廓线(如壁橱门、水箱内部的轮廓线)等为线宽 0.25b 的细实线。

3)尺寸标注

在建筑剖面图中,应标注房屋外部、内部一些必要的尺寸和标高。外部尺寸通常标注三道,门窗洞及洞间墙的高度尺寸、层高尺寸、总高尺寸;内部尺寸标注内墙上的门窗洞高度;室外地面、楼地面、阳台、平台、檐口、女儿墙顶,高出屋面的水箱、楼梯间顶部等处应标注标高。

在建筑剖面图中,主要标注高度方向的尺寸,对楼地面、楼梯、平台等处,应标注建筑标高(包括粉刷层高度),其余部位标注结构标高(不包括粉刷层)。

任务四　感受工程项目

活动 1　播放 PPT 课件

本 PPT 课件内容大致如下:

这是某学校实验实训大楼,于 2010 年 3 月基础施工开始,历经五个月的时间已经落成。这是基础施工时的图片,本工程基础为桩基,全地下室;这是主体工程,本工程为全框架结构;这是现浇楼板与框架柱之间的钢筋绑扎;这是楼梯施工;这是屋面工程……

这是一套工程图纸,包括总平面图、建施图、结施图和设施图。我们在以后的学习过程中就是要学会利用 AutoCAD 的相关知识绘制这些工程图样。

看完 PPT 课件,学生回答:

(1)你认为一个建筑工程项目的建设要经过哪几个阶段?

(2)建筑工程图包括________________、________________、________________三大部分。图 1-2 的内容为哪一部分工程图样?

活动2　感受 AutoCAD 绘图的过程

2.1　播放一段视频

这是一个 AutoCAD 绘制建筑图的视频软件，包括建筑平面图、建筑立面图、建筑剖面图的绘制，不包括结施图和设施图部分。另外，它还包括用 AutoCAD 绘制建筑立体图的部分。在本书，三维建模我们不做重点介绍。

看完这段视频，学生回答：

(1)你认为 AutoCAD 在工程实际中能解决什么问题？

(2)根据刚才的视频，写出建筑平面图、建筑立面图、建筑剖面图的绘图步骤，填入表1-3。

表1-3　建筑平面图、建筑立面图、建筑剖面图的绘图步骤

步骤	建筑平面图	建筑立面图	建筑剖面图

2.2　启动 AutoCAD 并绘制一个平面图形

学生在课堂上启动 AutoCAD 2010 软件，并观察工作界面内容。启动方式：

(1)桌面快捷方式图标：安装 AutoCAD 时，将在桌面上放置一个 AutoCAD 2010 快捷方式图标""(除非您在安装过程中清除了该选项)。双击 AutoCAD 2010 图标可以启动 AutoCAD。

(2)"开始"菜单：在"开始"菜单（Windows），单击"所有程序"(或"程序")→"Autodesk"→"AutoCAD 2010 中文版"→"AutoCAD 2010"。

注意启动过程提示。

启动后，进入 AutoCAD 的工作界面。观察 AutoCAD 工作界面，填写下面空白处。

(1)AutoCAD 2010 默认工作界面由______________，______________，______________，______________等几部分组成。

(2)AutoCAD 2010 提供了______________，______________，______________三个工作空间。

(3)比较"二维草图与注释"与"AutoCAD 经典"工作界面有何异同，这两种界面能否同时显示？

(4)尝试绘制图1-3，感悟 AutoCAD 的绘图思想。

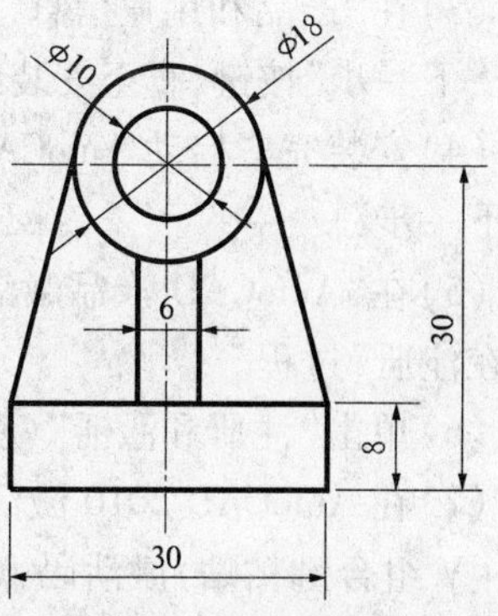

图1-3　平面图形

任务五　学习 AutoCAD 的相关知识

活动 1　安装与启动 AutoCAD 2010

如果你的安装文件是 ISO 文件，你需要下载一个光盘文件格式转换软件，图标：
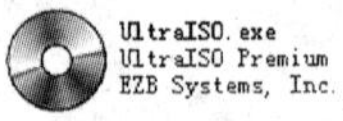

。放入虚拟光驱将光盘映像文件转换提取，就可以安装了。当然也可以解压后从硬盘安装。

(1)点击 Setup. exe 安装 AutoCAD 2010。出现如图 1-4 的安装界面。

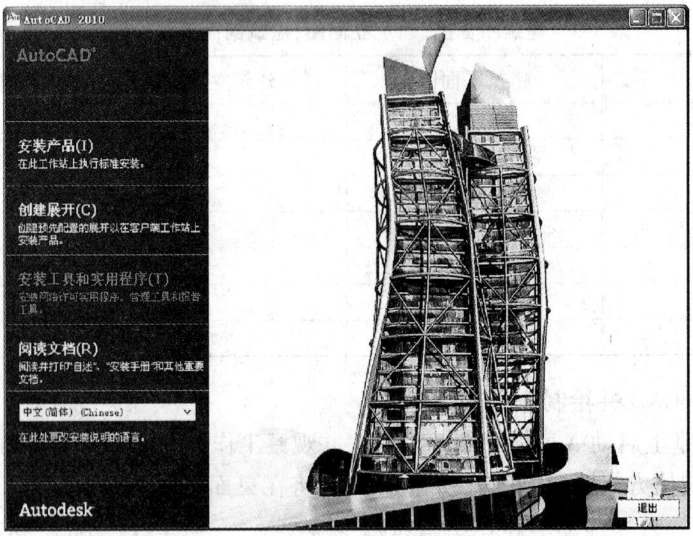

图 1-4　安装界面

(2)安装的时候会弹出信息“请插入光盘：AutoCAD 2010：disk”，点击“取消”后进入 AutoCAD 2010这张光盘目录下的“X86”文件夹(如果你的 CPU 和操作系统是 X64，应该进入 “X64”文件夹)，点击 acad. msi 就可以继续安装了，安装的时候关闭所有网页(IE)。

(3)在“产品和用户信息”页面上，输入序列号、产品密钥和用户信息。输入完毕后，单击“下一步”按键，直至安装结束。

(4)安装完毕启动 AutoCAD 2010，此时会要求激活产品，选择“激活产品”按钮后点击“下一步”。

(5)在“AutoCAD 产品激活”向导中，选择“激活产品”，然后单击“下一步”。将启动“现在注册”过程。

(6)单击“注册和激活”(获得一个激活码)。

(7)在 AutoCAD 2010 激活界面选择“输入激活码”单选按钮并在方框中输入(或用 Ctrl + V 组合键粘贴)激活码，点击“下一步”，激活成功，点击“完成”。

活动2　认识 AutoCAD 2010 的工作界面

2.1　AutoCAD 2010 的工作界面

第一次启动 AutoCAD 2010 后，系统将弹出“新功能专题研习”对话框，如图 1-5。

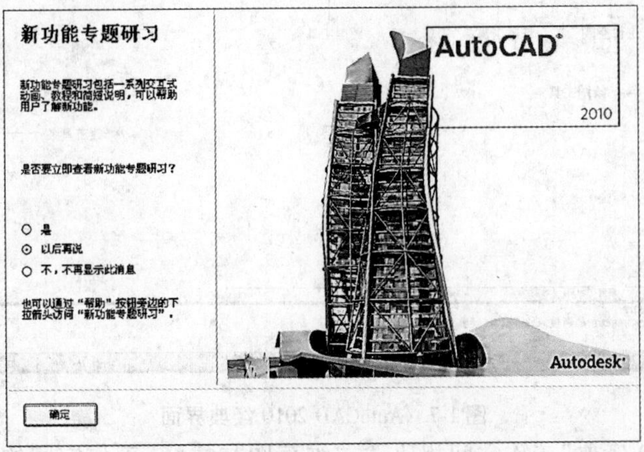

图 1-5　“新功能专题研习”对话框

从该对话框提供的三个选项中选择“不，不再显示此消息”，单击“确定”按钮进入 AutoCAD 2010 工作界面，也就是进入绘图区。默认情况下，系统会直接进入初始界面，也就是“二维草图与注释”，如图 1-6 所示的界面。

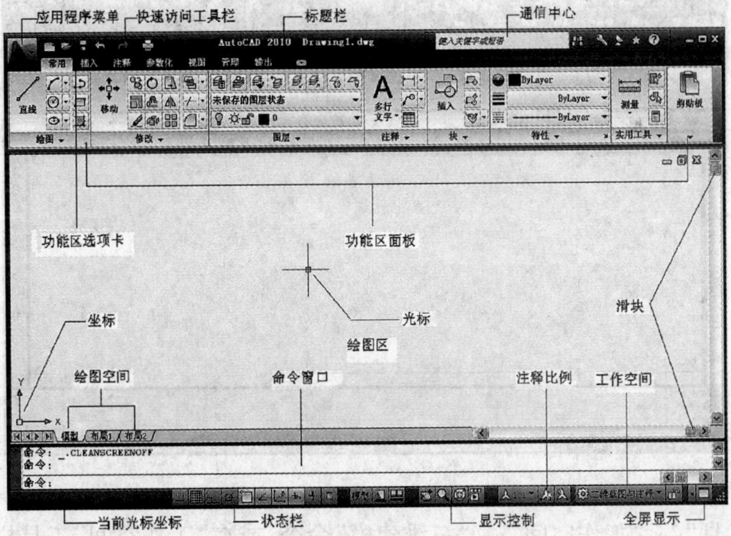

图 1-6　AutoCAD 2010 初始界面

系统为用户提供了“二维草图与注释”、“AutoCAD 经典”及“三维建模”三个工作空间。

图 1-6 显示的是“二维草图与注释”工作空间的默认界面。对于新用户来说，可以直接从这个界面来学习，对于老用户来说，因为已经习惯以往版本的界面，可以单击状态栏中的“切换工作空间”按钮 二维草图与注释▾ ，在弹出的快捷菜单中选择“AutoCAD 经典”

命令,切换到如图 1-7 所示的“AutoCAD 经典”工作空间。

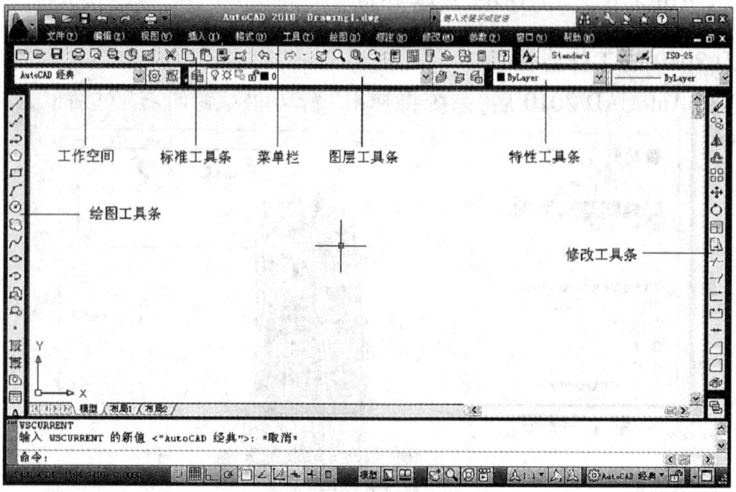

图 1-7　AutoCAD 2010 经典界面

与“AutoCAD 经典”工作空间相比,“二维草图与注释”工作空间的界面增加了功能区,缺少了菜单栏。

在“AutoCAD 经典”工作空间也可以实现“二维草图与注释”工作界面,即调出功能区面板,新旧界面混合使用,如图 1-8。

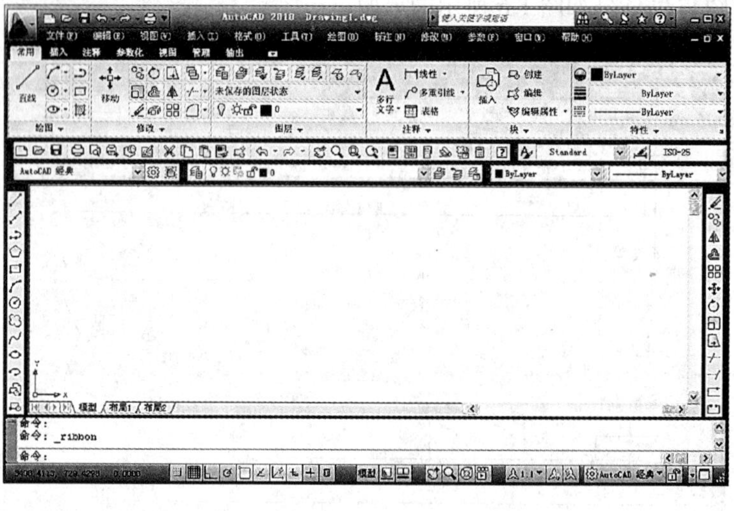

图 1-8　AutoCAD 2010 混合界面

选择“工具”→ “工作空间”→ “三维建模”命令,或在“工作空间”工具栏的下拉列表框中选择“三维建模”选项,都可以快速切换到“三维建模”工作空间的界面。

“三维建模”工作界面对于用户在三维空间中绘制三维图形来说更加方便。“三维建模”具体操作内容不在本书中讲解。

2.2　工作空间的界面元素

这里,我们主要了解“AutoCAD 经典”和“二维草图与注释” 工作空间的常见界面元素:标题栏、菜单栏、工具栏、功能区、绘图窗口、文本窗口与命令行、状态行等。

1. 标题栏

标题栏位于应用程序窗口的最上面,用于显示当前正在运行的程序名及文件名等信息。如果是 AutoCAD 默认的图形文件,其名称为 DrawingN. dwg(N 是数字)。单击标题栏右端的按钮,可以最小化、最大化或关闭应用程序窗口。在标题栏上单击,它将会弹出一个 AutoCAD 窗口控制下拉菜单,可以执行最小化或最大化窗口、还原窗口、移动窗口、关闭 AutoCAD 等操作。AutoCAD 2010 丰富了标题栏的内容,增加了应用程序菜单、快速访问工具栏及通信中心。

2. 菜单栏与快捷菜单

菜单栏可由单击"自定义快速访问工具栏"右边的"显示菜单栏"选项来实现,如图 1-9。

菜单栏由"文件"、"编辑"、"视图"、"插入"、"格式"、"工具"、"绘图"、"标注"、"修改"、"参数"、"窗口"、"帮助"共 12 个主菜单组成,如图 1-7,几乎包括了 AutoCAD 中全部的功能和命令。

快捷菜单又称为上下文关联菜单。在绘图区域、工具栏、状态行、模型与布局选项卡及一些对话框上单击鼠标右键时,将弹出一个快捷菜单,该菜单中的命令与 AutoCAD 当前状态相关。使用它们可以在不启动菜单栏的情况下快速、高效地完成某些操作。如图 1-10。

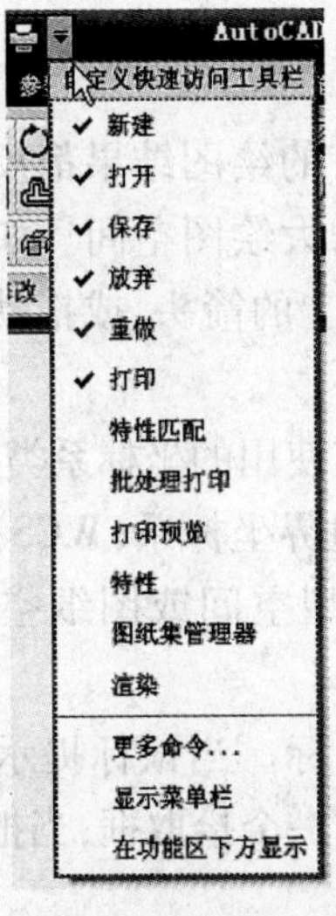

图 1-9　自定义快速访问工具栏

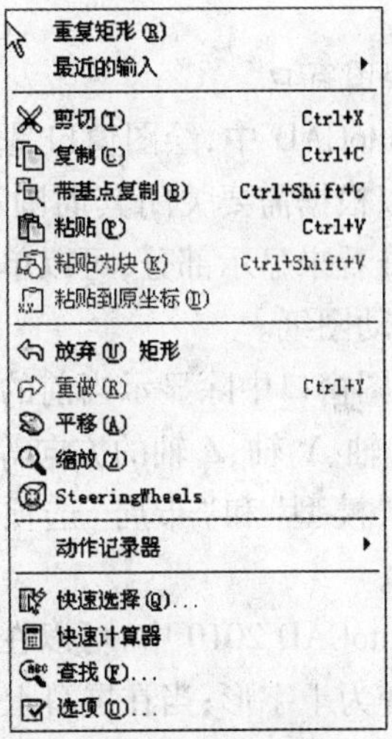

图 1-10　快捷菜单

3. 工具栏

工具栏是应用程序调用命令的另一种方式,它包含许多由图标表示的命令按钮。在 AutoCAD 中,系统共提供了 20 多个已命名的工具栏。默认情况下,"AutoCAD 经典"工作空间中的"标准"、"属性"、"绘图"和"修改"等工具栏处于打开状态。

如果要显示当前隐藏的工具栏,可在任意工具栏上单击鼠标右键,此时将弹出一个快捷菜单,点击相应内容以显示或关闭相应的工具栏。

选择"菜单栏"→"工具"→"工具栏"→"AutoCAD"命令,也会调出 AutoCAD 工具栏的子菜单。在子菜单中,用户可以选择相应的工具栏显示在界面上。

AutoCAD 2010 快速访问工具栏,存储经常使用的命令,默认状态下有“新建”、“打开”、“保存”、“放弃”、“重做”、“打印”按钮。同样,在快速访问工具栏单击右键,用户可以自定义快速访问工具栏。

4. 功能区

“二维草图与注释”工作空间的界面增加了功能区。功能区包括:功能选项卡和功能面板。

在默认状态下,“AutoCAD 经典”工作空间不包含功能区。用户选择“菜单栏”→“工具”→“选项板”→“功能区”命令,加载功能区面板。

AutoCAD 2010 的功能区将常用的工具栏分为“常用”、“插入”、“注释”、“参数化”、“视图”、“管理”及“输出”七类选项卡。每一选项卡下又集成多个面板,面板上放置同类型工具。

“功能区”选项卡如图 1-11。

图 1-11 “功能区”选项卡

5. 绘图窗口

在 AutoCAD 中,绘图窗口是用户绘图的工作区域,所有的绘图结果都反映在这个窗口中,可以根据需要关闭其周围和里面的各个工具栏,以增大绘图空间。如果图纸比较大,需要查看未显示部分,可以单击窗口右边与下边滚动条上的箭头,或拖动滚动条上的滑块来移动图纸。

在绘图窗口中除显示当前的绘图结果外,还显示了当前使用的坐标系类型,以及坐标原点和 X 轴、Y 轴、Z 轴的方向等。默认情况下,坐标系为世界坐标系(WCS)。绘图窗口的下方有“模型”和“布局”选项卡,单击其标签可以在模型空间或图纸空间之间来回切换。

在 AutoCAD 2010 中,可以在绘图窗口中显示工作的目标。当鼠标提示选择一个点时,光标变为十字形;当在屏幕上拾取一个对象时,光标变成一个拾取框;当把光标放在工具栏时,光标变为一个箭头。

6. 命令行与文本窗口

命令行窗口位于绘图窗口的底部,用于接收用户输入的命令,并显示 AutoCAD 提示信息。“命令行”窗口是用户和计算机进行对话的窗口,对于初学者应特别注意。

在 AutoCAD 2010 中,可以选择“工具”→“命令行”命令或按 Ctrl +9 键来打开命令行窗口。AutoCAD 通常显示的信息为“命令:”,表示 AutoCAD 正在等待用户输入命令。默认命令行保留三行。在 AutoCAD 2010 中,命令行窗口可以拖放为浮动窗口。如图 1-12。

AutoCAD 文本窗口是记录 AutoCAD 命令的窗口,是放大的命令行窗口,它记录了已执行的命令,也可以用来输入新命令。在 AutoCAD 2010 中,可以选择“视图”→“显

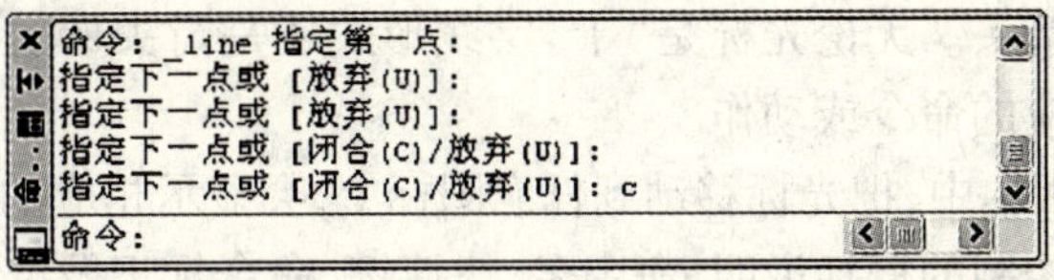

图 1-12　命令行窗口

示”→“文本窗口”命令、执行 Textscr 命令或按 F2 键来打开 AutoCAD 文本窗口，它记录了对文档进行的所有操作。如图 1-13。

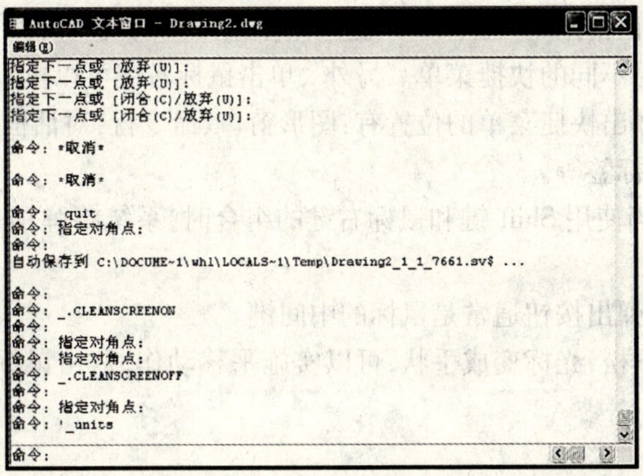

图 1-13　文本窗口

7. 状态行

状态行在屏幕的最下方，用来显示 AutoCAD 当前的状态，如当前光标的坐标、命令和按钮的说明等。在绘图窗口中移动光标时，状态行的“坐标”区将动态地显示当前坐标值。坐标显示取决于所选择的模式和程序中运行的命令，共有“相对”、“绝对”和“无”三种模式。

状态行中还包括如“捕捉”、“栅格”、“正交”、“极轴”、“对象捕捉”、“对象追踪”、DUCS、DYN 、“线宽”、“模型”（或“图纸”）等十多个功能，分别有坐标捕捉模式、正交模式、对象捕捉模式、允许/禁止动态 UCS、线宽控制、平移、缩放、注释比例、全屏显示等功能键按钮。如图 1-14。

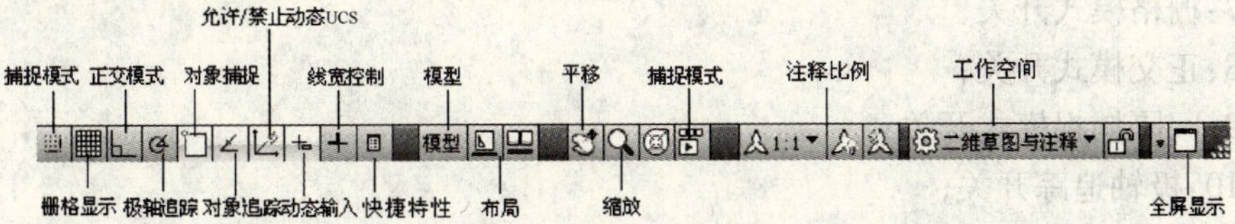

图 1-14　状态行

活动 3　掌握 AutoCAD 2010 的基本操作

3.1　基本操作

1. 鼠标操作

在绘图窗口，光标通常显示为“十”字线形式。当光标移至菜单选项、工具或对话框内时，它会变成一个箭头。无论光标是“十”字线形式还是箭头形式，当单击或者按动鼠标键时，都会执行相应的命令或动作。

AutoCAD 2010 版本中，把光标移动到任意图标上，会显示相应的提示信息，这些信息提示，包含对命令或控制的概括说明、命令名、快捷键、命令标记及补充工具提示，对新用户学习有很大的帮助。

(1)鼠标左键：通常指拾取键，用于输入点、拾取实体和选择按钮、菜单、命令，双击文件名可直接打开文件。

(2)鼠标右键：相当于回车键(Enter 键)，用于结束当前使用的命令，此时系统将根据当前绘图状态而弹出不同的快捷菜单。另外，单击鼠标右键可以重复上次操作命令。

单击鼠标右键弹出快捷菜单的位置有：图形窗口、命令行、对话框、窗口、工具条、状态行、模型标签和布局标签等。

(3)弹出菜单：当使用 Shift 键和鼠标右键的组合时，系统将弹出一个快捷菜单，用于设置捕捉点的方法。

对于三键鼠标，弹出按钮通常是鼠标的中间键。

按下鼠标滑轮不松，光标变成手状，可以实施平移动作；双击鼠标滑轮可以实现图形满屏显示。

2. 常用键操作

常用功能键：

空格键：重复执行上一次命令。在输入文字时不同于回车键；

回车键：重复执行上一次命令，相当鼠标右键；

Esc 键：中断命令执行；

F1：调用 AutoCAD 帮助对话框；

F2：图形窗口与文本窗口相互切换键；

F3：对象捕捉开关；

F4：校准数字化仪开关；

F5：不同方向正等轴测图作图平面间的转换开关；

F6：坐标显示模式开关；

F7：栅格模式开关；

F8：正交模式开关；

F9：间隔捕捉模式开关；

F10：极轴追踪开关；

F11：对象追踪开关；

F12：动态输入开关。

3. 使用命令行

用键盘输入命令：在命令行中输入完整的命令名，然后按 Enter 键或空格键。如输入 Line，执行画直线命令。命令名字母不分大小写。某些命令还有缩写名称。例如，除通过输入 Line 来启动直线命令外，还可以输入 L。如果启用了“动态输入”并设置为显示动态提示，用户则可以在光标附近的工具栏提示中输入多个命令。

在命令行中,还可以使用 Backspace 或 Delete 键删除命令行中的文字;也可以选中命令历史,并执行“粘贴到命令行”命令,将其粘贴到命令行中。

4. 使用透明命令

所谓透明命令就是在执行某一命令时,该命令不终止又去执行另一命令,当另一命令执行完后又回到原命令状态,继续执行原命令。

不是所有命令都可以透明执行,只有那些不选择对象、不创造新对象、不导致重生成以及结束绘图任务的命令才可以透明执行。

常使用的透明命令多为修改图形设置的命令、绘图辅助工具命令,例如 Snap、Grid、Zoom 等。要以透明方式使用命令,应在输入命令之前输入单引号(′)。命令行中,透明命令的提示前有一个双折号(>>)。完成透明命令后,将继续执行原命令。

3.2 设置参数选项

在命令行输入 Options 或选择“工具”→“选项”等命令都可打开“选项”对话框。如图 1-15。在该对话框中包含“文件”、“显示”、“打开和保存”、“打印和发布”、“系统”、“用户系统配置”、“草图”、“三维建模”、“选择集”和“配置”10 个选项卡。

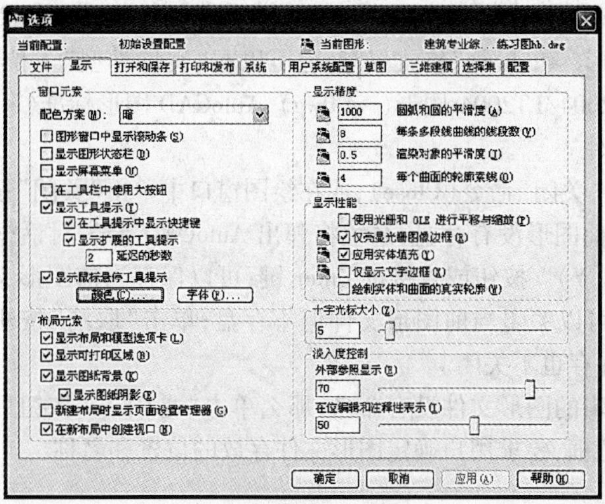

图 1-15 “选项”对话框

3.3 图形文件管理

1. 创建新图形文件

选择“文件”→“新建”命令(New),或在“标准”工具栏中单击“新建”按钮,可以创建新图形文件,此时将打开“选择样板”对话框。

在“选择样板”对话框中,可以在“名称”列表框中选中某一样板文件,这时在其右面的“预览”框中将显示出该样板的预览图像。单击“打开”按钮,可以以选中的样板文件为样板创建新图形,此时会显示图形文件的布局(选择样板文件 acad. dwt 或 acadiso. dwt 除外)。

2. 打开图形文件

选择“文件”→“ 打开”命令(Open),或在“标准”工具栏中单击“打开”按钮,可以打开已有的图形文件,此时将打开“选择文件”对话框。选择需要打开的图形文件,在右面的“预览” 框中将显示出该图形的预览图像。默认情况下,打开的图形文件的格式为.dwg。

在 AutoCAD 中,可以以“打开”、“以只读方式打开”、“局部打开”和“以只读方式局部打开”4 种方式打开图形文件。当以“打开”、“局部打开”方式打开图形时,可以对打开的图形进行编辑,如果以“以只读方式打开”、“以只读方式局部打开”方式打开图形,则无法对打开的图形进行编辑。

如果选择以“局部打开”、“以只读方式局部打开”方式打开图形,这时将打开“局部打开”对话框。可以在“要加载几何图形的视图”选项组中选择要打开的视图,在“要加载几何图形的图层”选项组中选择要打开的图层,然后单击“打开”按钮,即可在视图中打开选中图层上的对象。

3. 保存图形文件

在 AutoCAD 中,可以使用多种方式将所绘图形以文件形式存入磁盘。例如,可以选择“文件”→“保存”命令(Qsave),或在“标准”工具栏中单击“保存”按钮,以当前使用的文件名保存图形;也可以选择“文件”→“另存为”命令(Saveas),将当前图形以新的名称保存。

每次保存创建的图形时,系统将打开“图形另存为”对话框。默认情况下,文件以“AutoCAD 2010 图形(*.dwg)”格式保存,也可以在“文件类型”下拉列表框中选择其他格式,如 AutoCAD 2004/LT2004 图形(*.dwg)、AutoCAD 图形标准(*.dws)等格式。

4. 关闭图形文件

选择“文件”→“关闭”命令(Close),或在绘图窗口中单击“关闭”按钮,可以关闭当前图形文件。如果当前图形没有存盘,系统将弹出 AutoCAD 警告对话框,询问是否保存文件。此时,单击“是(Y)”按钮或直接按 Enter 键,可以保存当前图形文件并将其关闭;单击“否(N)”按钮,可以关闭当前图形文件但不存盘;单击“取消”按钮,取消关闭当前图形文件操作,既不保存也不关闭。

如果当前所编辑的图形文件没有命名,那么单击“是(Y)”按钮后,AutoCAD 会打开“图形另存为”对话框,要求用户确定图形文件存放的位置和名称。

◇ 小知识 ◇

AutoCAD 是由美国 Autodesk 公司于 20 世纪 80 年代初为微机上应用 CAD 技术而开发的绘图程序软件包,现已经成为国际上广为流行的绘图工具。

AutoCAD 具有良好的用户界面,通过交互菜单或命令行方式便可以进行各种操作。多文档设计环境,让非计算机专业人员也能很快地学会使用,在不断实践的过程中更好地掌握它的各种应用和开发技巧,从而提高工作效率。

AutoCAD 具有广泛的适应性,可以在各种操作系统支持的微型计算机和工作站上运行,并支持分辨率为 320×200~2048×1024 的各种图形显示设备 40 多种,以及数字仪和鼠标器 30 多种,绘图仪和打印机数十种,这就为 AutoCAD 的普及创造了条件。

AutoCAD 的发展可分为初级阶段、发展阶段、高级发展阶段、完善阶段和进一步完善阶段 5 个阶段。

初级阶段:

AutoCAD 1.0——1982 年 11 月

AutoCAD 1.2——1983 年 4 月

AutoCAD 1.3——1983 年 8 月

AutoCAD 1.4——1983 年 10 月

AutoCAD 2.0——1984 年 10 月

发展阶段：

AutoCAD 2.17——1985 年 5 月

AutoCAD 2.18——1985 年 5 月

AutoCAD 2.5——1986 年 6 月

AutoCAD 9.0——1987 年 9 月

AutoCAD 9.03——1988 年 6 月

高级发展阶段：

AutoCAD 10.0——1988 年 8 月

开始出现图形界面的对话框，CAD 的功能已经比较齐全。

AutoCAD 11.0——1990 年

AutoCAD 12.0——1992 年

DOS 版的最高顶峰，具有成熟完备的功能，提供完善的 AutoLisp 语言进行二次开发，许多机械、建筑和电路设计的专业 CAD 就是在这一版本上开发的。这一版本具有许多即使现在的版本也不具备的特性，例如实体爆炸后得到的是 3Dface，而不是像现在的版本这样变成面实体——还是实体，不像 3Dface 那样可以对顶点进行单独拉伸。

完善阶段：

AutoCAD R13——1996 年 6 月

AutoCAD R14——1998 年 1 月

AutoCAD 2000——1999 年 1 月

进一步完善阶段：

AutoCAD 2002（R15.6）——2001 年 6 月

AutoCAD 2004（R16.0）——2003 年 3 月

AutoCAD 2005（R16.1）——2004 年 3 月

AutoCAD 2006（R16.2）——2005 年 3 月

AutoCAD 2007（R17.0）——2006 年 3 月

AutoCAD 2008（R17.1）——2007 年 3 月

AutoCAD 2009（R17.2）——2008 年 3 月

AutoCAD 2010（R18.0）——2009 年 3 月

2008 年 3 月 Autodesk 正式推出 AutoCAD 2009 版本，帮助建筑师、工程师和设计师更充分地实现他们的想法。

AutoCAD 2009 版本更有成效地帮助用户实现更具竞争力的设计创意，其在用户界面上也有了重大改进。AutoCAD 2009 出现一个类似于 Office 的宏录制器的功能，可以把你的操作过程和步骤录制下来；AutoCAD 2009 软件整合了制图和可视化，加快了任务的执行，能够满足个人用户的需求和偏好，能够更快地执行常见的 CAD 任务，更容易找到那些不常见的命令；AutoCAD 2009通过让用户在不需要软件编程的情况下自动操作制图从而进一步简化了制图任务，极大地提高了效率。

AutoCAD 2010 在 AutoCAD 2009 版本的基础上有了更进一步的改进。

1. 初始化安装

使用初始化安装来轻松定制 AutoCAD 环境以满足你的需要，这个界面出现在你第一次启动 AutoCAD 时。通过初始化安装，你可选择你的行业，以及工作空间和图形模板参数。在初始化安装中的选择将影响各种 AutoCAD 功能的默认设置，包括图形模板、Autodesk搜寻过滤器、Autodesk 开发者网络合作伙伴、统一的门户网站在线体验以及工作空间。

你也可以从选项对话框中用户界面选项卡中访问初始化安装。

2. 工作空间

当你指定初始化安装选项后，AutoCAD 将基于你选定的项目自动创建一新的工作空间并将其置为当前。当前工作空间的名称显示在状态栏的工作空间切换开关图标处，你可选择它来访问工作空间菜单。

3. 应用程序菜单

应用程序菜单，位于 AutoCAD 界面的左上角。通过改善的应用程序菜单能更方便地访问公用工具。你可创建、打开、保存、打印和发布 AutoCAD 文件，将当前图形作为电子邮件附件发送，制作电子传送集。此外，你可执行图形维护，例如查核和清理，并关闭图形。在应用程序菜单的上面有搜索工具，你可以查询快速访问工具、应用程序菜单以及当前加载的功能区以定位命令、功能区面板名称和其他功能区控件。应用程序菜单上面的按钮提供轻松访问最近打开的文档，在最近文档列表中有一新的选项，除可按大小、类型和规则列表排序外，还可按照日期排序。

4. 功能区

你可将功能区面板拖动到功能区外将其作为可停靠式面板显示。可停靠式面板甚至在选定了其他的选项卡后还会一直显示，除非你选择了“将面板返回功能区”的选项后它才会消失。

在 AutoCAD 2010 中，增强的功能区功能可让用户自定义上下文关联的功能区选项卡状态，它可基于图形窗口中选定的对象类型或激活的命令来控制显示的功能区选项卡和面板。你可显示一个已经指定了功能区上下文关联状态的功能区选项卡，这个功能区选项卡可以添加它自身的选项卡，也可以把它的面板合并到当前工作空间中的每一个功能区选项卡中。要添加功能区选项卡，可在自定义对话框中将其从面板的选项卡节点拖动到上下文关联选项卡状态。例如，如果你想让“常用”选项卡在选定了圆弧对象后成为激活状态，则将“常用-2D”功能区选项卡拖动到上下文关联选项卡状态下面的圆弧选定节点中。选择它并修改它的显示类型以指出它显示自身的选项卡或合并到每一个功能区选项卡。

5. 快速访问工具栏

快速访问工具栏已经增强，它带有更多的功能并与其他的 Windows 应用程序保持一致性。放弃和重做工具包括了历史支持，右键菜单包括了新的选项，使你可轻易从工具栏中移除工具、在工具间添加分隔条，以及将快速访问工具栏显示在功能区的上面或下面。

除右键菜单外，快速访问工具栏还包含了一个新的弹出菜单。该菜单显示一个常用工具列表，你可选定所需工具并将其置于快速访问工具栏内。弹出菜单提供了轻松访问额外工具的方法，它使用了 CUI 编辑器中的命令列表面板。其他选项可以实现显示菜单栏或在功能区下面显示快速访问工具栏。

6. 参数化绘图

在 AutoCAD 2010 中，新的强大的参数化绘图功能，可以让你通过基于设计意图的图形对象约束来大大提高绘图效率。几何和尺寸约束帮助确保在对象修改后还保持特定的关联及尺寸。创建和管理几何和尺寸约束的工具在“参数化”功能区选项卡，它在“二维草图和注释”工作空间中均自动显示出来。

7. 动态图块

动态图块做了增强，它支持几何和尺寸约束，也支持定义动态图块的变量表，以及图块编辑环境的一些常用增强。

8. 注释工具

查找和替换功能做了增强，效率有所提高。你可使用新的“缩放”按钮来编辑高亮的文字对象，也可以在结果列表中双击指定的项目。增加的按钮使你可快速创建一个包括所有在结果列表中的对象的选择集或只有那些高亮的对象选择集。

9. 多行文字

多行文字改善包含了带手动高度的动态默认列模式。另外，多行文字对象的角夹点现在与表对象的角夹点相一致。

10. 标注

增强的标注样式和属性提供了更多控制标注文字的显示和位置功能。

11. 图案填充

当找不到图案填充边界的区域时，AutoCAD 将试图向你展示可能哪里出了问题。红色圆将显示在几何体中任何缺口附近。

其他的增强功能提供了更强大的边界检测，以及编辑非关联图案对象的功能。你可选择非关联图案填充，然后使用自动捕获的夹点来动态更改它的形状。

12. 颜色、测量

在 AutoCAD 2010，你能更方便地设置图层颜色和从 AutoCAD 颜色索引中换取颜色。可从图层下拉列表中选中图层颜色色块直接访问“选择颜色”对话框。如果图层有视口颜色替代，色块将带有一个白色边框。你选择的新的颜色将用于适当的视口颜色替代或通用颜色。“选择颜色”对话框中的行为也有改良，如果你将鼠标停在色块上，将显示箭头光标和一个黑色的边框以更易于识别选定的颜色。

新的 MEASUREGEOM 命令可用于测量选定对象或一序列点的距离、半径、角度、面积和体积。你可从常用功能区选项卡的实用程序面板中访问这些工具。

13. 反转、样条曲线编辑

总之，运用 AutoCAD 2010 软件，用户可轻易解决最具挑战性的问题。使用自由曲面设计工具,你的设计可以存在于任何可以想象到的形状。许多重要的功能已经自动化,使你的工作更有效,并且转移到三维设计更为顺畅。对于 PDF 性能的多项升级和惊人的三维打印增强,使与同事共享和共同工作项目从未如此简单。这些功能以及用户以前所要求的无数其他新功能,使 AutoCAD 2010 让任何想法以及将其转化为现实的过程比以往更快。

现在最新的版本为: AutoCAD 2011。

项目练习

一、单项选择题

1. 重新执行上一个命令的最快方法是(　　　)。

(A)按 Enter 键　(B)按空格键　(C)按 Esc 键　(D)按 F1 键

2. AutoCAD 2010 图形文件和样板文件的扩展名分别是(　　　)。

(A)DWT,DWG　(B)DWG,DWT

(C)BMP,BAK　(D)BAK,BMP

3. 取消命令执行的方法是(　　　)。

(A)按 Enter 键　(B)按 Esc 键　(C)按鼠标右键　(D)按 F1 键

4. 在十字光标处被调用的菜单,称为(　　　)。

(A)鼠标菜单　(B)十字交叉线菜单

(C)快捷菜单　(D)此处不出现菜单

5. 当丢失了下拉菜单,可以用下面(　　　)命令重新加载标准菜单。

(A)Load　(B)New　(C)Open　(D)Menu

6. 在命令行状态下,不能调用帮助功能的操作是(　　　)。

(A)键入 Help 命令　(B)快捷键 Ctrl + H　(C)功能键 F1　(D)键入?

7. 缺省的世界坐标系的简称是(　　　)。

(A)CCS　(B)UCS　(C)UCS1　(D)WCS

8. 设置夹点大小及颜色是在"选项"对话框中的(　　　)选项卡中。

(A)打开和保存　(B)系统　(C)显示　(D)选择

9. 在 AutoCAD 中,使用(　　　)可以在打开的图形间来回切换,但是,在某些时间较长的操作(例如重生成图形)期间不能切换图形。

(A)Ctrl + F9 键或 Ctrl + Shift 键　(B)Ctrl + F8 键或 Ctrl + Tab 键

(C)Ctrl + F6 键或 Ctrl + Tab 键　(D)Ctrl + F7 键或 Ctrl + Lock

10. "缩放"(Zoom)命令在执行过程中改变了(　　　)。

(A)图形的界限范围大小　(B)图形的绝对坐标

(C)图形在视图中的位置　(D)图形在视图中显示的大小

11. 当启动向导时,如果选"使用样板"选项,每一个 AutoCAD 的样板图形的扩展名应为(　　　)。

(A)DWG (B)DWT (C)DWK (D) TEM

12. 可以利用以下(　　)方法来调用命令。

(A)在命令状态行输入命令 (B)单击工具栏上的按钮

(C)选择下拉菜单中的菜单项 (D)三者均可

13. 下面(　　)功能键可以进入文本窗口。

(A)F1 (B)F2 (C)F3 (D)F4

14. 设置光标大小需在“选项”对话框中的(　　)选项卡中设置。

(A)草图 (B)打开和保存 (C)系统 (D)显示

二、多项选择题

1. 可以利用以下的(　　)方法来调用命令。

(A)在命令提示区输入命令 (B)单击工具栏上的按钮

(C)选择下拉菜单中的菜单项 (D)在图形窗口单击鼠标左键

2. 在 AutoCAD 中,有下列几种文档排列方式:(　　)。

(A)层叠 (B)水平平铺 (C)垂直平铺 (D)排列图标

项目二

绘制简单平面图形

➢ 项目导入

观察建筑物中带有花格窗的部分,从中找出组成花格窗的基本单元。

如图 2-1,绘制一个平面图形(建筑花格窗的一个基本单元)。

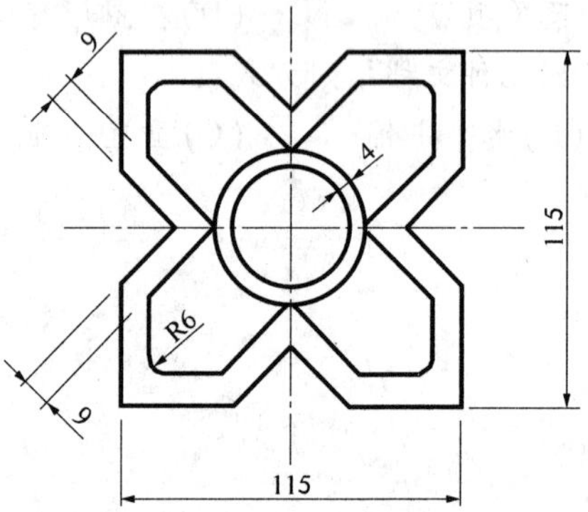

图 2-1　建筑花格

➢ 项目说明

本项目研究内容是绘制简单平面图形,类似图 2-1。根据观察,简单平面图形一般由直线、圆、圆弧组成。因此,我们先学习直线与曲线的绘制方法。

运用 AutoCAD 绘制二维平面图形,与手工绘制二维平面图形既有区别又有相同之处,无外乎都是绘制线(直线或曲线)、圆、椭圆等。同样是绘制线(直线或曲线)、圆、椭圆等,但它们的绘图方法却不一定一样,比如 AutoCAD 绘制的直线,有些就不是通过“直线”命令得到,有可能通过“偏移”命令得到。通过后面的任务练习,我们还发现用 AutoCAD 直接画圆弧,还没有先画圆,然后修剪来的更快。

因此,运用 AutoCAD 绘制平面图形时,首先要对图形进行分析,依然按照“尺寸分析,线段分析”的方法,找到“已知线段;中间线段、连接线段”,然后按照“先已知线段;其次中间线段;再连接线段”的绘图顺序绘制。

分析一个平面图形,我们可以将组成图形的元素分为:线和点、直线图形、曲线图形等。掌握这些图形元素的绘制方法,是学习 AutoCAD 的入门要求。但有些图形元素的绘制,通过 AutoCAD 的“修改”命令得到比直接绘制更为有效。这就是本项目中要讲的“修改”编辑。

➢ 项目主要任务

◇ 线的绘制

1. 直线的绘制
2. 圆弧曲线的绘制

◇ 直线图形的绘制

1. 矩形
2. 正多边形

◇ 图形对象的修改

1. 对象的删除、放弃、重做与分解
2. 对象的复制、移动与偏移
3. 直线的修剪、延伸与拉长
4. 图形的拉伸与缩放

◇ 数据输入及图线属性

◇ 设置图形单位和图形界限

◇ 对象特性匹配与状态控制

任务一　研习图形案例

活动 1　研习案例(一)

研习如图 2-2 平面图形。

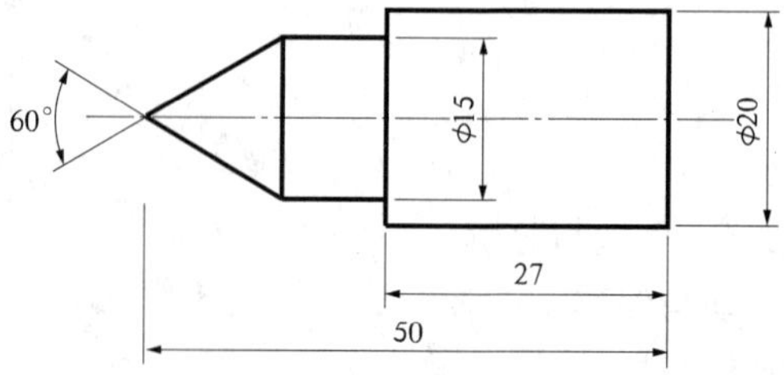

图 2-2　平面图形

学生活动:

研究图形结构,思考并回答下面问题:

(1)对图形进行尺寸分析,定形尺寸是____________________,定位尺寸是______________。

(2)对图形进行线段分析,已知线段是__________________,中间线段是______________,连接线段是______________。

(3)如果以线框分析该图形,它由一个三角形和两个矩形组成。思考:哪个线框可以直接绘制?

(4)思考手工制图时,有哪些绘图步骤? AutoCAD 绘图用哪些命令可以解决?

活动 2　研习案例(二)

研习如图 2-3 平面图形。

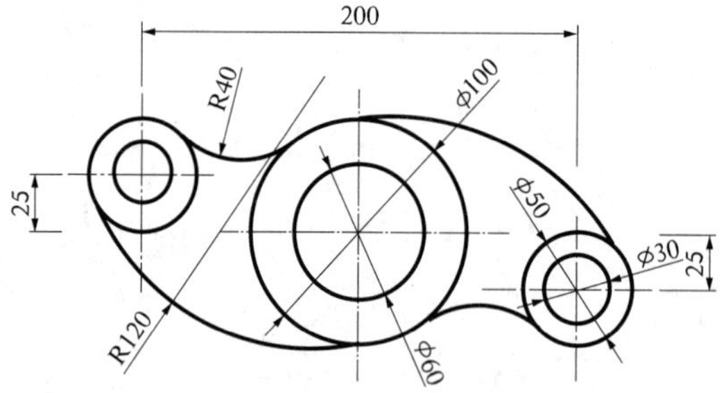

图 2-3　平面图形

学生活动:

研究图形结构,思考并回答下面问题:

(1)对图形进行尺寸分析,定形尺寸是____________________,定位尺寸是______________。

(2)对图形进行线段分析,已知线段是__________________,中间线段是

________________,连接线段是________________。

(3)如果以图形要素对该图形分析,它由六个圆形、四段圆弧和三对中心线组成。思考:哪些图形要素可以直接绘制?

(4)思考手工制图时,有哪些绘图步骤?AutoCAD 绘图用哪些命令可以解决?

(5)手工绘制圆弧连接需要找连接圆弧的圆心和连接切点,非常麻烦。思考:AutoCAD 绘图是否也要找连接圆弧的圆心和连接切点?

任务二　收集并展示绘图命令

活动 1　收集 AutoCAD 绘图命令

结合任务一,对图 2-2、图 2-3 进行分析,参考《工程制图》相关知识和任务三的相关内容,学生收集相关绘图命令,并填写表 2-1。

表 2-1　图 2-2、图 2-3 对比表

对比内容	图 2-2	图 2-3
图形特性(从图形要素分析)		
使用 AutoCAD 绘图命令		
AutoCAD 绘图与手工绘图的区别		

活动 2　展示成果

各学习团队整理表 2-1,由本团队形象代言人进行限时成果展示,其他团队成员对其进行分析评判。评判可以采用成果评价量规表,参考表 2-2。

表 2-2　成果评判量规表

评判内容	优	良	中	还需努力
团队合作	团队配合默契,队员参与积极	团队配合较默契,队员参与性高	团队配合一般,队员参与较多	团队默契欠妥,队员参与不多
资料学习	学习资料认真,掌握知识牢固	学习资料较认真,掌握知识全面	学习资料一般,掌握部分知识	学习资料一般,知识掌握不全面
展示效果	展示姿态大方,语言简明扼要	展示姿态大方,语言表达完整	展示姿态欠佳,语言表达尚可	展示姿态拘谨,语言表达基本清楚
成果的完整性	成果内容完整,问题分析准确	成果内容较完整,问题分析到位	成果内容基本完整,分析基本准确	成果内容有待完善,分析基本准确

任务三　绘制与编辑二维图形

操作1　绘制线

1.1　直线的绘制

直线主要是指线段(AutoCAD 中叫直线)、射线、构造线及多段线。

1. 线段(直线)

1)功能

绘制一系列连续的线段,且每条线段可进行单独编辑。

2)命令的调用

在命令行中用键盘输入:“Line”;在下拉菜单中点击:绘图→直线;在“绘图”工具条单击“直线”按钮: ;在功能面板上选择:常用→绘图→直线 。

3)操作指导

执行“Line”命令后,命令行提示:

命令:_line 指定第一点:↙

指定下一点或[放弃(U)]:(在屏幕上左键单击选择某一点)

指定下一点或[放弃(U)]:(在屏幕上左键单击选择另一点)

指定下一点或[闭合(C)/放弃(U)]:(单击右键选择确认退出,或输入“U”后回车结束命令)

指定下一点或[闭合(C)/放弃(U)]:(当连续绘制两条以上的直线时输入“C”后回车使所绘制直线闭合)

参数说明:

“指定第一点”:在屏幕上或用键盘输入直线的第一个点。

“指定下一点”:确定直线上的下一个端点。

“放弃(U)”:输入“U”后回车,结束操作。

“闭合(C)”:输入“C”后回车,系统会自动将所画的线框闭合。

注意:绘制水平和竖直直线时,我们可以打开正交模式(点击状态栏上的“正交”按钮: ,或按 F8 键)直接输入两点之间的距离,来确定直线。

把状态栏上的“ ”(动态输入,或按 F12 键)按钮打开后,绘制直线时,可以动态绘制任意方向和长度的线段。如图 2-4 所示。在图 2-4 中,执行“直线”命令,在屏幕上确定第一点后,可以先把光标移动到已知夹角,如 40°(直线与水平线的夹角)的位置上,然后输入线段的长度 100,回车,接着绘制下一段直线。

4)操作示例

绘制如图 2-5 图形。

命令: _Line 指定第一点:(指定 A 点)

指定下一点或[放弃(U)]:100↙(确定 B 点)

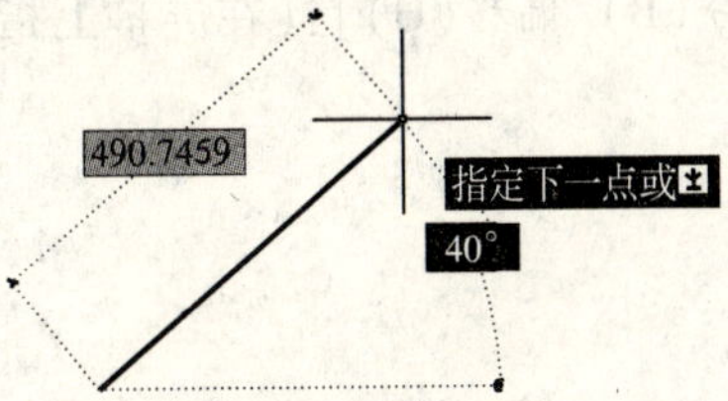

图 2-4　动态输入

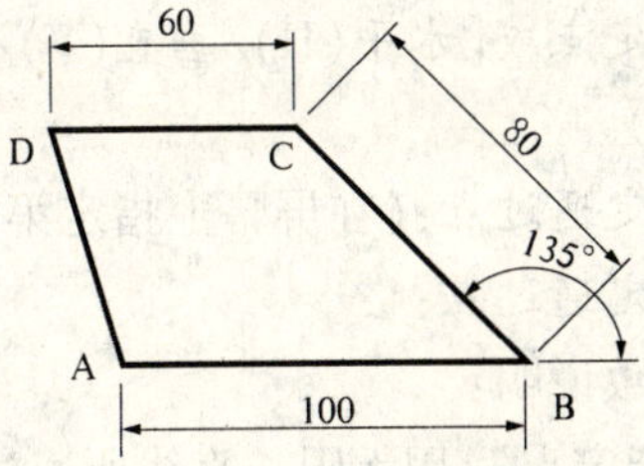

图 2-5　已知图形

指定下一点或［放弃(U)］：135↙（“动态”输入，绘制 BC）

指定下一点或［闭合(C)/放弃(U)］：60↙（确定 D 点）

指定下一点或［闭合(C)/放弃(U)］：C↙（图形自动闭合）

注意：在动态输入绘制 BC 时，先输入长 80，然后用 Tab 键进入角度，输入 135，回车。如图 2-6。

2. 射线

1）功能

创建始于一点并向一个方向无限延伸的直线。

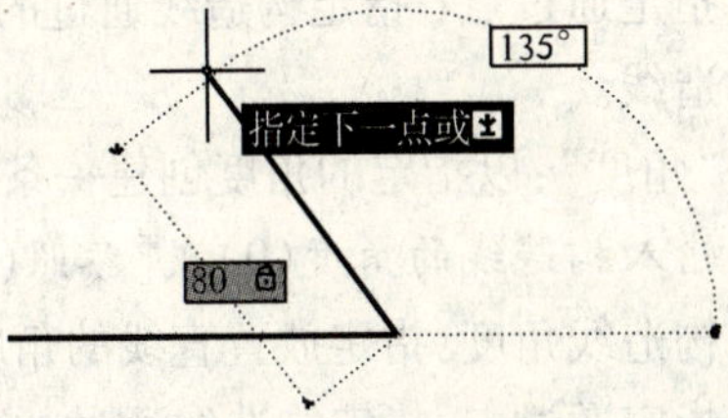

图 2-6　动态输入

2）命令的调用

在命令行中用键盘输入：“Ray”；在下拉菜单中点击：绘图→射线；在功能面板上选择：常用→绘图面板→射线。

3）操作指导

(1) 在命令提示下，输入 Ray。

(2) 指定射线的起点。

(3) 指定射线要经过的点。

(4) 根据需要继续指定点创建其他射线。

(5) 所有后续射线都经过第一个指定点。

(6) 按 Enter 键结束命令。

注意：射线是一条单向无限长的线段，起点和通过点确定了射线延伸的方向，它通常是作为我们绘图时的辅助线来使用。

3. 构造线

1）功能

创建无限长的线。类似于数学中的直线。

2）命令的调用

在命令行中用键盘输入：“Xline”；在下拉菜单中点击：绘图→构造线；在“绘图”工具条单击“构造线”按钮：；在功能区中选择：常用→绘图→构造线。

3）操作指导

命令：Xline↙

指定点或[水平(H)/垂直(V)/角度(A)/二等分(B)/偏移(O)]:(在屏幕上指定第一个点)

指定通过点:(在屏幕上指定第二个点)

指定通过点:↙

参数说明:

“指定点”:用无限长直线所通过的两点定义构造线的位置。

指定通过点:指定构造线通过的第二个点,或按 Enter 键结束命令,创建通过指定点的构造线。

“水平”:创建一条通过选定点的水平参照线。

指定通过点:指定构造线通过的第二个点,或按 Enter 键结束命令,创建平行于 X 轴的构造线。

“垂直”:创建一条通过选定点的垂直参照线。

指定通过点:指定构造线通过的第二个点,或按 Enter 键结束命令,创建平行于 Y 轴的构造线。

“角度”:以指定的角度创建一条参照线。

输入构造线的角度(0)或[参照(R)]:(指定角度或输入 R)

构造线角度:指定放置直线的角度。

指定通过点:指定构造线通过的点,将使用指定角度创建通过指定点的构造线。

参照:指定与选定参照线之间的夹角。此角度从参照线开始按逆时针方向测量。

选择直线对象:选择直线、多段线、射线或构造线。

输入构造线的角度 <0>:

指定通过点:指定构造线通过的点,或按 Enter 键结束命令,使用指定角度创建通过指定点的构造线。

“二等分”:创建一条参照线,它经过选定的角顶点,并且将选定的两条线之间的夹角平分。

指定角的顶点:指定顶点。

指定角的起点:指定起始边点。

指定角的端点:指定终止边点,或按 Enter 键结束命令,此构造线位于由三个点确定的平面中。

“偏移”:创建平行于另一个对象的参照线。

指定偏移距离或[通过(T)]<当前>:(指定偏移距离,输入 R,或按 Enter 键)

偏移距离:指定构造线偏离选定对象的距离。

选择直线对象:选择直线、多段线、射线或构造线,或按 Enter 键结束命令。

指定向哪侧偏移?:(指定一点或按 Enter 键退出命令)

通过:创建从一条直线偏移并通过指定点的构造线。

选择直线对象:选择直线、多段线、射线或构造线,或按 Enter 键结束命令。

指定通过点:指定构造线通过的点,然后按 Enter 键退出命令。

4. 多段线

1）功能

作为单个对象创建的相互连接的线段序列。可以创建直线段、弧线段或两者的组合线段。

2）命令的调用

在命令行中用键盘输入："Pline"；在下拉菜单中点击：绘图→多段线；在"绘图"工具条上单击"多段线"按钮：；在功能区中选择：常用→绘图→多段线。

3）操作指导

命令：_Pline↙

指定起点：

当前线宽为 0.0000

指定下一个点或［圆弧（A）/半宽（H）/长度（L）/放弃（U）/宽度（W）］：

指定下一点或［圆弧（A）/闭合（C）/半宽（H）/长度（L）/放弃（U）/宽度（W）］：

参数说明：

"下一点"：绘制一条直线段。将显示前一个提示。

"圆弧"：将弧线段添加到多段线中。

指定圆弧的端点或

［角度（A）/圆心（CE）/闭合（CL）/方向（D）/半宽（H）/直线（L）/半径（R）/第二个点（S）/放弃（U）/宽度（W）］：

指定点第二点或输入选项。

注意：对于 Pline 命令的"中心"选项，输入 CE；对于"中心"对象捕捉，输入 CEN 或 CENTER。

圆弧端点：绘制弧线段。弧线段与多段线的上一段相切。将显示前一个提示。

角度：指定弧线段的从起点开始的包含角。

指定包含角：输入正数将按逆时针方向创建弧线段。输入负数将按顺时针方向创建弧线段。

"半宽"：指定从多段线线段的中心到其一边的宽度。

指定起点半宽 <当前>：（输入值或按 Enter 键）

指定端点半宽 <起点宽度>：（输入值或按 Enter 键）

起点半宽将成为默认的端点半宽。端点半宽在再次修改半宽之前将作为所有后续线段的统一半宽。宽线线段的起点和端点位于宽线的中心。

"放弃"：删除最近一次添加到多段线上的弧线段。

"宽度"：指定下一弧线段的宽度。

指定起点宽度 <当前>：（输入值或按 Enter 键）

指定端点宽度 <起点宽度>：（输入值或按 Enter 键）

起点宽度将成为默认的端点宽度。端点宽度在再次修改宽度之前将作为所有后续线段的统一宽度。宽线线段的起点和端点位于宽线的中心。

"直线（L）"和"圆弧（A）"选项，可以使多段线在直线与圆弧之间进行切换。

注意：多段线可以单独地由直线段或曲线段组成，也可以由直线段和曲线段共同组成，它是一个组合对象，在被选择时是作为一个整体被选择。它可以定义整个线段的宽度，也可以定义起、终点的宽度，使线宽成渐变方式变化。它常用来绘制粗实线或箭头。我们在绘图过程中应根据具体情况利用其所提供的功能。

4）操作示例

用多段线的命令绘制图2-7。

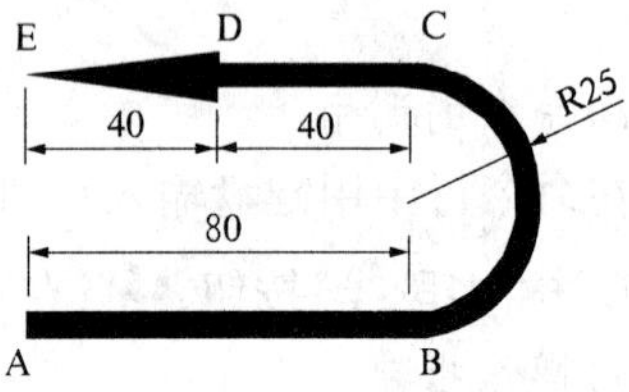

图2-7　多段线

（1）绘制AB直线。

命令：_Pline

指定起点：

当前线宽为0.0000

指定下一个点或［圆弧（A）/半宽（H）/长度（L）/放弃（U）/宽度（W）］：W↙

指定起点宽度 <0.0000>：5↙

指定端点宽度 <5.0000>：5↙

指定下一个点或［圆弧（A）/半宽（H）/长度（L）/放弃（U）/宽度（W）］：80↙

（2）绘制BC圆弧。

指定下一点或［圆弧（A）/闭合（C）/半宽（H）/长度（L）/放弃（U）/宽度（W）］：A↙

指定圆弧的端点或

［角度（A）/圆心（CE）/闭合（CL）/方向（D）/半宽（H）/直线（L）/半径（R）/第二个点（S）/放弃（U）/宽度（W）］：50↙

（3）绘制CD直线。

指定圆弧的端点或

［角度（A）/圆心（CE）/闭合（CL）/方向（D）/半宽（H）/直线（L）/半径（R）/第二个点（S）/放弃（U）/宽度（W）］：L↙

指定下一点或［圆弧（A）/闭合（C）/半宽（H）/长度（L）/放弃（U）/宽度（W）］：40↙

（4）绘制DE前头。

指定下一点或［圆弧（A）/闭合（C）/半宽（H）/长度（L）/放弃（U）/宽度（W）］：W↙

指定起点宽度 <5.0000>：10↙

指定端点宽度 <10.0000>：0↙

指定下一点或［圆弧（A）/闭合（C）/半宽（H）/长度（L）/放弃（U）/宽度（W）］：40↙

1.2　圆弧曲线的绘制

1. 圆

1）功能

用指定半径或直径作圆。

2）命令的调用

在命令行中用键盘输入："Circle"；在下拉菜单中点击：绘图→圆；在"绘图"工具条单击"圆"按钮：；在功能区中选择：常用→绘图→圆。

3）操作指导

命令：_Circle

指定圆的圆心或［三点(3P)/两点(2P)/相切、相切、半径(T)］:（在屏幕上指定一点作为圆心）

指定圆的半径或［直径(D)］:（在屏幕上指定或在键盘上输入圆的半径或直径）

参数说明：

“指定圆的圆心”:确定圆心的位置。

“三点(3P)”:当输入“3P”然后回车时,系统会出现以下的命令过程：

指定圆的圆心或［三点(3P)/两点(2P)/相切、相切、半径(T)］:3P↙（输入圆周上的三个点画圆）

指定圆上的第一点:（在屏幕上指定第一点）

指定圆上的第二点:（在屏幕上指定第二点）

指定圆上的第三点:（在屏幕上指定第三点）

“两点(2P)”:当输入“2P”然后回车时,系统会出现以下的命令过程：

指定圆的圆心或［三点(3P)/两点(2P)/相切、相切、半径(T)］:2P↙（输入圆直径的二个端点画圆）

指定圆直径的第一个端点:（在屏幕上指定第一点）

指定圆直径的第二个端点:（在屏幕上指定第二点）

“相切、相切、半径(T)”:当输入“T”然后回车时,系统会出现以下的命令过程：

指定圆的圆心或［三点(3P)/两点(2P)/相切、相切、半径(T)］:T↙（指定圆上的二个切点并输入半径画圆）

在对象上指定一点作圆的第一条切线:（在屏幕上指定切点）

对象上指定一点作圆的第二条切线:（在屏幕上指定切点）

指定圆的半径 <126.0015>:200↙（输入圆的半径）

注意:用 AutoCAD 画圆时,有六种画法,如图 2-8。其中“相切,相切,半径”和“相切,相切,相切”这种画法最常用。

4)操作示例

作一个圆与直线 AB、BC 和直径 40 的圆相切,如图 2-9。

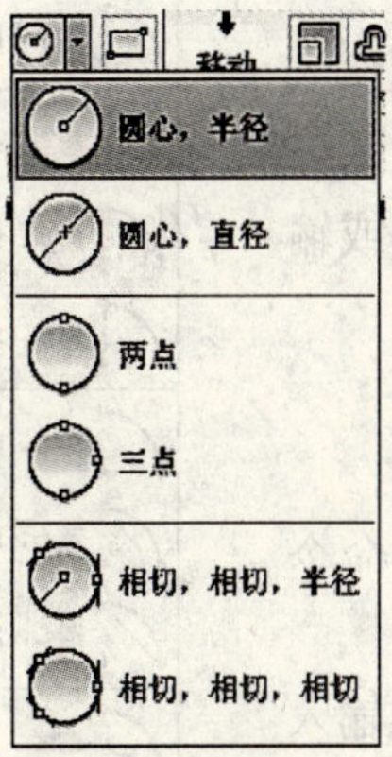

图 2-8　圆的画法

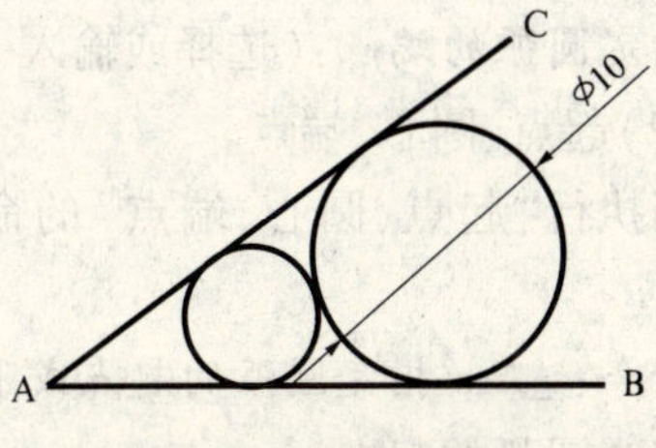

图 2-9　已知图形

(1)作两直线 AB 与 AC 相交。

(2)作一圆与两直线相切(相切、相切、半径)。

在功能区中选择:常用→绘图→圆 相切,相切,半径 。

命令: _Circle

指定圆的圆心或 [三点(3P)/两点(2P)/切点、切点、半径(T)] : T

指定对象与圆的第一个切点:

指定对象与圆的第二个切点:

指定圆的半径 <21.3862> : 20 ↙

(3)作一圆与两直线和圆相切(相切、相切、相切)。

在功能区中选择:常用→绘图→圆 相切,相切,相切 。

命令:_Circle

指定圆的圆心或[三点(3P)/两点(2P)/切点、切点、半径(T)]:3P

指定圆上的第一个点:_tan 到

指定圆上的第二个点: _tan 到

指定圆上的第三个点: _tan 到

2. 圆弧

1) 功能

指定圆心、端点、起点、半径、角度、弦长和方向值的各种组合形式,绘制圆弧。

2) 命令的调用

在命令行中用键盘输入:“Arc”;在下拉菜单中点击:绘图→圆弧;在“绘图”工具条单击“圆弧”按钮: ;在功能区中选择:常用→绘图→圆弧 。

3) 操作指导

AutoCAD 中给出了 11 种画圆弧的方法。如图 2-10。

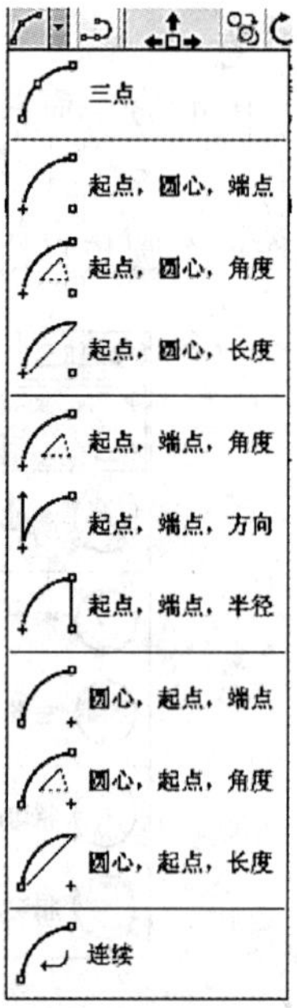

图 2-10　圆弧的画法

在这里我们将这些方法以及命令过程说明如下。

(1)三点。

当执行“三点”的命令时,系统有如下的命令过程:

命令: _Arc 指定圆弧的起点或[圆心(CE)]:(选择或输入一点作为圆弧的起点)

指定圆弧的第二点或[圆心(CE)/端点(EN)]:(选择或输入一点作为圆弧的第二点)

指定圆弧的端点:(选择或输入一点作为圆弧的端点)

(2)起点、圆心、端点。

当执行“起点、圆心、端点”的命令时,系统有如下的命令过程:

命令: _Arc 指定圆弧的起点或 [圆心(CE)] : (选择或输入一点作为圆弧的起点)

指定圆弧的第二点或 [圆心(CE)/端点(EN)] : _c 指定圆

弧的圆心:(选择或输入一点作为圆弧的圆心)

指定圆弧的端点或[角度(A)/弦长(L)]:(选择或输入一点作为圆弧的端点)

(3)起点、圆心、角度。

当执行“起点、圆心、角度”的命令时,系统有如下的命令过程:

命令:_Arc 指定圆弧的起点或[圆心(CE)]:(选择或输入一点作为圆弧的起点)

指定圆弧的第二点或[圆心(CE)/端点(EN)]:_c 指定圆弧的圆心:(选择或输入一点作为圆弧的圆心)

指定圆弧的端点或[角度(A)/弦长(L)]:_a 指定包含角:60↙(输入圆弧的角度)

(4)起点、圆心、长度。

当执行“起点、圆心、长度”的命令时,系统有如下的命令过程:

命令:_Arc 指定圆弧的起点或[圆心(CE)]:(选择或输入一点作为圆弧的起点)

指定圆弧的第二点或[圆心(CE)/端点(EN)]:_c 指定圆弧的圆心:(选择或输入一点作为圆弧的圆心)

指定圆弧的端点或[角度(A)/弦长(L)]:_l 指定弦长:(指定圆弧弦的长度)

(5)起点、端点、角度。

当执行“起点、圆心、长度”的命令时,系统有如下的命令过程:

命令:_Arc 指定圆弧的起点或[圆心(CE)]:(选择或输入一点作为圆弧的起点)

指定圆弧的第二点或[圆心(CE)/端点(EN)]:

指定圆弧的端点:(选择或输入一点作为圆弧的端点)

指定圆弧的圆心或[角度(A)/方向(D)/半径(R)]:_a 指定包含角:(输入圆弧的角度)

(6)起点、端点、方向。

当执行“起点、端点、方向”的命令时,系统有如下的命令过程:

命令:_Arc 指定圆弧的起点或[圆心(CE)]:(选择或输入一点作为圆弧的起点)

指定圆弧的第二点或[圆心(CE)/端点(EN)]:

指定圆弧的端点:(选择或输入一点作为圆弧的端点)

指定圆弧的圆心或[角度(A)/方向(D)/半径(R)]:_d 指定圆弧的起点切向:(确定圆弧起点的切线方向)

(7)起点、端点、半径。

当执行“起点、端点、半径”的命令时,系统有如下的命令过程:

命令:_Arc 指定圆弧的起点或[圆心(CE)]:(选择或输入一点作为圆弧的起点)

指定圆弧的第二点或[圆心(CE)/端点(EN)]:

指定圆弧的端点:(选择或输入一点作为圆弧的端点)

指定圆弧的圆心或[角度(A)/方向(D)/半径(R)]:_r 指定圆弧半径:(确定圆弧的半径)

(8)圆心、起点、端点。

当执行“圆心、起点、端点”的命令时,系统有如下的命令过程:

命令:_Arc 指定圆弧的起点或[圆心(CE)]:_c 指定圆弧的圆心:(选择或输入一

点作为圆弧的圆心)

指定圆弧的起点:(选择或输入一点作为圆弧的起点)

指定圆弧的端点或[角度(A)/弦长(L)]:(选择或输入一点作为圆弧的端点)

(9)圆心、起点、角度。

当执行"圆心、起点、角度"的命令时,系统有如下的命令过程:

命令:_Arc 指定圆弧的起点或[圆心(CE)]:_c 指定圆弧的圆心:(选择或输入一点作为圆弧的圆心)

指定圆弧的起点:(选择或输入一点作为圆弧的起点)

指定圆弧的端点或[角度(A)/弦长(L)]:_a 指定包含角:(输入圆弧的角度)

(10)圆心、起点、长度。

当执行"圆心、起点、长度"的命令时,系统有如下的命令过程:

命令:_Arc 指定圆弧的起点或[圆心(CE)]:_c 指定圆弧的圆心:(选择或输入一点作为圆弧的圆心)

指定圆弧的起点:(选择或输入一点作为圆弧的起点)

指定圆弧的端点或[角度(A)/弦长(L)]:_l 指定弦长:(指定圆弧弦的长度)

(11)连续。

当执行"连续"的命令时,系统有如下的命令过程:

命令:_Arc 指定圆弧的起点或[圆心(CE)]:(系统以上一次命令中的最后一个点作为起点)

指定圆弧的端点:(选择或输入一点作为圆弧的端点)

注意:实际绘制圆弧的过程中,应根据题目提供的已知条件,然后决定采用哪一种绘制圆弧的方法。

4)操作示例

如图 2-11,绘制一圆弧。

经过分析,本题适宜采用"起点、端点、角度"绘制圆弧。注意角度的正负值。

绘制圆弧时,主要考虑采用哪种方法,如绘制图 2-12 圆弧。在画此题圆弧时,能否给你有所启发?

注意起点、端点的顺序。

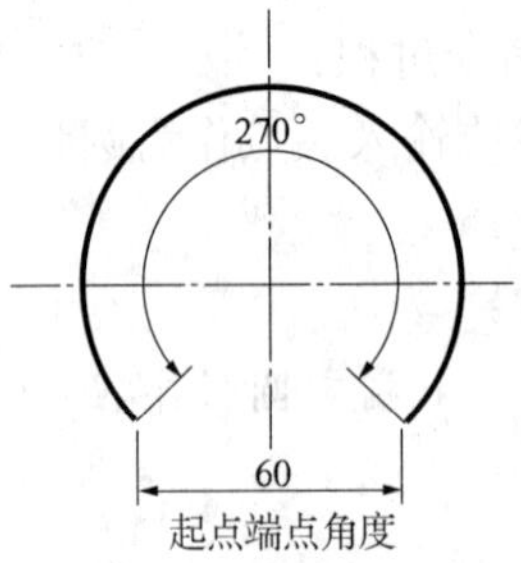

图 2-11 圆弧的画法

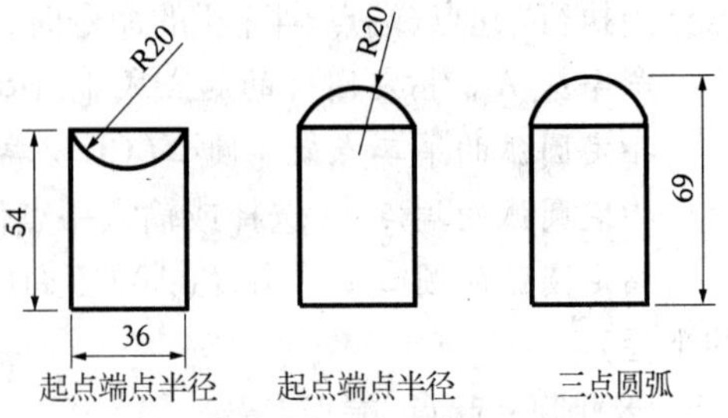

图 2-12 圆弧的画法

操作2　绘制直线图形

2.1　矩形的绘制

1. 功能

创建矩形多段线。使用此命令,可以指定矩形参数(长度、宽度、旋转角度)并控制角的类型(圆角、倒角或直角)。

2. 命令的调用

在命令行中用键盘输入:"Rectang";在下拉菜单中点击:绘图→矩形;在"绘图"工具条单击"矩形"按钮: ;在功能区中选择:常用→绘图→矩形 。

3. 操作指导

命令: _Rectang

指定第一个角点或[倒角(C)/标高(E)/圆角(F)/厚度(T)/宽度(W)]:(在屏幕上或键盘上输入一角点)

指定另一个角点或[面积(A)/尺寸(D)/旋转(R)]:(在屏幕上指定或键盘上输入相对坐标,确定另一对角点)

参数说明:

"倒角(C)":输入"C"回车后,命令行有如下的命令过程:

命令: _Rectang

指定第一个角点或[倒角(C)/标高(E)/圆角(F)/厚度(T)/宽度(W)]:C↙

指定矩形的第一个倒角距离 <0.0000>:50↙(指定第一个角点的竖直方向的距离)

指定矩形的第二个倒角距离 <50.0000>:50↙(指定第一个角点的水平方向的距离)

指定第一个角点或[倒角(C)/标高(E)/圆角(F)/厚度(T)/宽度(W)]:

指定另一个角点:

"标高(E)":输入"E"回车后,命令行要求输入标高。

"圆角(F)":输入"F"回车后,命令行有如下的命令过程:

命令: _Rectang

指定第一个角点或[倒角(C)/标高(E)/圆角(F)/厚度(T)/宽度(W)]:F↙

指定矩形的圆角半径 <50.0000>:30↙(指定圆角的半径)

指定第一个角点或[倒角(C)/标高(E)/圆角(F)/厚度(T)/宽度(W)]:

指定另一个角点:

"厚度(T)":输入"T"回车后,命令行中要求输入矩形的厚度。

"宽度(W)":输入"W"回车后,命令行中要求输入矩形的线宽。

"面积(A)":输入"A"回车后,命令行有如下的命令过程:

命令: _Rectang

指定第一个角点或[倒角(C)/标高(E)/圆角(F)/厚度(T)/宽度(W)]:

指定另一个角点或[面积(A)/尺寸(D)/旋转(R)]:A↙

输入以当前单位计算的矩形面积 <200.0000>:2000↙(输入要绘制矩形的面积)

计算矩形标注时依据[长度(L)/宽度(W)] <长度>:↙(以长度作为另一已知数据)

输入矩形长度 <10.0000 >:20↙

“尺寸(D)”:输入“D”回车后,命令行有如下的命令过程:

命令:_Rectang

指定第一个角点或[倒角(C)/标高(E)/圆角(F)/厚度(T)/宽度(W)]:

指定另一个角点或[面积(A)/尺寸(D)/旋转(R)]:D↙

指定矩形的长度 <20.0000 >:20↙(输入要绘制矩形的长度)

指定矩形的宽度 <100.0000 >:20↙(输入要绘制矩形的宽度)

指定另一个角点或[面积(A)/尺寸(D)/旋转(R)]:(在指定的点上单击左键)

“旋转(R)”:输入“R”回车后,命令行有如下的命令过程:

命令:_Rectang

指定第一个角点或[倒角(C)/标高(E)/圆角(F)/厚度(T)/宽度(W)]:

指定另一个角点或[面积(A)/尺寸(D)/旋转(R)]:R↙

指定旋转角度或[拾取点(P)] <0 >:30↙(输入要绘制矩形与水平线的夹角,有正、负之分)

指定另一个角点或[面积(A)/尺寸(D)/旋转(R)]:

注意:矩形是闭合的多段线,它具有多段线的一些属性。另外,在以上的参数说明中,“标高(E)”、“厚度(T)”是在作三维绘图时用到的。

绘制一个矩形有:输入对角点相对坐标、利用矩形面积、利用矩形长和宽、利用矩形与水平线的夹角四种方法,绘图时具体采用哪种方法,酌情而定。

4. 操作示例

绘制长30和宽26,圆角半径为3,旋转角度30°,线宽0.5的矩形,如图2-13。

操作步骤:

在功能区中选择:常用→绘图→矩形。

命令:_Rectang

指定第一个角点或[倒角(C)/标高(E)/圆角(F)/厚度(T)/宽度(W)]:F↙

指定矩形的圆角半径 <0.0000 >:3↙

指定第一个角点或[倒角(C)/标高(E)/圆角(F)/厚度(T)/宽度(W)]: W↙

指定矩形的线宽 <0.0000 >: 0.5↙

指定第一个角点或[倒角(C)/标高(E)/圆角(F)/厚度(T)/宽度(W)]:

指定另一个角点或[面积(A)/尺寸(D)/旋转(R)]: R↙

指定旋转角度或[拾取点(P)] <0 >: 30↙

指定另一个角点或[面积(A)/尺寸(D)/旋转(R)]: D↙

指定矩形的长度 <20.0000 >:30↙

指定矩形的宽度 <20.0000 >:26↙

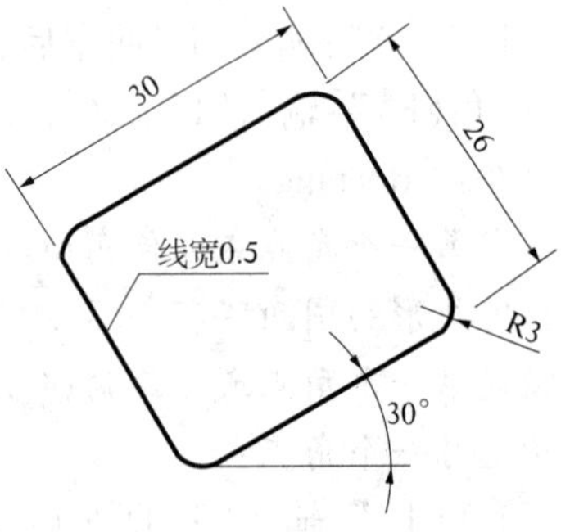

图2-13 绘制矩形

指定另一个角点或［面积(A)/尺寸(D)/旋转(R)］:

2.2 正多边形的绘制

1. 功能

快速创建矩形和规则多边形。创建多边形是绘制等边三角形、正方形、五边形、六边形等的简单方法。

2. 命令的调用

在命令行中用键盘输入:“Polygon”;在下拉菜单中点击:绘图→正多边形;在“绘图”工具条单击“正多边形”按钮:;在功能区中选择:常用→绘图→正多边形。

3. 操作指导

命令: _Polygon

输入边的数目 <4>:6↙

指定多边形的中心点或［边(E)］:(在屏幕上指定一点为多边形的中心点)

输入选项［内接于圆(I)/外切于圆(C)］ <I>:↙

指定圆的半径:20↙ (在屏幕上指定内接于圆的半径)

参数说明:

“指定多边形的中心点”:输入或指定中心点的位置来确定多边形的中心点。多边形大小由外切圆或内接圆的半径确定。

“边(E)”:用多边形的一条边长来确定正多边形的大小。命令行要求输入一条边的两个端点,确定多边形的边长。

“内接于圆(I)/外切于圆(C)”:输入正多边形内接于圆“I”时,圆的半径等于中心点到多边形顶点的距离;输入正多边形外切于圆“C”时,圆的半径等于中心点到多边形边的中点的距离。

注意:在应用“正多边形”命令的过程中,注意区分“内接于圆(I)”和“外切于圆(C)”的实际意义。“内接于圆(I)”的圆半径是多边形的中心点距多边形顶点的距离;“外切于圆(C)” 的圆半径是多边形的中心点距多边形边的距离。如图2-14。

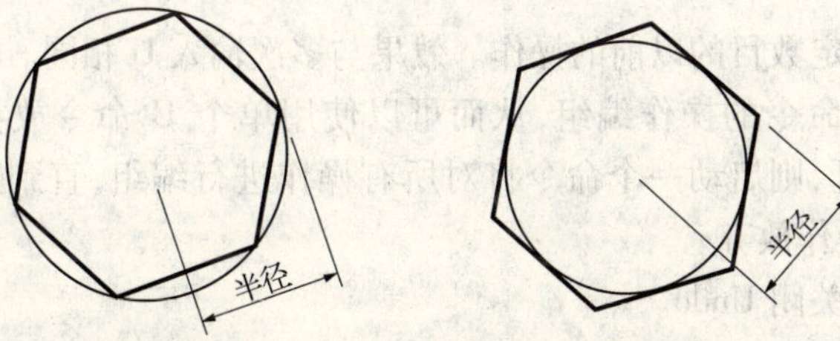

内接于圆　　外切于圆

图2-14　内接于圆和外切于圆的半径

操作3　编辑二维图形

3.1 删除、放弃、重做与分解

1. 删除

1)功能

从图形中删除对象。

2）命令的调用

在命令行中用键盘输入："Erase"；在下拉菜单中点击：修改→删除（E）；在"修改"工具条上单击"删除"按钮：；在功能区中选择：常用→修改→删除；快捷菜单：选择要删除的对象，在绘图区域中单击鼠标右键，然后单击"删除"。

3）操作指导

执行 Erase 命令后，在"选择对象"下，使用一种选择方法选择要删除的对象或输入选项：

输入 L（上一个），删除绘制的上一个对象。

输入 P（上一个），删除上一个选择集。

输入 All，从图形中删除所有对象。

输入？，查看所有选择方法列表。

按 Enter 键结束命令。

2. 放弃（撤销）

1）功能

放弃（撤销）上次操作。

2）命令的调用

在命令行中用键盘输入："Undo"；在下拉菜单中点击：编辑→放弃（U）；在"标准"工具条上单击"放弃"按钮：；快捷菜单：选择要删除的对象，在绘图区域中单击鼠标右键，然后单击"删除"。

3）操作指导

命令：_Undo

当前设置：自动 = 开，控制 = 全部，合并 = 是，图层 = 是

输入要放弃的操作数目或［自动（A）/控制（C）/开始（BE）/结束（E）/标记（M）/后退（B）］＜1＞：（输入正数、输入选项或按 Enter 键放弃一个操作）

参数说明：

"数目"：放弃指定数目的以前的操作。效果与多次输入 U 相同。

"自动"：将单个命令的操作编组，从而可以使用单个 U 命令放弃这些操作。如果"自动"选项设置为开，则启动一个命令将对所有操作进行编组，直到退出该命令。可以将操作组当做一个操作放弃。

"控制"：限制或关闭 Undo。

"开始"、"结束"：将一系列操作编组为一个集合。输入"开始"选项后，所有后续操作都将成为此集合的一部分，直至使用"结束"选项。编组已激活时输入 Undo begin 将结束当前集合，并开始新的集合。Undo 和 U 将编组操作视为单步操作。

"标记"、"后退"："标记"在放弃信息中放置标记。"后退"放弃直到该标记为止所做的全部工作。如果一次放弃一个操作，到达该标记时程序会给出通知。

3. 重做（恢复）

1）功能

重做（恢复）上次 Undo 操作的效果。

2）命令的调用

在命令行中用键盘输入："Redo"；在下拉菜单中点击：编辑→重做（R）；在"标准"工具条上单击"重做"按钮：；快捷菜单：无命令运行和无对象选定的情况下，在绘图区域单击鼠标右键，然后选择"重做"。

3）操作指导

Redo 可恢复单个 Undo 或 U 命令放弃的效果。Redo 必须紧跟随在 U 或 Undo 命令之后。

注意：命令的重做：对于已撤销放弃的命令，如果还想找回来，重做可以满足。重做不是可以无限次重做，它和 AutoCAD 默认的次数有关。命令的放弃：对于已执行过的命令，若想撤销，那么执行放弃。它与撤销有区别。命令的撤销：撤销正在执行中的命令，常用连续按两次 Esc 键的方法来完成。它与前面讲的重做（撤销）中的撤销有着本质的不同。

4. 分解

1）功能

将合成对象分解为单个对象。

2）命令的调用

在命令行中用键盘输入："Explode"；在下拉菜单中点击：修改→分解；在"修改"工具条上单击"分解"按钮：；在功能区中选择：常用→修改→分解。

3）操作指导

在希望单独修改合成对象的部件时，可分解合成对象。可以分解的对象包括块、多段线及面域等。

任何分解对象的颜色、线型和线宽都可能会改变。其他结果将根据分解的合成对象类型的不同而有所不同。

3.2 复制、移动与偏移

1. 复制

1）功能

在指定方向上按指定距离复制对象。

2）命令的调用

在命令行中用键盘输入："Copy"；在下拉菜单中点击：修改→复制；在"修改"工具条上单击"复制"按钮：；在功能区中选择：常用→修改→复制。

3）操作指导

命令：_Copy

选择对象：找到 1 个（可以同时选择多个对象）

选择对象：

当前设置：复制模式 = 多个

指定基点或［位移(D)/模式(O)］＜位移＞：指定第二个点或 ＜使用第一个点作为位移＞：（可以指定两个基点或位移作为复制对象和原对象的距离）

参数说明：

"指定基点":复制对象时的基准点。

"位移":复制对象时,对象所要偏移的距离。

"模式":如果当前模式为:复制模式 = 多个,那么

指定基点或[位移(D)/模式(O)]<位移>:O(转换复制模式)

输入复制模式选项[单个(S)/多个(M)]<多个>:S(转换模式为单个复制)

指定基点或[位移(D)/模式(O)/多个(M)]<位移>:M(转换模式为多个复制)

注意:复制对象时,一次可以复制一个几何元素,也可以复制整个图形。

2. 移动

1)功能

在指定方向上按指定距离移动对象。

2)命令的调用

在命令行中用键盘输入:"Move";在下拉菜单中点击:修改→移动;在"修改"工具条上单击"移动"按钮: ;在功能区中选择:常用→修改→移动 。

3)操作指导

命令:_Move

选择对象:找到 1 个

选择对象:

指定基点或[位移(D)]<位移>:指定第二个点或<使用第一个点作为位移>:

(指定两个点作为位移的距离,也可以直接输入距离值)

注意:图形或几何元素经过移动后,源对象就不会存在了,它被移动到一个新的位置。它同"复制"有相同之处,但也有区别。如图 2-15,复制与移动对象。

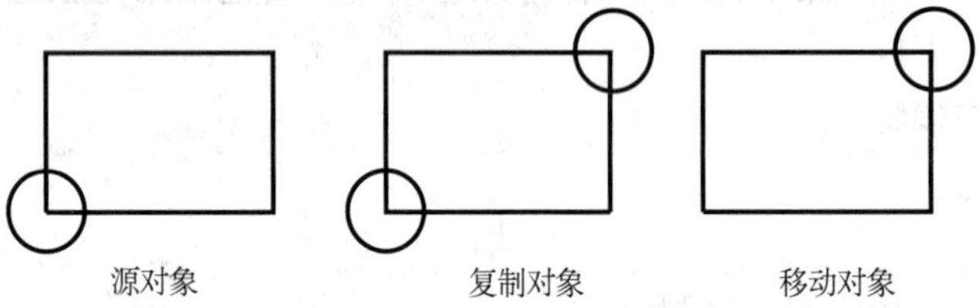

图 2-15 复制与移动对象

3. 偏移

1)功能

等距离复制对象。常用于创建同心圆、平行线和平行曲线。

2)命令的调用

在命令行中用键盘输入:"Offset";在下拉菜单中点击:修改→偏移;在"修改"工具条上单击"偏移"按钮: ;在功能区中选择:常用→修改→偏移 。

3)操作指导

命令:_Offset

当前设置:删除源 = 否 图层 = 源 OFFSETGAPTYPE = 0

指定偏移距离或[通过(T)/删除(E)/图层(L)]<通过>:5↙(输入要偏移的距离)

选择要偏移的对象,或［退出(E)/放弃(U)］<退出>:(指定要偏移的对象)

指定要偏移的那一侧上的点,或［退出(E)/多个(M)/放弃(U)］<退出>:(指定要偏移的对象偏向的一侧)

参数说明:

“通过(T)”:输入“T”后回车,系统有如下的命令提示:

命令:_Offset

指定偏移距离或［通过(T)］<10.0000>:T↙

选择要偏移的对象或<退出>:

指定通过点:(选择一个点作为偏移对象的通过点)

选择要偏移的对象或<退出>:

“删除(E)”:输入“E”后回车,系统有如下的命令提示:

命令:_Offset

当前设置:删除源=否　图层=源　OFFSETGAPTYPE=0

指定偏移距离或［通过(T)/删除(E)/图层(L)］<通过>:E↙

要在偏移后删除源对象吗?［是(Y)/否(N)］<否>:Y↙(偏移时是否删除源对象)

指定偏移距离或［通过(T)/删除(E)/图层(L)］<通过>:5↙

选择要偏移的对象,或［退出(E)/放弃(U)］<退出>:

指定要偏移的那一侧上的点,或［退出(E)/多个(M)/放弃(U)］<退出>:

“图层(L)”:输入“L”后回车,系统有如下的命令提示:

命令:_Offset

当前设置:删除源=是　图层=源 OFFSETGAPTYPE=0

指定偏移距离或［通过(T)/删除(E)/图层(L)］<5.0000>:L↙

输入偏移对象的图层选项［当前(C)/源(S)］<源>:C↙(偏移时是否改变源对象的图层特性)

指定偏移距离或［通过(T)/删除(E)/图层(L)］<5.0000>:5↙

选择要偏移的对象,或［退出(E)/放弃(U)］<退出>:

指定要偏移的那一侧上的点,或［退出(E)/多个(M)/放弃(U)］<退出>:

选择要偏移的对象,或［退出(E)/放弃(U)］<退出>:

4)操作示例

绘制一组间距为5的同心圆、平行线和任意曲线。如图2-16、图2-17(步骤略)。

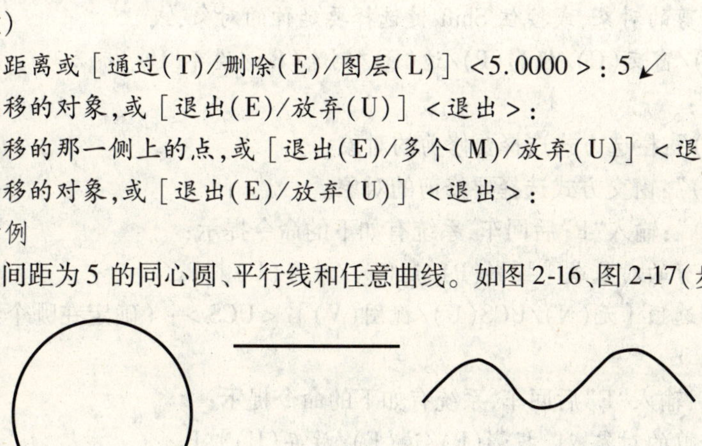

图2-16　源对象

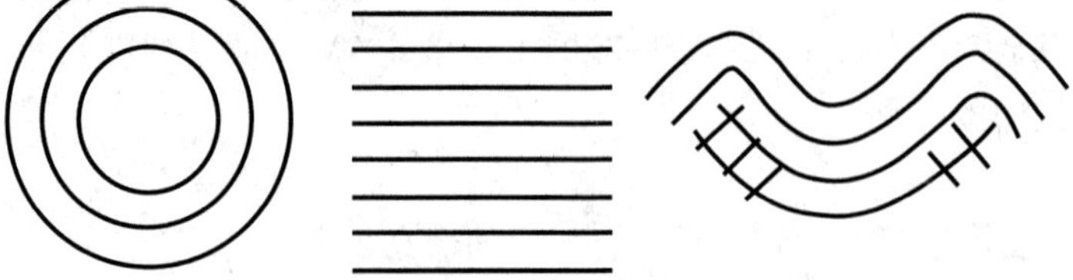

图 2-17 偏移对象

注意:偏移曲线时,对曲线的弯曲程度有限制。超过弯曲极限时,一部分曲线则不会偏移。

3.3 直线的修剪、延伸与拉长

1. 修剪

1)功能

修剪超出边界的对象,以与其他对象的边相接。

2)命令的调用

在命令行中用键盘输入:"Trim";在下拉菜单中点击:修改→修剪;在"修改"工具条单击"修剪"按钮:;在功能区中选择:常用→修改→修剪。

3)操作指导

命令: _Trim

当前设置:投影 = UCS,边 = 无

选择剪切边...

选择对象或 <全部选择>: 找到 1 个(选择要剪切对象的边界)

选择对象:

选择要修剪的对象,或按住 Shift 键选择要延伸的对象,或

[栏选(F)/窗交(C)/投影(P)/边(E)/删除(R)/放弃(U)]: 指定对角点:

选择要修剪的对象,或按住 Shift 键选择要延伸的对象,或

[栏选(F)/窗交(C)/投影(P)/边(E)/删除(R)/放弃(U)]:

参数说明:

"栏选(F)":栏选方式选择要修剪的对象。

"窗交(C)":窗交方式选择要修剪的对象。

"投影(P)":输入"P"后回车,系统有如下的命令提示:

选择要修剪的对象或[投影(P)/边(E)/放弃(U)]:P↙

输入投影选项[无(N)/UCS(U)/视图(V)] <UCS>: (确定在哪个绘图环境中进行修剪)

"边(E)":输入"E"后回车,系统有如下的命令提示:

选择要修剪的对象或[投影(P)/边(E)/放弃(U)]:E↙

输入隐含边延伸模式[延伸(E)/不延伸(N)] <不延伸>:E↙

选择要修剪的对象或[投影(P)/边(E)/放弃(U)]:

"放弃(U)":退出操作过程。

"指定对角点"：指定窗交选择的第一个对角点。

注意：执行修剪命令时，先选择的是修剪边界，确认后，选择的才是要修剪的对象。一定要注意执行命令过程中，点击左右键的顺序。

2. 延伸

1）功能

扩展不足边界的对象，以与其他对象的边相接。

2）命令的调用

在命令行中用键盘输入："Extend"；在下拉菜单中点击：修改→延伸；在"修改"工具条单击"延伸"按钮：；在功能区中选择：常用→修改→延伸。

3）操作指导

命令：_Extend

当前设置：投影 = UCS，边 = 无

选择边界的边...

选择对象或 <全部选择>：指定对角点：找到 2 个（选择要延伸到的边界对象）

选择对象：（单击右键确认）

选择要延伸的对象，或按住 Shift 键选择要修剪的对象，或

[栏选(F)/窗交(C)/投影(P)/边(E)/放弃(U)]：

参数说明：

参数与修剪中类似。

4）操作示例

修剪如图 2-18 中伸出矩形的线；延伸不足矩形的线。结果如图 2-19（步骤略）。

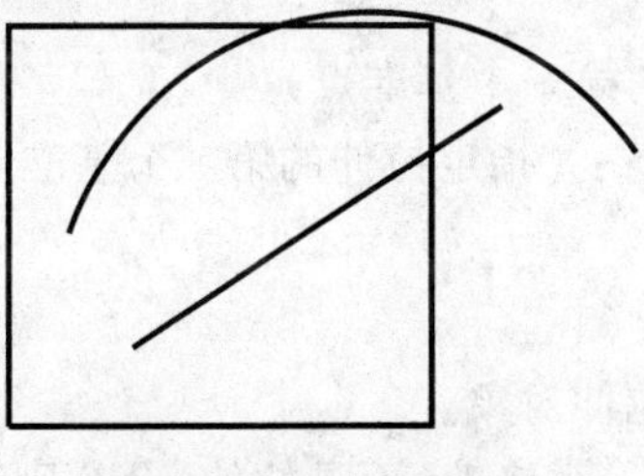

图 2-18　已知图形

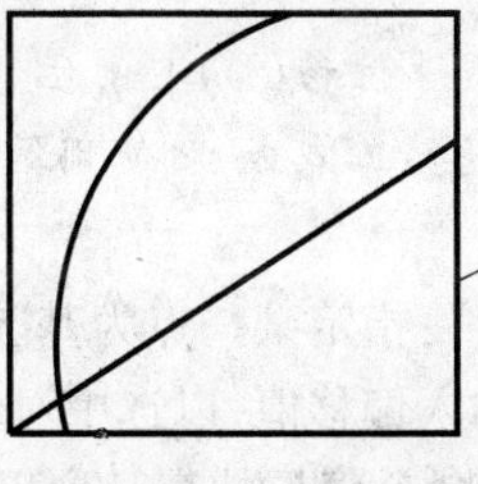

图 2-19　修剪与延伸对象

3. 拉长

1）功能

修改对象的长度和圆弧的包含角。常用于拉长直线和圆弧。

2）命令的调用

在命令行中用键盘输入："Lengthen"；在下拉菜单中点击：修改→拉长 拉长(G)；在功能区中选择：常用→修改→拉长。

3）操作指导

命令：_Lengthen

选择对象或 [增量(DE)/百分数(P)/全部(T)/动态(DY)]：（直接选择要拉长的对

象）

当前长度：20.7211（选择拉长对象的参数）

选择对象或［增量(DE)/百分数(P)/全部(T)/动态(DY)］：

参数说明：

“增量(DE)”：定量拉长直线。

“百分数(P)”：按原直线长的百分率拉长。

“全部(T)”：要拉长的总的长度或角度。

“动态(DY)”：定性不定量拉长直线，系统进入动态拉长对象。

注意：拉长命令不仅可以拉长对象，而且可以缩短对象。拉长对象时，一次只能拉长单根对象。

3.4 图形的拉伸与缩放

1. 拉伸

1）功能

拉伸与选择窗口或多边形交叉的对象。

2）命令的调用

在命令行中用键盘输入：“Stretch”；在下拉菜单中点击：修改→拉伸；在“修改”工具条单击“拉伸”按钮：；在功能区中选择：常用→修改→拉伸。

3）操作指导

命令：_Stretch

以交叉窗口或交叉多边形选择要拉伸的对象...（选择对象的两种方式）

选择对象：指定对角点：找到 3 个

选择对象：

指定基点或［位移(D)］<位移>：（指定拉伸的第一个基准点）

指定位移的第二点或 <使用第一个点作为位移>：（指定拉伸的第二个基准点）

参数说明：

“指定基点”：指定某一点为基准点拉伸对象。

“位移”：输入偏移值，以选中对象中心点为基点拉伸对象。

注意：拉伸命令仅拉伸交叉窗口部分包围的对象。而移动（不是拉伸）命令则移动完全包含在交叉窗口中的对象或单独选定的对象。若干对象（例如圆、椭圆和块）无法拉伸。

拉伸命令仅移动位于窗交选择内的顶点和端点，不更改那些位于窗交选择外的顶点和端点。拉伸不修改三维实体、多段线宽度、切向或者曲线拟合的信息。

一般采用虚线框的选择模式（窗交选择）来选择对象。如图 2-20。

2. 缩放

1）功能

放大或缩小选定对象，并且缩放后对象的比例保持不变。

2）命令的调用

在命令行中用键盘输入：“Scale”；在下拉菜单中点击：修改→缩放；在“修改”工具条

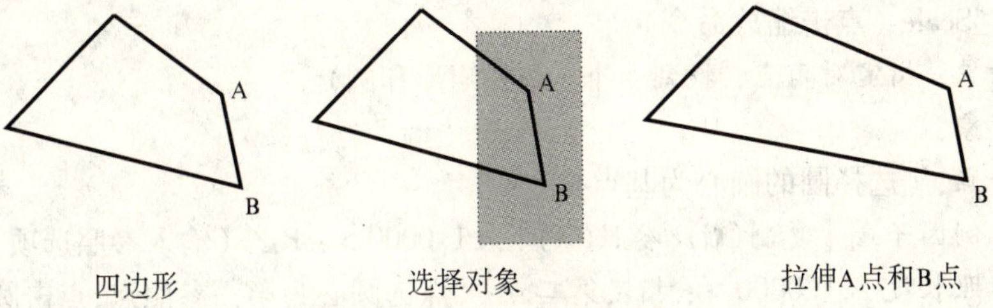

图 2-20　拉伸命令的应用

上单击“缩放”按钮：；在功能区中选择：常用→修改→缩放。

3）操作指导

命令：_Scale

选择对象：指定对角点：找到 2 个（选择所要缩放的对象）

选择对象：

指定基点：（选择一点作为缩放的基点）

指定比例因子或［复制(C)/参照(R)］<1.0000>：（输入缩放的比例因子或用参照方式进行缩放）

参数说明：

“指定比例因子”：指定缩放的比例。

“复制(C)”：在源对象不删除的情况下，重新复制一个对象进行缩放。

“参照(R)”：指定一段参照长度和新长度进行缩放对象。此功能意义非凡，可参考下面示例。

注意：缩放命令是改变图形的实际尺寸，而不是改变在屏幕上的显示大小。经过比例缩放过的图形，由于它的实际大小发生了变化，因此在标注尺寸时应注意设置尺寸标注的样式。另外，输入的比例因子均为正值，大于 1 时为放大，小于 1 时为缩小。

4）操作示例

绘制如图 2-21 的平面图形。

(1) 任意画一个长：宽 =2：1 的矩形，如长 40，宽 20，如图 2-22。

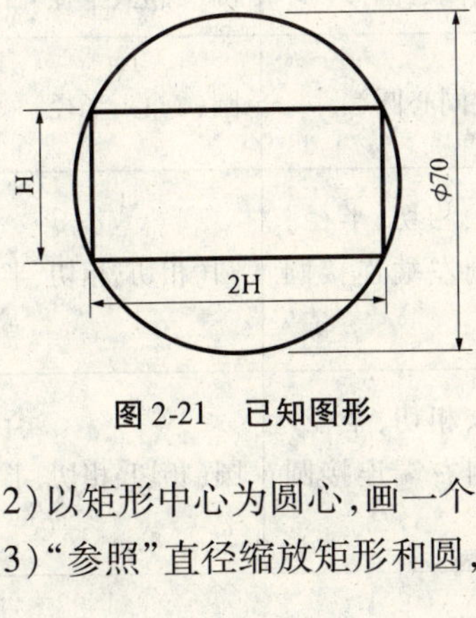

图 2-21　已知图形

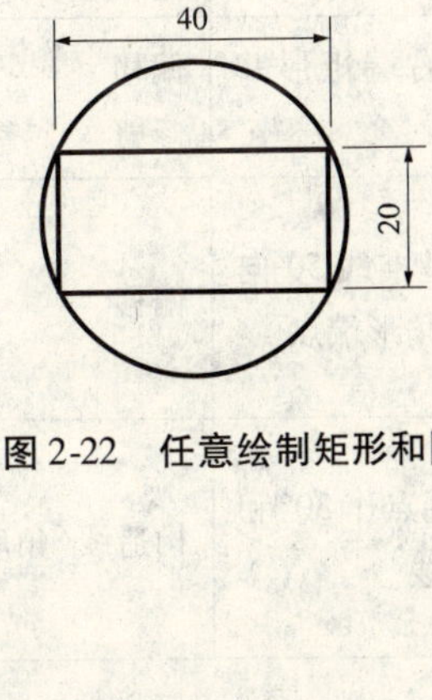

图 2-22　任意绘制矩形和圆

(2) 以矩形中心为圆心，画一个矩形外接圆；

(3)“参照”直径缩放矩形和圆，步骤如下：

命令：_Scale（点击缩放命令）

选择对象：指定对角点：找到 4 个（选择矩形和圆）

选择对象：

指定基点：（选择圆的圆心为基点）

指定比例因子或［复制(C)/参照(R)］ <1.0000>：R↙（输入参照选项，回车）

指定参照长度 <1.0000>：指定第二点：（点击圆心为第一参照点，点击圆周任意象限点为第二参照点）

指定新的长度或［点(P)］ <1.0000>：35↙（输入圆的半径为 35，回车）

任务四　练习平面图形的绘制

活动 1　练习图 2-2、图 2-3 平面图形的绘制

结合任务三的知识内容，各团队主动向大家展示自己的学习成果，与大家一起分享。学生在演示前，可以参考表 2-3 平面图形的绘制步骤。

表 2-3　图 2-2、图 2-3 平面图形的绘制步骤

图 2-2	操作说明或使用命令	图 2-3	操作说明或使用命令
设置图层	设置粗实线（绘制轮廓）和点划线（绘制中心线）	设置图层	设置粗实线（绘制轮廓）和点划线（绘制中心线）
绘制图形中心线	直线	绘制大圆中心线，并根据定位尺寸偏移绘制另两小圆中心线	直线 偏移
绘制右端基准线	直线	绘制中间同心圆	圆（圆心、半径）
偏移绘制右端矩形并修剪多余线	偏移 修剪	绘制两端同心圆	圆（圆心、半径）
偏移右端基准线 50 向左，得到三角形端点	偏移	用“相切、相切、半径”命令绘制左端连接圆弧的圆	圆（相切、相切、半径）
过三角形端点作 30°和 -30°构造线	构造线（角度）	用“相切、相切、半径”命令绘制右端连接圆弧的圆	圆（相切、相切、半径）

续表 2-3

图 2-2	操作说明或使用命令	图 2-3	操作说明或使用命令
偏移中心线绘制左端小矩形的上下边线并修剪	偏移 修剪	修剪用“相切、相切、半径”命令绘制的圆为连接圆弧	修剪
直线连接三角形的第三边	直线	用拉长命令伸缩圆中心线	拉长
整理图形	调整中心线的长度，修剪多余线	整理图形	调整中心线的长度，修剪多余线

根据表 2-3，回答：

(1)图 2-2、图 2-3 两图绘图步骤的相同点是：________________，不同点是：________________。

(2)图 2-2、图 2-3 两图绘制过程中所用的绘图命令有何异同？

(3)图 2-2 中的矩形不用“偏移”命令，采用“矩形”命令怎么绘制？

活动 2　练习图 2-23 平面图形的绘制

2.1　学生研习图 2-23 平面图形

回答以下问题：

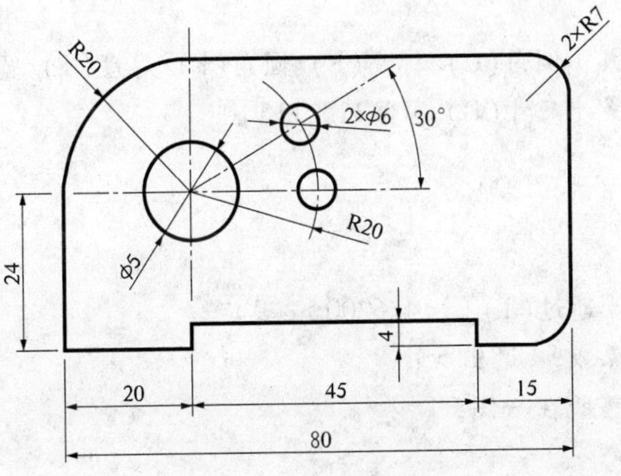

图 2-23　平面图形

(1)组成图 2-23 平面图形的特征是：________________。

(2)绘制图 2-23 平面图形所需的命令有：________________。

(3)绘制图 2-23 平面图形的步骤是：________________。

2.2　教师演示图 2-23 平面图形的绘制

步骤：

(1)设置图层；

(2)绘制图形中心线；

(3)绘制同心圆；
(4)过半径为 20 的圆绘制左、上两轮廓边线；
(5)用“偏移”命令绘制另两轮廓边线；
(6)用“偏移”命令绘制下面边槽；
(7)用“相切、相切、半径”命令绘制两半径为 7 的连接圆弧；
(8)用构造线绘制 30°线，以及绘制半径为 20 的圆弧；
(9)绘制两直径为 6 的小圆；
(10)整理整个图形。

活动 3　练习图 2-1 平面图形的绘制

3.1　学生研习图 2-1 平面图形

回答以下问题：
(1)组成图 2-1 平面图形的特征是：________________。
(2)绘制图 2-1 平面图形所需的命令有：________________。
(3)绘制图 2-1 平面图形的步骤是：________________。
(4)图 2-1 与图 2-23 中的圆在绘制时有何不同？
(5)思考图 2-1 中的四个边口，能否只绘制一个，其他三个通过一个命令解决。

3.2　教师演示图 2-1 平面图形的绘制

步骤：
(1)绘中心线及正方形。
命令：_Rectang
指定第一个角点或［倒角(C)/标高(E)/圆角(F)/厚度(T)/宽度(W)］：
指定另一个角点或［尺寸(D)］：@115,115↙
如图 2-24。
(2)偏移正方形。
命令：_Offset
指定偏移距离或［通过(T)］<4.6200>：9↙
选择要偏移的对象或 <退出>：
指定点以确定偏移所在一侧：
如图 2-25。

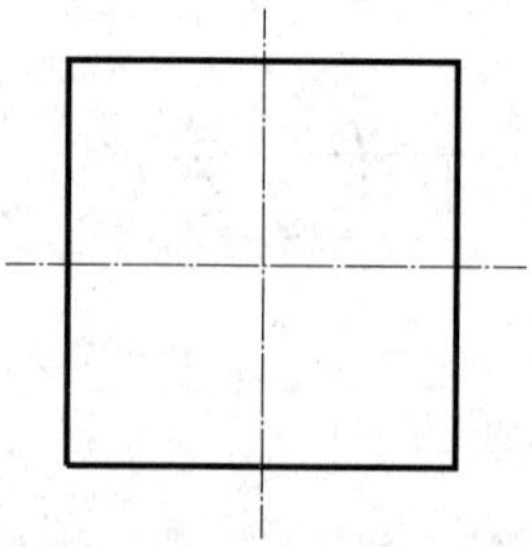

图 2-24　绘中心线及正方形

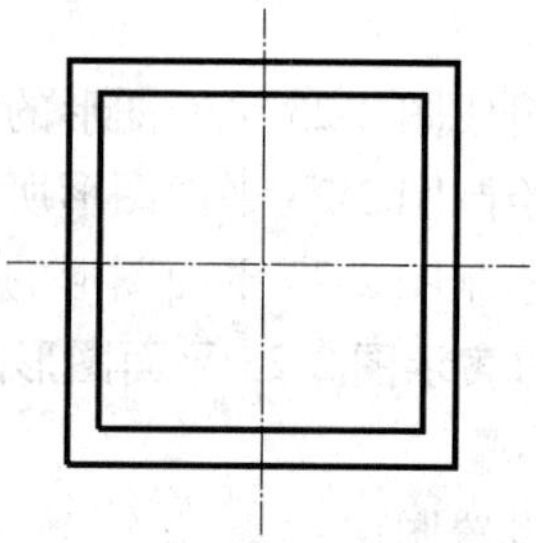

图 2-25　偏移正方形

(3)分解外正方形并三等分底边。

命令:_Explode

选择对象: 找到 1 个

选择对象:

命令: _Divide

选择要定数等分的对象:

输入线段数目或[块(B)]: 3↙

(4)用构造线绘制下边的开口,如图 2-26。

(5)同理绘制其他三边开口,如图 2-27。

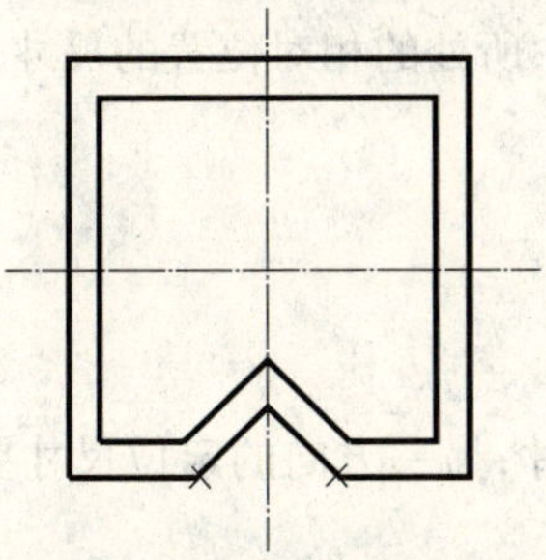

图 2-26 绘制下边的开口

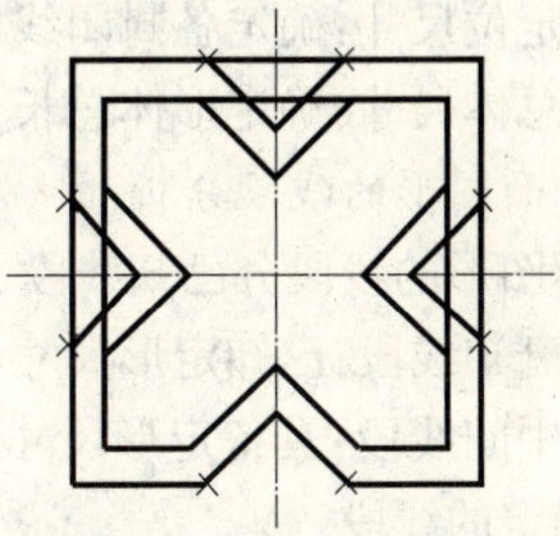

图 2-27 绘制另三边开口

(6)绘制中心同心圆。

命令: _Circle 指定圆的圆心或[三点(3P)/两点(2P)/相切、相切、半径(T)]:

指定圆的半径或[直径(D)] <24.8700>:

命令: _Offset

指定偏移距离或[通过(T)] <9.5200>: 4↙

选择要偏移的对象或 <退出>:

指定点以确定偏移所在一侧:

选择要偏移的对象或 <退出>: *取消*

如图 2-28。

(7)用"相切、相切、半径"命令绘制内部四个角,如图 2-29。

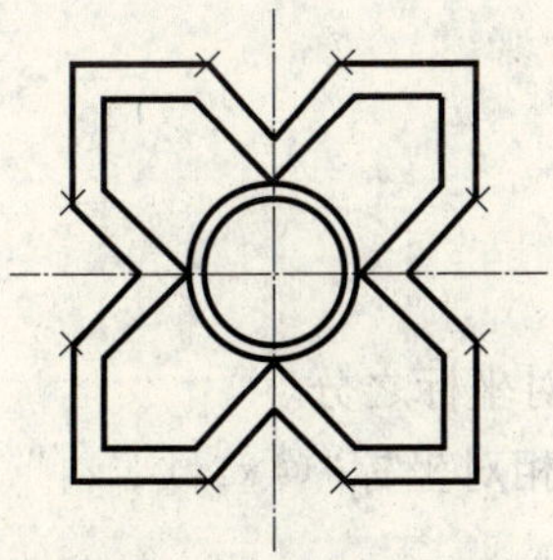

图 2-28 绘制中心同心圆

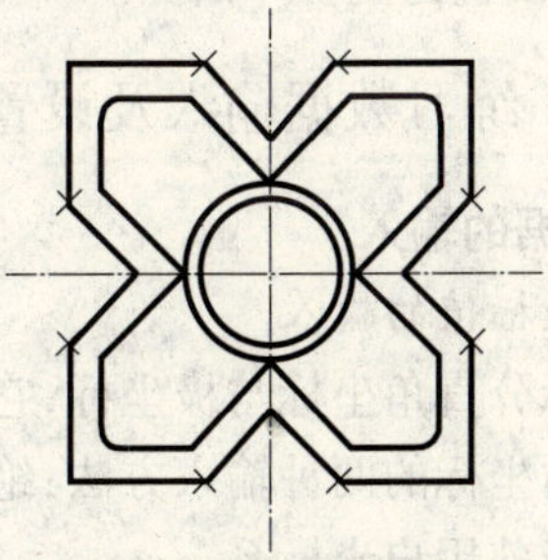

图 2-29 绘制内部四个角

任务五　学习相关知识

活动 1　复习平面图形的分析和绘图步骤

1.1　平面图形分析

平面图形分析分尺寸分析和线段分析。

1. 平面图形的尺寸分析

平面图形的尺寸分定形尺寸、定位尺寸和总体尺寸。

(1)定形尺寸:确定组成平面图形中各封闭线框和线段的形状与大小的尺寸。

(2)定位尺寸:确定各封闭线框和线段在平面图形中所处的相对位置的尺寸。

(3)总体尺寸:确定形体总长、宽和高的尺寸。

2. 平面图形的线段分析

平面图形的线段分已知线段、中间线段和连接线段。

(1)已知线段:已知定形尺寸和定位尺寸的线段。

(2)中间线段:具备定形尺寸和一个方向的定位尺寸,另一方向的定位尺寸要由相切条件来确定的线段。

(3)连接线段:只有定形尺寸,定位尺寸不知道,通过圆弧连接才能确定其位置;或定形尺寸和定位尺寸都不知道,完全由圆弧连接才能确定大小和位置的线段。

1.2　平面图形绘图

平面图形的绘图步骤(计算机绘图):

(1)选择线型和线宽;

(2)绘制基准线:平面图形的中心线、对称线或图形中较长的线;

(3)按比例绘制图形;

(4)标注;

(5)插入或绘制标题栏;

(6)填写标题栏;

(7)设置比例打印出图。

活动 2　练习数据输入及设置图线属性

2.1　数据的输入

1. 坐标值的输入

坐标分直角坐标与极坐标,它们都有相对坐标和绝对坐标之分。

直角坐标的两种输入方法:绝对坐标“x,y[, z]”和相对坐标“@ x,y[, z]”。坐标值均相对当前用户坐标系。

极坐标的两种输入方法:绝对坐标“$\rho < \theta$”和相对坐标“@$\rho < \theta$”。坐标值均相对当前用户坐标系。

对于坐标来说,必须明确了解相对坐标与绝对坐标的概念。

如图 2-30,绘制长 50、宽 40 的矩形。

命令:_Rectang

指定第一个角点或[倒角(C)/标高(E)/圆角(F)/厚度(T)/宽度(W)]:30,20↙(绝对坐标确定 A 点)

指定另一个角点或[面积(A)/尺寸(D)/旋转(R)]:@50,40↙(相对坐标确定 B 点)

启用“动态输入”时,可以在光标附近的工具栏提示中输入坐标值。

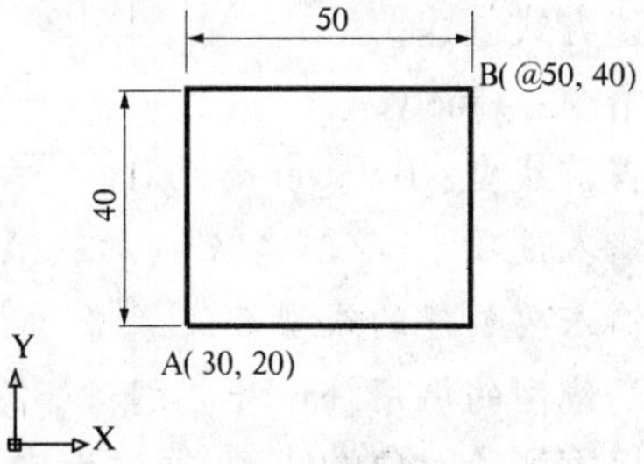

图 2-30　坐标输入

2. 距离值的输入

AutoCAD 中距离值的输入有两种方法:一种是通过移动光标以指示方向,然后输入自第一点的距离来指定点;另一种是在屏幕上点取两点,两点距离作为输入值。

3.“动态数据输入”

启用“动态输入”时,工具栏提示将在光标附近显示信息,该信息会随着光标移动而动态更新。当某条命令为活动时,工具栏提示将为用户提供输入的位置。

2.2　图线的选择

图线有线型与线宽之分。在一幅工程图中,不同的线型与线宽代表了不同的含义。因此,用 AutoCAD 绘图时,线型与线宽的设置是非常重要的。

1. 线型管理器

1)启动命令的方法

在命令行中用键盘输入:“Linetype”;在下拉菜单中点击:格式→线型;在“特性”工具条点击:线型→其他;在功能面板上选择:常用→特性→线型→其他。

2)参数说明

执行该命令后,系统就会弹出如图 2-31 的对话框。

在该对话框中,我们可以通过点击“加载”按钮,在“加载或重载线型”对话框(图 2-32)中来增加不同线型。在图 2-31 对话框中,我们可以通过在“显示细节”与“隐藏细节”按钮之间转换。在“显示细节”状态下,我们可以给线型设置“全局比例因子”。

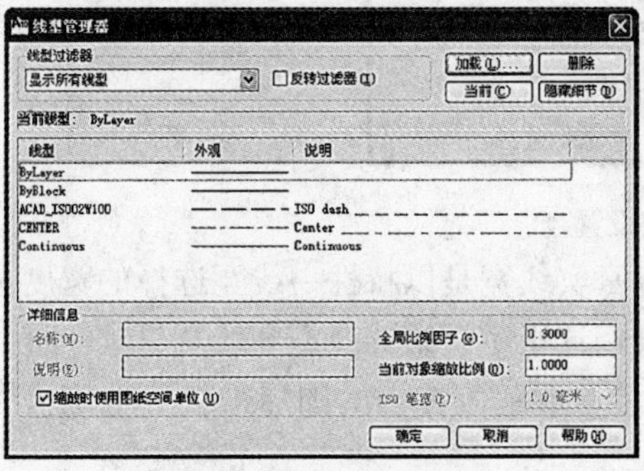

图 2-31　线型管理器

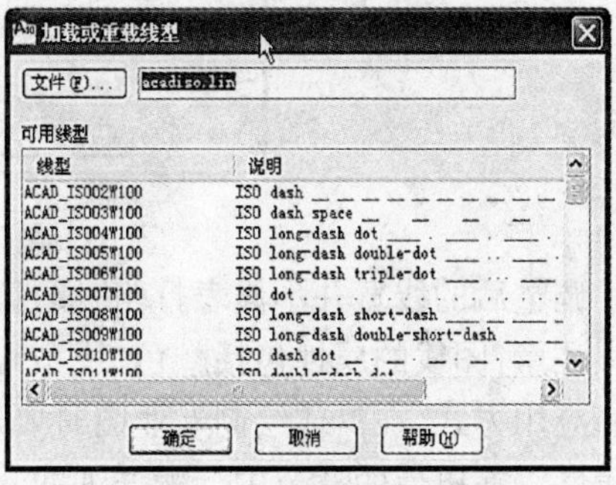

图 2-32　加载或重载线型

如果线型库中没有需要的线型，可以点击“文件”加载新的线型。新的线型定义可以按下述方式创建：

命令：_Linetype

当前线型：ByLayer

输入选项 [？/创建(C)/加载(L)/设置(S)]：C↙

输入要创建的线型名：

2. 线型的调用

根据所绘对象的线型，通过点击“特性”工具条上的下拉菜单，或在功能面板上，通过常用→特性→线型来选择已设置好的线型。如图 2-33。

（a）“特性”工具条　　（b）“特性”功能面板

图 2-33　对象特性

3. 线宽的选用

线宽的选用与线型调用相似，也是通过点击“特性”工具条上的下拉菜单，或在功能面板上，通过常用→特性→线宽来选择。

默认情况下，选用的线宽从 0.00 到 0.25，显示时都是一样粗细，这是因为我们在初始“线宽设置”时设置了“默认”“显示线宽”的“调整显示比例”，如图 2-34。可以通过设置“默认”“显示线宽”的“调整显示比例”，使绘图区的线宽显示更加合理。

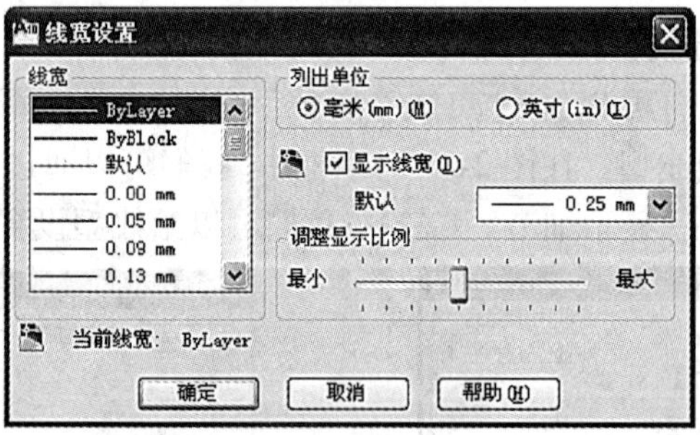

图 2-34　线宽设置

调整后的线宽并不代表打印时的真实线宽。真实线宽是以特性→线宽选择的宽度。

注意：图线的属性包括颜色、线型和线宽。我们这里所介绍的线型和线宽只是一种简单的应用方式，在具体绘制专业图时要通过设置包含颜色等在内的图层来统一地定义图线属性。在以后的章节中会做详细的介绍。

通常情况下，我们对图线设置如下（仅供参考）：

图层名	颜色	线型	线宽	用途
粗实线	白色	实线(continuous)	0.5	墙线、建筑轮廓线
中粗线	30	实线(continuous)	0.25	门符号、洞口线等
细实线	品红色	实线(continuous)	0.15	阳台、台阶等
虚线	黄色	虚线(ACAD_ISO02W100)	0.25	不可见线
中心线	红色	点划线(CENTER)	0.15	轴线、对称线
尺寸线	绿色	实线(continuous)	0.15	尺寸、轴线编号等
剖面线	青色	实线(continuous)	0.15	填充剖面图案

在 A3 以下图纸幅面,线型的"全局比例因子"采用 0.3 比较合适;在 A2 以上图纸幅面,线型的"全局比例因子"采用 0.6 比较合适。不妨一试。

活动 3　设置图形单位和图形界限

3.1　设置图形单位

在 AutoCAD 中,用户可以采用 1:1 的比例因子绘图,因此所有的直线、圆和其他对象都可以以真实大小来绘制。例如,如果一个房屋长 30 m,那么它也可以按 30 m 的真实大小来绘制,在需要打印出图时,再将图形按图纸大小进行缩放。

在主菜单中选择"格式"→"单位"命令(Units),打开 "图形单位"对话框。在打开的"图形单位"对话框中,设置绘图时使用的长度单位、角度单位,以及单位的显示格式和精度等参数。如图 2-35。

在"图形单位"对话框中点击"方向"按钮,弹出"方向控制"对话框,系统默认东(E)为零,角度逆时针为正。如图 2-36。

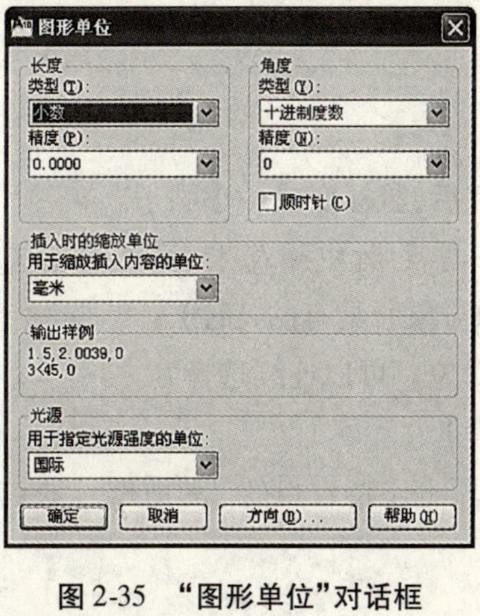

图 2-35　"图形单位"对话框

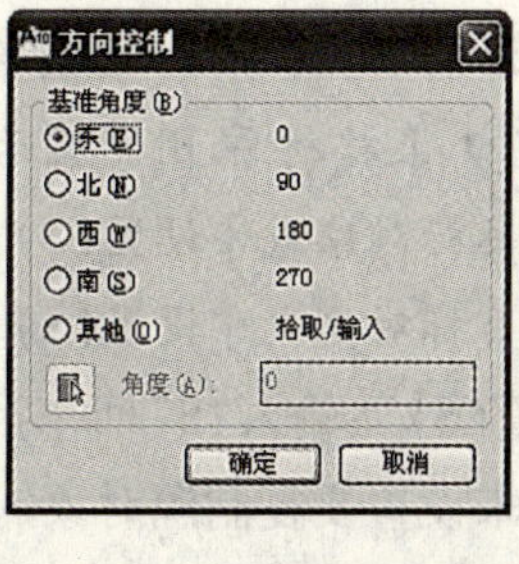

图 2-36　"方向控制"对话框

3.2　设置绘图界限

在主菜单中选择"格式"→"图形界限"命令,或在命令行中输入"Limits",可执行图形绘制界限命令。

图形界限实际上是在模型空间中设置一个想象的矩形绘图区域。它确定的区域是可见栅格指示的区域,也是执行"视图"→"缩放"→"全部"命令时决定显示多大图形的一个参数。

一般情况下，AutoCAD 默认图纸幅面大小为 A3（420 × 297）。下面我们设置 A2（594 × 420）图纸幅面的图纸界限。

命令过程如下：

命令：_Limits

重新设置模型空间界限：//系统提示信息

指定左下角点或［开（ON）/关（OFF）］<0.0000,0.0000>：↙（用鼠标或者输入坐标值定左下角点）

指定右上角点 <420.0000,297.0000>：594,420 ↙（用鼠标或者输入坐标值定右上角点）

活动 4　应用对象特性匹配与状态控制

4.1　特性匹配

1. 功能

将选定对象的特性应用到其他对象。可应用的特性类型包括颜色、图层、线型、线型比例、线宽、打印样式和其他指定的特性。

2. 命令的调用

在命令行中用键盘输入："Matchprop"；在下拉菜单中点击：修改→特性匹配"特性匹配[M]"；在"标准"工具条上单击"特性匹配"按钮：；在功能区中选择：常用→剪切板→特性匹配。

3. 操作指导

命令：_Matchprop

选择源对象：（选择一个对象作为源对象，选择完后，鼠标变成一小刷子" "）

当前活动设置：颜色 图层 线型 线型比例 线宽 厚度 打印样式 标注 文字 填充图案 多段线 视口 表格材质 阴影显示 多重引线（当前源对象所具有的特性）

选择目标对象或［设置（S）］：（选择要修改的对象。可以连续选择）

选择目标对象或［设置（S）］：↙（回车结束选择）

"设置（S）"：输入"S"回车后，系统会弹出图 2-37 的"特性设置"对话框。通过该对话框可以来设置要复制源对象的哪些特性。

4. 操作示例

将图 2-38 方框中的砖符号改变为圆内的混凝土符号。

操作过程如下：

（1）单击"特性匹配"按钮；

（2）点击圆内的混凝土符号；

（3）当光标变成小刷子后，将小刷子移到方框内的砖符号上，如图 2-39；

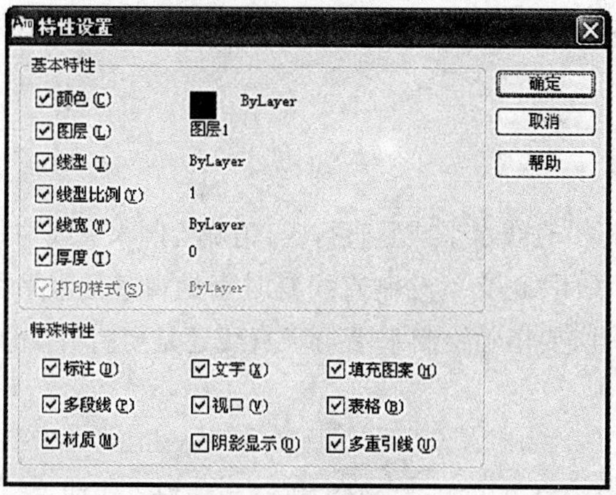

图 2-37　特性设置

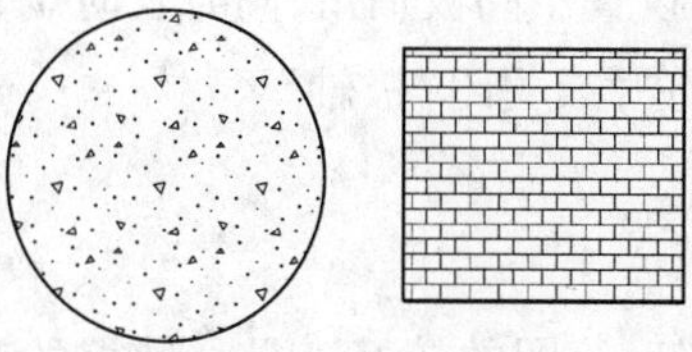

图 2-38　几何图形

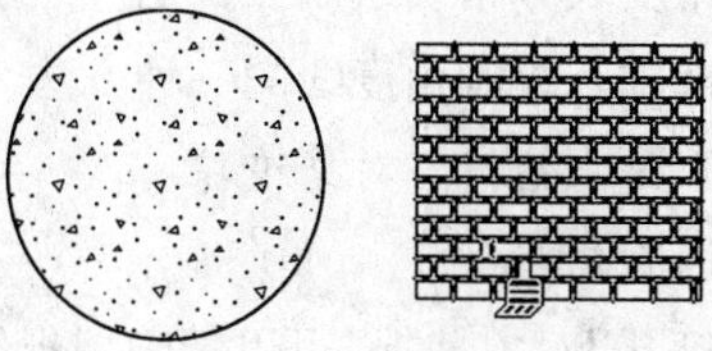

图 2-39　特性匹配操作

(4)点击砖符号;

(5)按 Esc 键或鼠标右键结束。

4.2　绘图状态控制

绘图状态控制是指利用状态栏中的绘图控制按钮,对绘图过程进行精确控制。状态控制栏在绘图屏幕的下面,如图 2-40。

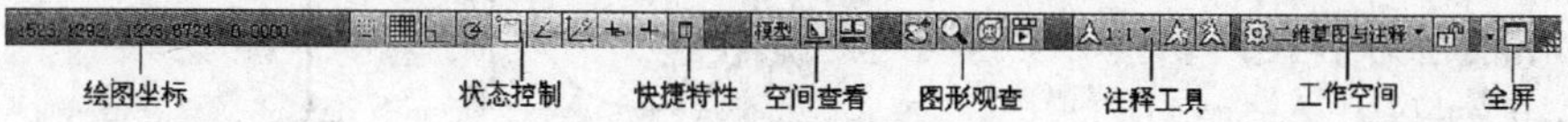

图 2-40　状态控制栏

在状态控制工具中,状态控制有捕捉、栅格、正交、极轴、对象捕捉、对象追踪、允许/禁止动态 UCS、动态输入(DYN)、显示/隐藏线宽等选项。如图 2-41。

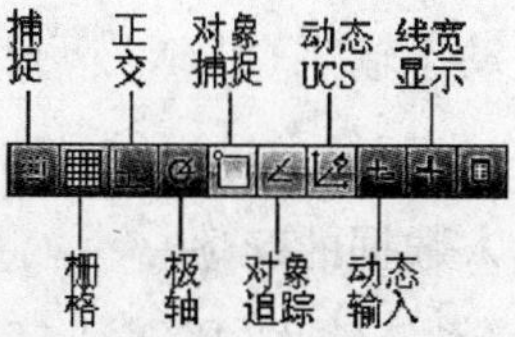

图 2-41　状态控制工具

1. 捕捉与栅格

1)捕捉

按"草图设置"(下面讲到设置方法)中设置好的捕捉间距捕捉点。打开"捕捉"后,光标行走迟钝,因为光标在沿捕捉点行走;关闭"捕捉",光标行走自如。一般不打开"捕捉"。按 F9 键可以打开或关闭"捕捉"。

2)栅格

按"草图设置"中设置好的栅格间距捕捉点。打开"栅格"后,在绘图区显示栅格点,光标沿栅格点行走,每走一格均为设置好的间距。因为光标在沿栅格点行走,所以光标行走迟钝;关闭“栅格”,光标行走自如。一般不打开“栅格”。按 F7 键可以打开或关闭“栅格”。

2. 正交与极轴

1)正交

打开“正交”,光标沿直线水平或竖直行走,精确绘制水平线与竖直线。关闭“正交”,可以绘制任意直线。关闭“正交”,绘制直线有时直觉观察是水平线与竖直线,事实上放大观察仍有误差。因此,要精确绘制水平与竖直线还是要打开“正交”。按 F8 键可以打开或关闭“正交”。

2)极轴

打开“极轴”,在绘图时可以按设置好的极轴角捕捉直线或点。“极轴追踪”可以精确绘制角度线和精确绘制三视图。绘制不同角度线,需设置不同极轴角,同时及时调整极轴角。极轴是绘制角度线的一种方法。按 F10 键可以打开或关闭“极轴”。

3. 对象捕捉与对象追踪

1)对象捕捉

打开“对象捕捉”可以精确捕捉绘图对象,它是精确绘图的较好工具。捕捉的对象为“草图设置”中捕捉点。关闭“对象捕捉”,是不能精确捕捉点的。按 F3 键可以打开或关闭“对象捕捉”。

2)对象追踪

打开“对象追踪”,绘图时,移动光标至捕捉对象点,与光标一起会产生追踪虚线。如图 2-42。“对象追踪”常与“对象捕捉”联合使用。按 F11 键可以打开或关闭“对象追踪”。

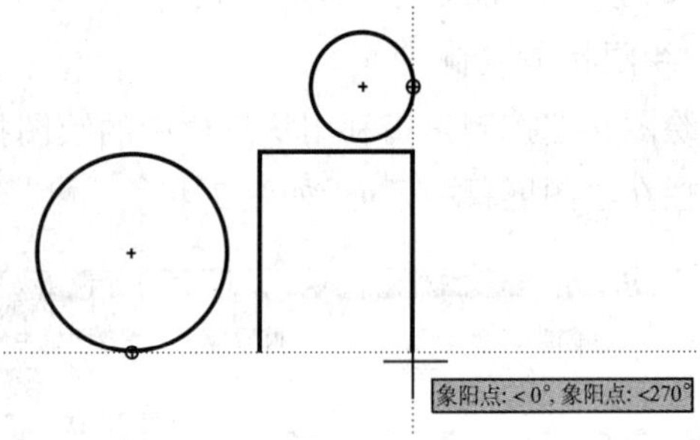

图 2-42　对象追踪

4. 动态输入

动态输入(DYN):可以代替命令行,在光标行进过程中,随时进行距离、角度和坐标等值的输入,大大简化了在命令行中来回输入数据的麻烦。

“动态输入(DYN)”打开时,“正交”、“极轴”、“对象捕捉”、“对象追踪”无论是处于打开还是关闭,都能进行动态输入;如果“动态输入(DYN)”关闭,“正交”、“极轴”、“对象捕捉”、“对象追踪”处于打开,只能进行动态显示,不能动态输入。按 F12 键可以打开或关闭“动态输入”。

5. 线宽显示

此处是显示线的宽度,不是设置线的宽度。打开“线宽”,屏幕显示设置好的线宽,如果没有设置线宽,屏幕线宽为默认线宽。默认线宽在“线宽设置”中设置。为了保证绘图的线宽正确,绘图时最好打开“线宽”,以防最后调整的麻烦。

项目练习

一、单项选择题

1. 为了方便地绘制图 2-43 中的几何图形，可以用（　　）。

（A）动态输入（DYN）　　（B）极坐标、极轴追踪和对象追踪

（C）极轴追踪（设置增量角为 18）

（D）极轴追踪（设置增量角为 18），并在“草图设置→极轴追踪→极轴角测量”中选择“相对上一段”

2. 如图 2-44 所示多边形，未标注边长的边，其边长为（　　）

（A）19.12　　（B）20.00　　（C）143　　（D）没有固定长度

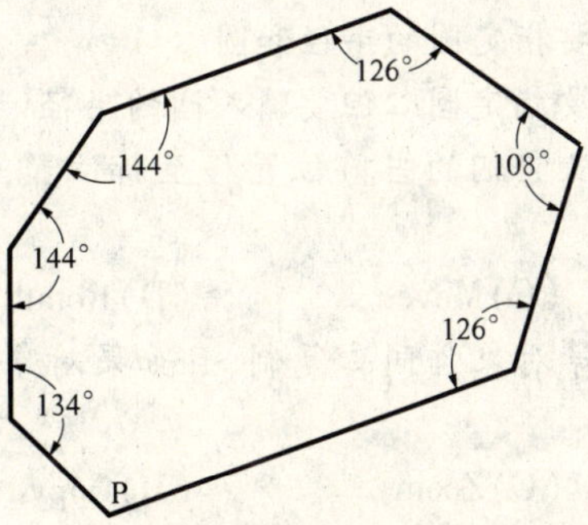

图 2-43　平面图形

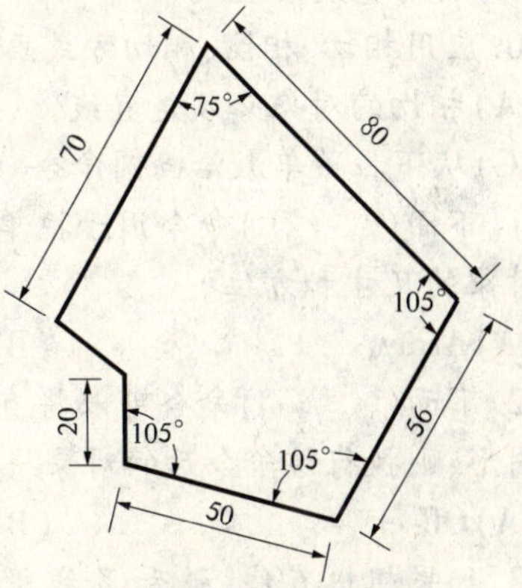

图 2-44　平面图形

3. 对图形对象进行移动操作时，给定了基点坐标为（90,60），系统要求给定第二点时输入@，回车结束，那么图形对象移动量是（　　）。

（A）图形移动到原点　　（B）90,60　　（C）－90，－60　　（D）0,0

4. 在进行移动操作时，选择对象结束后，选择“位移（D）”选项，然后给定坐标（12，15），则图形对象移动量为（　　）。

（A）图形移动到原点　　（B）－12，－15　　（C）12,15　　（D）0,0

5. 图 2-45 中圆弧长度为（　　）。

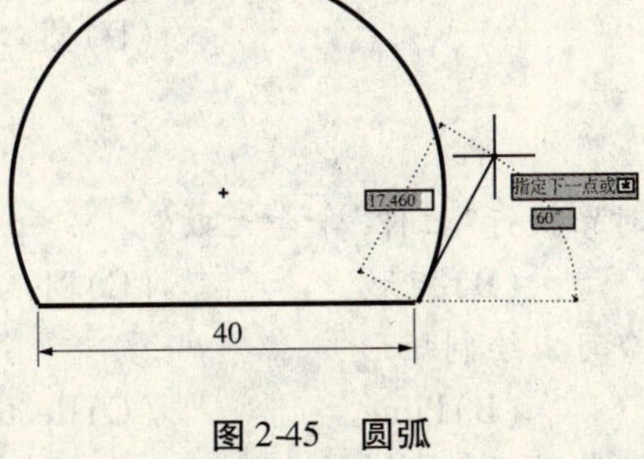

图 2-45　圆弧

(A)96.7360　　(B)23.0940　　(C)48.3680　　(D)不确定

6. 圆弧的半径为35,弦长为60,则其最小弧长为(　　)。

(A)72.08　　(B)118

(C)147.8327　　(D)不存在这样的圆弧

7. 如果从起点为(5,5),要画出与X轴正方向成30°夹角,长度为50的直线段,应输入(　　)。

(A)50,30　　(B)@30,50　　(C)@50<30　　(D)30,50

8. 用相对直角坐标绘图时以(　　)为参照点。

(A)上一指定点或位置　　(B)坐标原点

(C)屏幕左下角点　　(D)任意一点

9. 下面(　　)对象不可以使用Pline命令来绘制。

(A)直线　　(B)圆弧

(C)具有宽度的直线　　(D)椭圆弧

10. 应用相切、相切、相切方式画圆时(　　)。

(A)相切的对象必须是直线　　(B)不需要指定圆的半径和圆心

(C)从下拉菜单激活画圆命令　　(D)不需要指定圆心但要输入圆的半径

11. 下面(　　)命令用于把单个或多个对象从它们的当前位置移至新位置,且不改变对象的尺寸和方位。

(A)Array　　(B)Copy　　(C)Move　　(D)Rotate

12. 下面(　　)命令可以将直线、圆、多线段等对象作同心复制,且如果对象是闭合的图形,则执行该命令后的对象将被放大或缩小。

(A)Offset　　(B)Scale　　(C)Zoom　　(D)Copy

13. 如果想把直线、弧和多线段的端点延长到指定的边界,则应该使用(　　)命令。

(A)Extend　　(B)Pedit　　(C)Fillet　　(D)Array

14. 以下(　　)对象适用"拉长"命令中的"动态"选项。

(A)多段线　　(B)多线　　(C)样条曲线　　(D)直线

15. 下列命令中将选定对象的特性应用到其他对象的是(　　)。

(A)"夹点"编辑　　(B)AutoCAD设计中心

(C)特性　　(D)特性匹配

16. 在制图中,常使用"绘图"→"圆"命令中的(　　)子命令绘制连接弧。

(A)三点　　(B)相切、相切、半径

(C)相切、相切、相切　　(D)圆心、半径

二、多项选择题

1. 对以下(　　)对象执行"拉伸"命令无效。

(A)多段线宽度　　(B)矩形　　(C)圆　　(D)三维实体

2. 下面(　　)命令可以绘制矩形

(A)Line　　(B)Pline　　(C)Rectang　　(D)Polygon

3. 使用圆心(CEN)捕捉类型可以捕捉到以下(　　)图形的圆心位置。

(A)圆　　　　　　　　(B)圆弧　　　　　　(C)椭圆　　　　　　(D)椭圆弧

4. 执行“特性匹配”命令可将(　　　　)所有目标对象的颜色修改成源对象的颜色。

(A)OLE 对象　　　　　(B)长方体对象　　(C)圆对象　　　　(D)直线对象

5. 下面关于栅格的说法,(　　　　)是正确的。

(A)打开“栅格”模式,可以直观地显示图形的绘制范围和绘图边界

(B)当捕捉设定的间距与栅格所设定的间距不同时,捕捉也可以按栅格进行,也就是说,当两者不匹配时,捕捉点也是栅格点

(C)当捕捉设置的间距与栅格相同时,捕捉就按屏幕上的栅格点进行

(D)当栅格过密时,屏幕上将不会显示出栅格,对图形进行局部放大观察时也看不到栅格

6. 在 AutoCAD 中,可以创建打断的对象有圆、直线、射线和以下(　　　　)对象。

(A)圆弧　　　　　　(B)构造线　　　　(C)样条曲线　　　　(D)多段线

7. 在设置绘图单位时,系统提供了长度单位的类型除了小数外,还有(　　　　)。

(A)分数　　　　　　(B)建筑　　　　　(C)工程　　　　　　(D)科学

三、作图题

1. 练习点坐标输入,绘制图 2-46(注意点顺序:A—B—C—D);练习距离输入,绘制图 2-47。

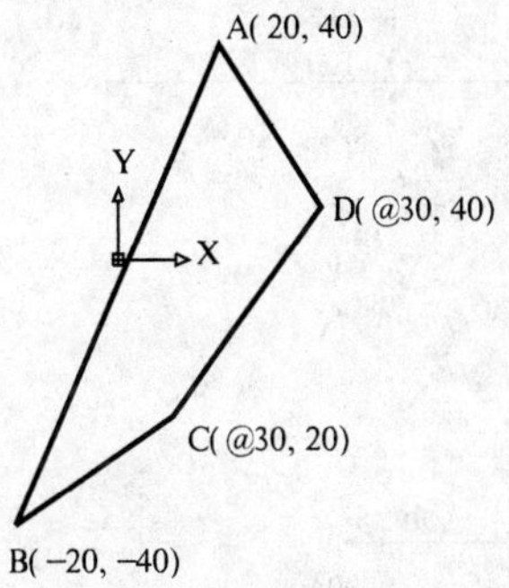

图 2-46　四边形 ABCD

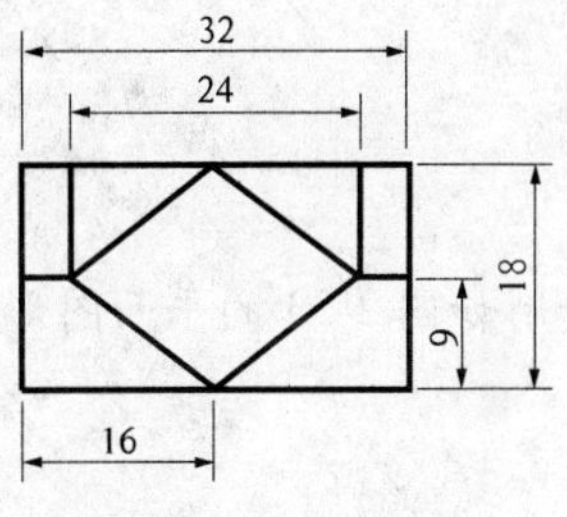

图 2-47　平面图形

2. 利用绘图的相关命令绘制下面图形(图 2-48、图 2-49)。

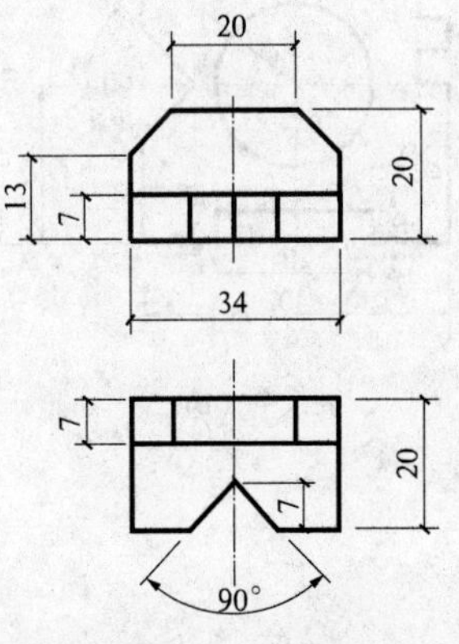

图 2-48　平面图形

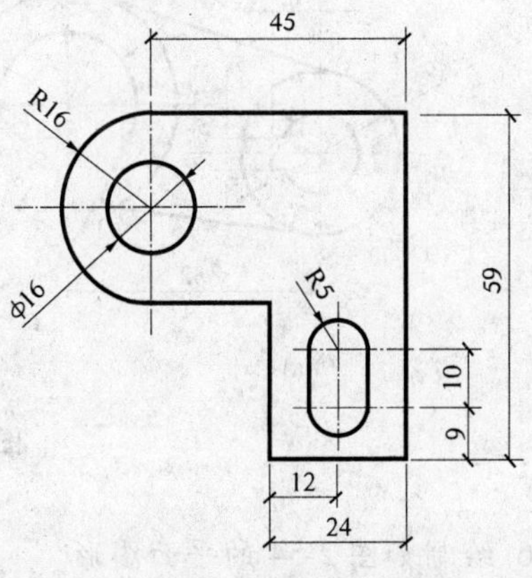

图 2-49　平面图形

3. 利用“正多边形”命令绘制下面图形(图 2-50、图 2-51)。

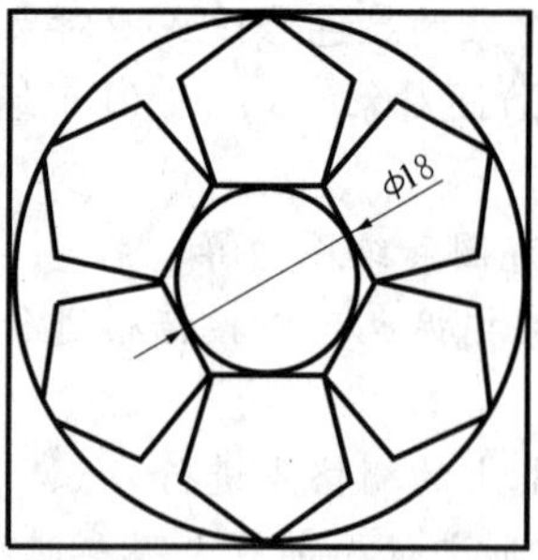

图 2-50　平面图形

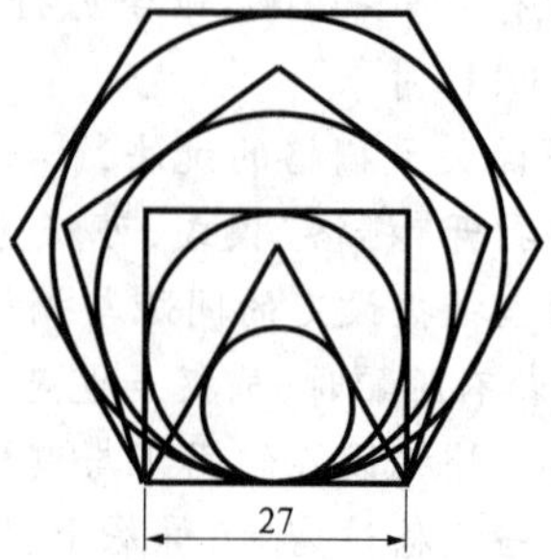

图 2-51　平面图形

4. 利用绘图的相关命令绘制下面图形(图 2-52)。

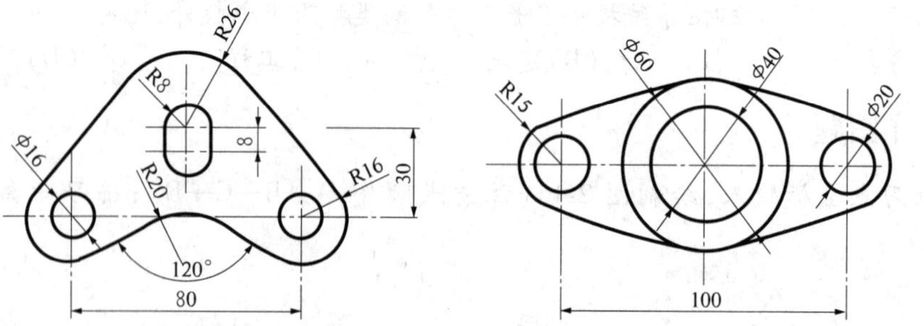

(a)　(b)

图 2-52　平面图形

5. 绘制如图 2-53 的平面图形。

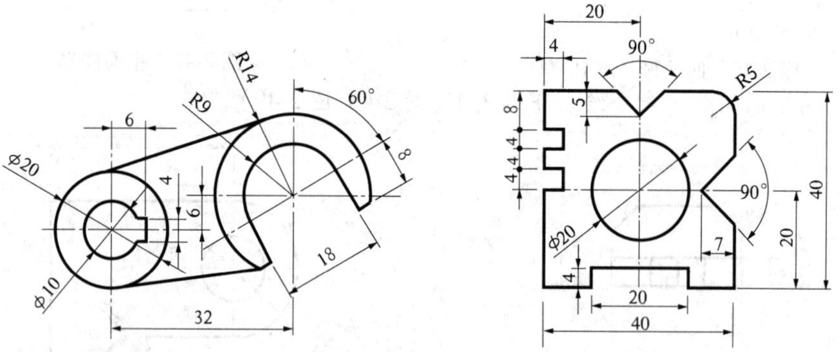

(a)　(b)

图 2-53　平面图形

6. 绘制如图 2-54 的平面图形。

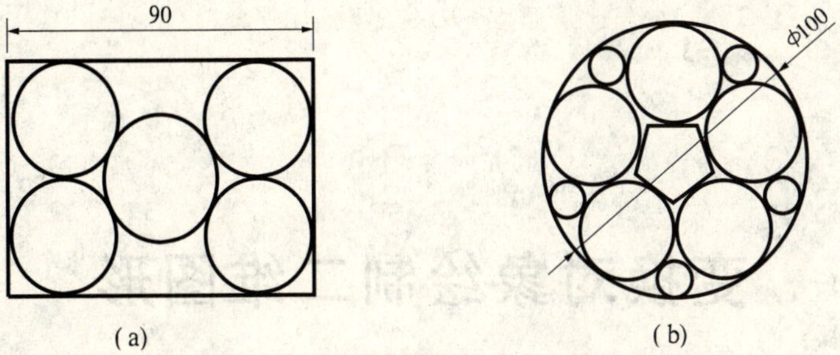

图 2-54　平面图形

7. 绘制如图 2-55 的平面图形。

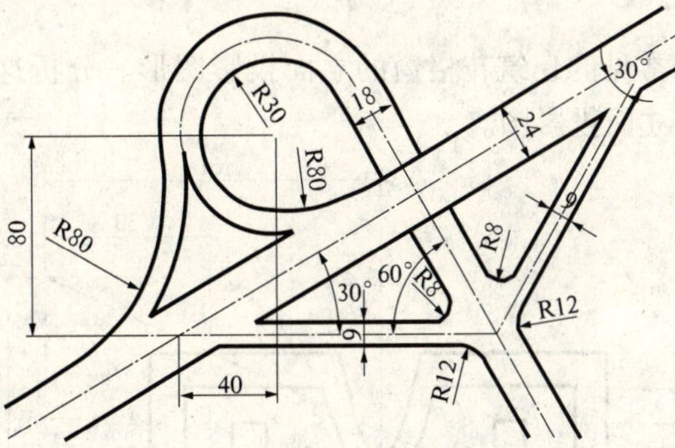

图 2-55　平面图形

项目三

变换对象绘制二维图形

➤ 项目导入

如图 3-1，这是一个常见的建筑花格窗的立面投影图形。分析这个图形的组成特征，绘制这个建筑花格窗的立面投影图。

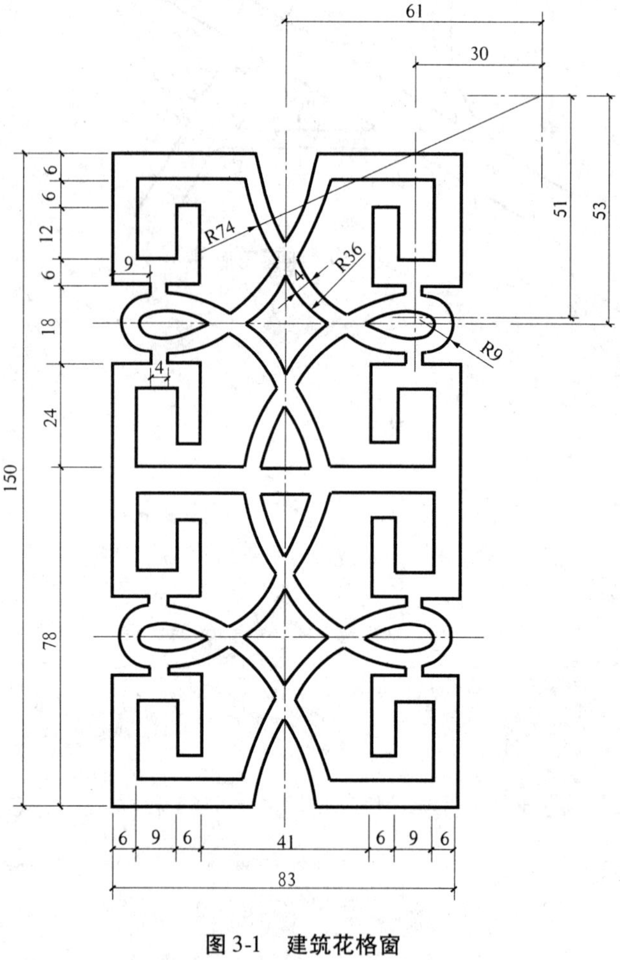

图 3-1　建筑花格窗

➤ 项目说明

本项目内容就是通过变换图形对象来绘制二维图形。

运用CAD绘制平面图形，有些时候同一个元素要多次用到，这就要用到旋转、复制、移动等命令，它可以简化作图过程。

有些平面图形，表面看似复杂，但通过研究发现组成图形的要素是按照一定规律组合而成的，比如有的是对称的，有的按照行列对齐或按环形排列。这样的图形在绘图时不必要一一绘制出来，我们只要找出其组成规律，绘制一个关键要素，再运用CAD的对应命令完成整个图形，达到事半功倍的效果。这就是本项目要讲的镜像、阵列绘图命令。

例如图3-1，可以看到它是按照对称组合的图形，我们只需绘制该图形的四分之一图形元素，运用镜像命令即可完成图形绘制。

➢ 项目主要任务

◇ 绘图命令

1. 多线绘制
2. 曲线与曲线图形绘制
3. 点的绘制

◇ 图形编辑

1. 图形对象的变换
2. 多线与样条线编辑

◇ 图形对象的显示与选择

任务一　研习案例，探究绘图思路与方法

活动1　研习案例（一）

研习图3-2，回答下面问题。

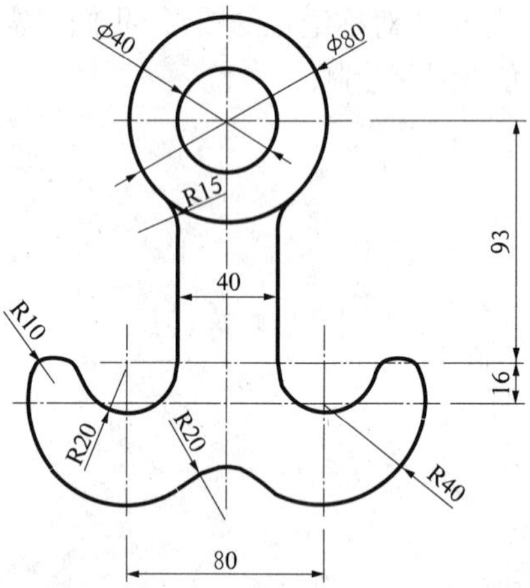

图3-2　平面图形

这是一个双面吊勾，其图形特征是两边对称。

（1）手工绘图时，先绘________________，计算机绘图时应先绘________________。

（2）对图形进行尺寸分析，定形尺寸是____________________________，定位尺寸是________________________。

（3）对图形进行线段分析，已知线段是________________________，中间线段是________________________，连接线段是________________。

活动2　研习案例（二）

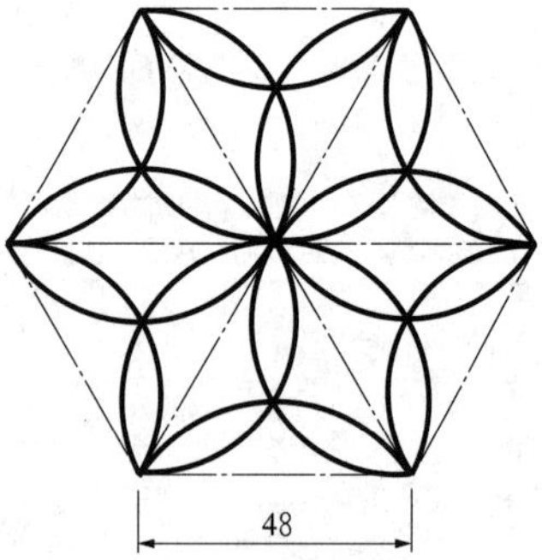

图3-3　平面图形

研习图3-3，这个平面图形看似非常复杂，其实细分可以发现它由六个三角形图案组成，而每个三角形图案内部又都是由三条圆弧线组成。如此分析，绘制图3-3就不难了。

回答下面问题：

（1）图3-3图案组成有什么规律？

（2）手工绘图3-3需要将每个三角形图案都绘制出来，很麻烦。计算机绘制有没有更捷径的方法，用哪个绘图命令可以解决？

（3）三角形图案内部的三条圆弧也是按照一定规律组合而成，如何绘制其中一条圆弧？

(4)边长为48的等边三角形如何绘制?

任务二　收集并展示绘图命令

活动1　收集AutoCAD绘图命令

结合任务一,对图3-2、图3-3分析,参考《工程制图》相关知识和任务三的相关内容,学生收集相关绘图命令,并填写表3-1。

表3-1　图3-2、图3-3对比表

对比内容	图3-2	图3-3
图形特性(从图形结构分析)		
使用AutoCAD绘图命令		
AutoCAD绘图与手工绘图的区别		

活动2　展示成果

各学习团队将表3-1整理,由本团队形象代言人进行限时成果展示,其他团队成员对其进行分析评判。评判可以采用表2-2成果评价量规表。

任务三　绘制与编辑二维图形

操作1　绘制线

1.1　直线的绘制

以多线的绘制为例说明。

1. 功能

创建多条平行线。常用来绘制建筑墙线。

2. 命令的调用

在命令行中用键盘输入:"Mline";在下拉菜单中点击:绘图→多线 多线(U)。

3. 操作指导

命令: _Mline↙

当前设置: 对正 = 上,比例 = 20.00,样式 = STANDARD

指定起点或[对正(J)/比例(S)/样式(ST)]:

指定下一点:

指定下一点或[放弃(U)]:

指定下一点或[闭合(C)/放弃(U)]:

参数说明：

“起点”、“下一点”：指定多线的起点和端点。

“对正(J)”：绘制多线时，光标所在的位置，有上、无、下之分。

“比例(S)”：以在多线样式定义中建立的多线宽度为基数，进行扩大或缩小，允许输入负值和零。

“闭合(C)”：将连续绘制两条以上的多线闭合。

“样式”：输入 ST 回车后，命令行提示输入多线样式的名称。我们将在后面介绍“多线样式”的设置方法。

注意：多线由 1 至 16 条平行线组成，这些平行线称为元素。绘制多线时，可以使用包含两个元素的 STANDARD 样式，也可以指定一个以前创建的样式。开始绘制之前，可以修改多线的对正和比例。“多线对正”确定将在光标的哪一侧绘制，或者是否位于光标的中心上。“多线比例”用来控制多线的全局宽度(使用当前单位)。多线比例不影响线型比例。如果要修改多线比例，可能需要对线型比例做相应的修改，以防点划线的尺寸不正确。

1.2 曲线的绘制

1. 螺旋线

1)功能

创建二维螺旋线或三维弹簧。

2)命令的调用

在命令行中用键盘输入：“Helix；在下拉菜单中点击：绘图(D)→螺旋(I)；在功能区中选择：常用→绘图→螺旋；在工具条上单击：建模→螺旋。

3)操作指导

执行 Helix 命令后，命令行会有以下提示：

命令：_Helix

圈数 = 3.0000　　扭曲 = CCW

指定底面的中心点：(指定螺旋中心点)

指定底面半径或［直径(D)］ <1.0000>：10↙(指定底面半径、输入 D 指定直径或按 Enter 键指定默认的底面半径值)

指定顶面半径或［直径(D)］ <10.0000>：10↙(指定顶面半径、输入 D 指定直径或按 Enter 键指定默认的顶面半径值)

指定螺旋高度或［轴端点(A)/圈数(T)/圈高(H)/扭曲(W)］ <1.0000>：3↙(指定螺旋高度或输入选项)

参数说明：

“直径(底面)”：指定螺旋底面的直径。

“直径(顶面)”：指定螺旋顶面的直径。

“轴端点”：指定螺旋轴的端点位置。轴端点可以位于三维空间的任意位置。轴端点定义了螺旋的长度和方向。

“圈数”：指定螺旋的圈(旋转)数。螺旋的圈数不能超过 500。最初，圈数的默认值为 3。绘制图形时,圈数的默认值始终是先前输入的圈数值。

“圈高”:指定螺旋内一个完整圈的高度。当指定圈高值时,螺旋中的圈数将相应地自动更新。如果已指定螺旋的圈数,则不能输入圈高的值。如果指定的高度值为 0,则将创建扁平的二维螺旋。

“扭曲”:指定以顺时针(CW)方向还是逆时针方向(CCW)绘制螺旋。螺旋扭曲的默认值是逆时针。

输入螺旋的扭曲方向[顺时针(CW)/逆时针(CCW)] <逆时针>:(指定螺旋的扭曲方向)。

注意:绘制螺旋线时,最初默认底面半径设置为 1。绘制图形时,底面半径的默认值始终是先前输入的任意实体图元或螺旋的底面半径值。顶面半径的默认值始终是底面半径值。如果底面半径和顶面半径不一致,则绘制锥形螺旋。底面半径和顶面半径不能都设置为 0。

4)操作示例

绘制如图 3-4 的两条螺旋线。过程如下:

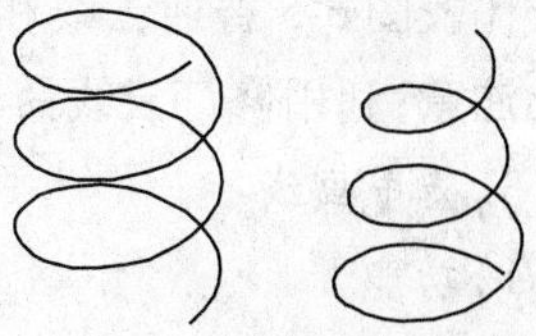

图 3-4　螺旋线

命令: _Helix

圈数 = 3.0000　　扭曲 = CCW

指定底面的中心点:

指定底面半径或[直径(D)] <10.0000>: 5↙

指定顶面半径或[直径(D)] <5.0000>:↙

指定螺旋高度或[轴端点(A)/圈数(T)/圈高(H)/扭曲(W)] <3.0000>: 15↙

命令:

命令: _Helix

圈数 = 3.0000　　扭曲 = CCW

指定底面的中心点:

指定底面半径或[直径(D)] <5.0000>:↙

指定顶面半径或[直径(D)] <5.0000>: 3↙

指定螺旋高度或[轴端点(A)/圈数(T)/圈高(H)/扭曲(W)] <15.0000>: 15↙

注意:在二维草图下绘制的螺旋线,二维观察是看不出其形状的,需进行三维视图。将螺旋用做 Sweep 命令的扫掠路径可以创建弹簧、螺纹和环形楼梯。

2. 修订云线

1)功能

修订云线是由连续圆弧组成的多段线。用于在检查阶段提醒用户注意图形的某个部分。在检查或用红线圈阅图形时,可以使用修订云线功能亮显标记以提高工作效率。

2)命令的调用

在命令行中用键盘输入:“Revcloud”;在下拉菜单中点击:绘图→修订云线 修订云线(V);在“绘图”工具条上单击“修订云线”按钮: ;在功能区中选择:常用→绘图→修订云线。

3）操作指导

命令：_Revcloud

最小弧长：15　最大弧长：15　样式：普通

指定起点或［弧长(A)/对象(O)/样式(S)］<对象>：

沿云线路径引导十字光标...

反转方向[是(Y)/否(N)]<否>:↙

修订云线完成

参数说明：

"弧长(A)"：指定云线中弧线的长度，其中有最小弧长和最大弧长之分。

"对象(O)"：将一个对象转换为云线。其中要转换的对象的长度应该大于或等于指定的弧长，否则就无法转换。

"样式(S)"：确定云线的样式，通过选择圆弧样式［普通(N)/手绘(C)］来实现。

4）操作示例

比较图 3-5 普通云线和手绘云线的区别。

注意：利用修订云线命令绘制的对象为多段线。

3. 徒手画线

1）功能

创建一系列徒手画线段。

2）命令的调用

在命令行中用键盘输入："Sketch"。

3）操作指导

命令：_Sketch

记录增量 <1.0000>：

徒手画. 画笔(P)/退出(X)/结束(Q)/记录(R)/删除(E)/连接(C)

参数说明：

"记录增量"：定义直线段的长度。定点设备移动的距离必须大于记录增量，才能生成线段。

"画笔"：提笔和落笔。在用定点设备选取菜单项前必须提笔。

"退出"：记录及报告临时徒手画线段数并结束命令。

"结束"：放弃从开始调用 Sketch 命令或上一次使用"记录"选项时所有徒手画的临时线段，并结束命令。

"记录"：永久记录临时线段且不改变画笔的位置。

"删除"：删除临时线段的所有部分，如果画笔已落下则提起画笔。

"连接"：落笔，继续从上次所画的线段的端点或上次删除的线段的端点开始画线。

4）操作示例

徒手绘制图 3-6 木材纹理。

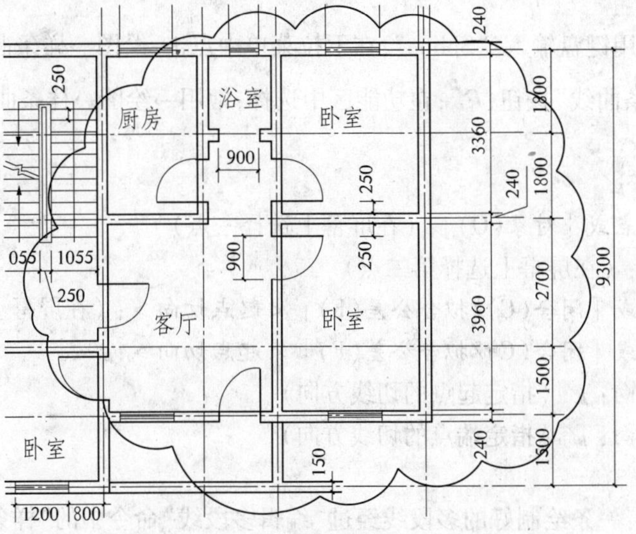

(a) 普通云线

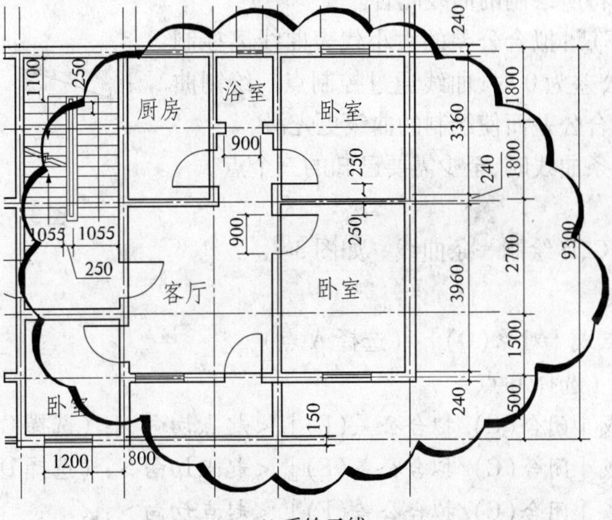

(b) 手绘云线

图 3-5　修订云线

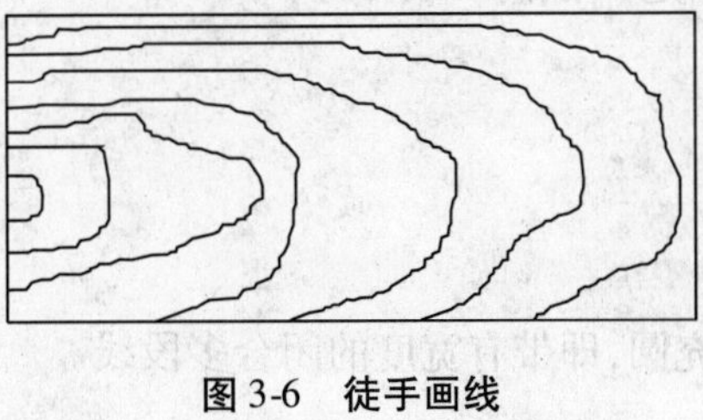

图 3-6　徒手画线

4. 样条线

1) 功能

创建通过或接近选定点的平滑曲线。

2)命令的调用

在命令行中用键盘输入:“Spline”;在下拉菜单中点击:绘图→样条曲线;在“绘图”工具条上单击“样条曲线”按钮:;在功能区中选择:常用→绘图→样条曲线。

3)操作指导

命令:_Spline↙

指定第一个点或[对象(O)]:(在屏幕上选择一点)

指定下一点:(在屏幕上选择第二点)

指定下一点或[闭合(C)/拟合公差(F)] <起点切向>:(在屏幕上选择第三点)

指定下一点或[闭合(C)/拟合公差(F)] <起点切向>:↙

指定起点切向:↙(指定起点的切线方向)

指定端点切向:↙(指定端点的切线方向)

参数说明:

“对象(O)”:一条绘制好的多段线经过“编辑多段线”命令中的“样条曲线”命令编辑后,执行“对象(O)”将其转化为样条曲线。

“闭合(C)”:将所绘制的曲线闭合。

“拟合公差(F)”:拟合公差的大小代表曲线离控制点的距离。拟合公差为0时,曲线通过控制点。绘制曲线时,可以修改拟合公差而使绘制的曲线更光滑。

注意:绘制样条曲线时,至少需要已知的三个点。

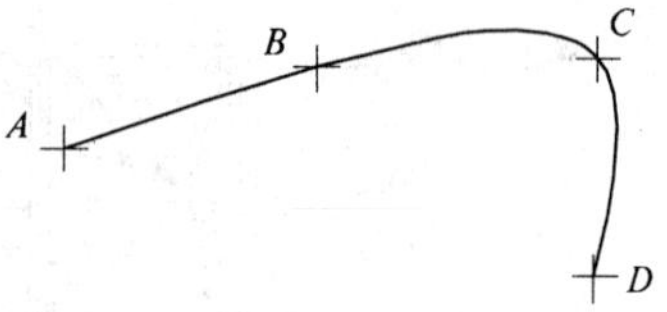

图3-7 样条曲线

4)操作示例

通过点A、B、C、D绘制一条曲线。如图3-7。

命令:_Spline

指定第一个点或[对象(O)]:(选择A点)

指定下一点:(选择B点)

指定下一点或[闭合(C)/拟合公差(F)] <起点切向>:(选择C点)

指定下一点或[闭合(C)/拟合公差(F)] <起点切向>:(选择D点)

指定下一点或[闭合(C)/拟合公差(F)] <起点切向>:↙

指定起点切向:↙(指定A点的切线方向)

指定端点切向:↙(指定D点的切线方向)

操作2 绘制曲线图形

2.1 圆环

1. 功能

绘制填充环或实体填充圆,即带有宽度的闭合多段线。

2. 命令的调用

在命令行中用键盘输入:“Donut”;在下拉菜单中点击:绘图→圆环;在功能区中选择:常用→绘图→圆环。

3. 操作指导

命令：Donut

指定圆环的内径 <10.0000>：30↙（输入圆环内圆的半径）

指定圆环的外径 <20.0000>：50↙（输入圆环外圆的半径）

指定圆环的中心点 <退出>：(选择一点作为圆环的中心点)

4. 操作示例

绘制图 3-8 徽标。

图 3-8　圆环的运用

(1)“圆环”命令绘制轮椅圆环。

命令：_Donut

指定圆环的内径 <0.5000>：12↙

指定圆环的外径 <1.0000>：15↙

指定圆环的中心点或 <退出>：

(2)“多段线”命令绘制人体。

命令：_Pline

指定起点：

当前线宽为 2.0000

指定下一个点或［圆弧(A)/半宽(H)/长度(L)/放弃(U)/宽度(W)］：W↙

指定起点宽度 <2.0000>：1.5↙

指定端点宽度 <1.5000>：1.5↙

指定下一个点或［圆弧(A)/半宽(H)/长度(L)/放弃(U)/宽度(W)］：

指定下一点或［圆弧(A)/闭合(C)/半宽(H)/长度(L)/放弃(U)/宽度(W)］：

(3)“圆环”命令实心绘制人头。

命令：_Donut

指定圆环的内径 <12.0000>：0↙

指定圆环的外径 <15.0000>：3↙

指定圆环的中心点或 <退出>：

指定圆环的中心点或 <退出>：

2.2　椭圆

1. 功能

创建椭圆或椭圆弧。

2. 命令的调用

在命令行中用键盘输入：“Ellipse”；在下拉菜单中点击：绘图→椭圆；在绘图工具条上单击“椭圆”按钮：；在功能区中选择：常用→绘图→椭圆。

3. 操作指导

命令：_Ellipse

指定椭圆的轴端点或［圆弧(A)/中心点(C)］：

指定轴的另一个端点：<正交 开>

指定另一条半轴长度或［旋转(R)］：

参数说明：

“轴端点”：根据两个端点定义椭圆的第一条轴。第一条轴的角度确定了整个椭圆的角度。第一条轴既可定义椭圆的长轴，也可定义短轴。

“指定轴的另一个端点”：指定另一条半轴长度或［旋转(R)］，通过输入值或定位点来指定距离，或者输入 r。

“另一条半轴长度”：使用从第一条轴的中点到第二条轴的端点的距离定义第二条轴。

“旋转”：通过绕第一条轴旋转圆来创建椭圆。

“圆弧”：创建一段椭圆弧。

椭圆弧上的前两个点确定第一条轴的位置和长度。第三个点确定椭圆弧的圆心与第二条轴的端点之间的距离。第四个点和第五个点确定起始和终止角度。

第一条轴的角度确定了椭圆弧的角度。第一条轴可以根据其大小定义长轴或短轴。

“中心点”：用指定的圆心创建椭圆弧。

“等轴测圆”：当捕捉类型设置为“等轴测捕捉”时，在当前等轴测绘图平面绘制一个等轴测圆。

注意：“等轴测圆”选项仅在 Snap 的“捕捉类型”选项设置为“等轴测捕捉”时才可用。

4. 操作示例

绘制椭圆有两种方法，如图 3-9。第一种是用中心点定位，输入长、短轴半轴长；第二种是用两条轴的端点定位，先确定一条轴的总长度，再输入另一条轴的半轴长。

例 1　利用“椭圆”命令绘制两个椭圆。如图 3-10。

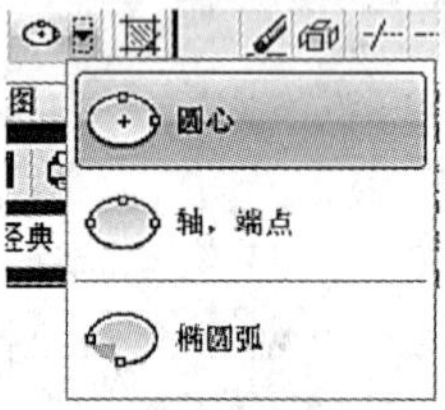

图 3-9　椭圆的画法

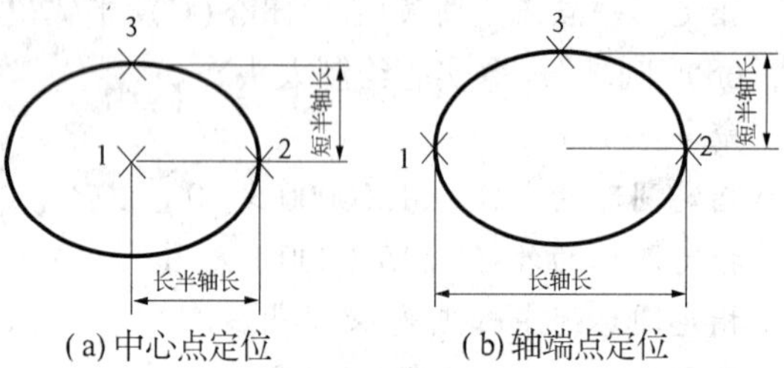

(a) 中心点定位　(b) 轴端点定位

图 3-10　椭圆的画法

例 2　利用“椭圆”命令绘制椭圆弧。如图 3-11，注意：绘制椭圆弧时的起始点不同结果也不一样。

图 3-11　椭圆弧的画法

利用“椭圆弧”命令绘制椭圆弧结果一样。这里就不再讲解“椭圆弧”命令了。

例 3　利用“椭圆”命令在六面体（如图 3-12）上绘制等轴测圆。

绘制等轴测圆需在草图设置中对“捕捉类型”进行选择，选为“等轴测捕捉”时才可进行。前面已讲解“草图设置”的方法，这里不再重复。

具体步骤如下：

(1)在六面体上分别画中线,目的是为后面画等轴测圆时找圆心。

(2)画左测面等轴测圆。

命令: <等轴测平面 左视>(按 F5 键转换等轴测平面为左视)

命令: _Ellipse

指定椭圆轴的端点或[圆弧(A)/中心点(C)/等轴测圆(I)]: I↙

指定等轴测圆的圆心:

指定等轴测圆的半径或[直径(D)]:10↙

(3)画水平面等轴测圆。

命令: <等轴测平面 俯视>(按 F5 键转换等轴测平面为俯视)

命令: _Ellipse

指定椭圆轴的端点或[圆弧(A)/中心点(C)/等轴测圆(I)]: I↙

指定等轴测圆的圆心:

指定等轴测圆的半径或[直径(D)]:10↙

(4)画右测面等轴测圆。

命令: <等轴测平面 右视>(按 F5 键转换等轴测平面为右视)

命令: _Ellipse

指定椭圆轴的端点或[圆弧(A)/中心点(C)/等轴测圆(I)]: I↙

指定等轴测圆的圆心:

指定等轴测圆的半径或[直径(D)]:10↙

结果如图 3-13。

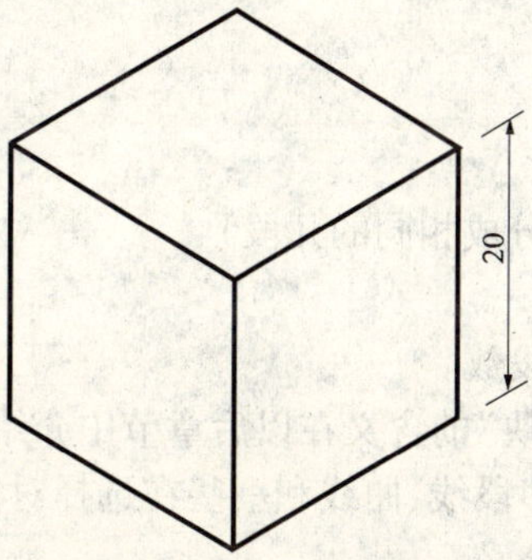

图 3-12　立面体

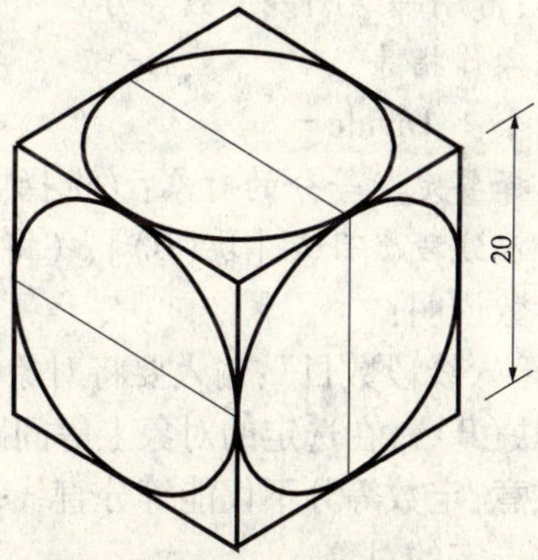

图 3-13　等轴测圆

操作 3　绘制点

3.1　点样式的设置

1. 功能

指定点对象的显示样式及大小。

2. 命令的调用

在命令行中用键盘输入:"Ddptype";在下拉菜单中点击:格式→点样式;在功能区中选择:常用→实用工具→点样式。

3. 操作指导

通过执行"Ddptype"命令后，系统会弹出如图 3-14"点样式"对话框。

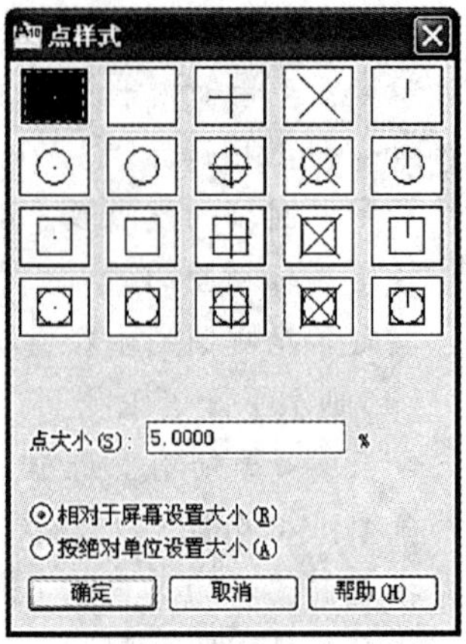

图 3-14 "点样式"对话框

参数说明:

"点大小":输入百分比表示。有两种尺寸选择,一种是"相对于屏幕设置大小";另一种是"按绝对单位设置大小"。

另外,在该对话框中列出了 20 种点的样式图例。用户可以根据实际情况进行选择。

3.2 单点、多点

1. 功能

指定位置绘制单个或多个点。

2. 命令的调用

在命令行中用键盘输入:"Point"(绘制单点);在下拉菜单中点击:绘图→点→单点;在下拉菜单中点击:绘图→点→多点;"绘图"工具条上单击"点"按钮: ▫ (绘制多点)。

3.3 定数等分点

1. 功能

在图形对象中定数等分或插入点。

2. 命令的调用

命令行中用键盘输入:"Divide";在下拉菜单中点击:绘图→点→定数等分;在功能区中选择:常用→绘图→定数等分。

3. 操作指导

命令: _Divide

选择要定数等分的对象:(选择要等分的对象)

输入线段数目或 [块(B)]:(将选择的对象平均分成相同的几段)

参数说明:

"输入线段数目":输入要将对象分成相同几段的段数。

"块(B)":在选定的对象上等间距地放置"块"("块"的含义在以后章节中介绍)。

注意:定数等分不仅能等分直线,还可以等分圆、多段线、曲线和一些在选择对象时能够一次选定的对象。

4. 操作示例

定数等分圆弧,如图 3-15、图 3-16。

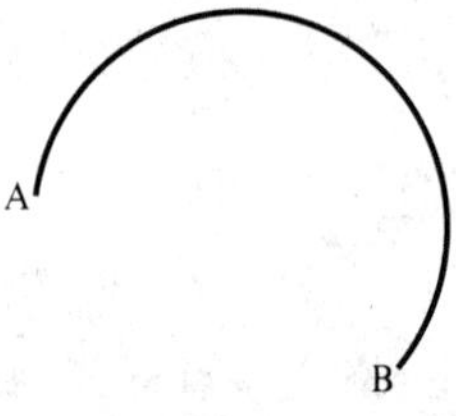

图 3-15 已知圆弧

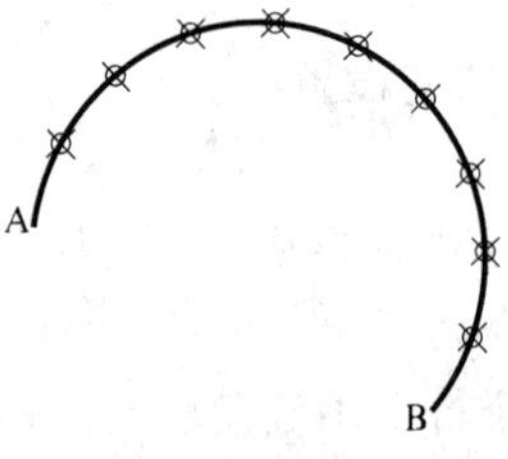

图 3-16 定数等分圆弧

3.4 定距等分点

1. 功能

在图形对象中定距等分或插入点。

2. 命令的调用

在命令行中用键盘输入:“Measure”;在下拉菜单中点击:绘图→点→定距等分;在功能区中选择:常用→绘图→定距等分。

3. 操作指导

命令: _Measure

选择要定距等分的对象:(选择要等分的对象)

指定线段长度或 [块(B)]:(将选择的对象按输入的长度进行等分)

参数说明:

“指定线段长度”:输入一个长度数值按回车后,点对象就会沿选择的对象按指定的长度依次放置。

“块(B)”:在选定的对象上按指定的长度放置“块”(“块”的含义在以后章节中介绍)。

注意:点对象或其他块对象在所选对象上放置时,首先从离选择对象时单击左键位置最近的端点处开始放置。最后对象上被分割的一段长度有可能等于或小于输入的长度数值。起点不标点样式。

4. 操作示例

定距等分圆弧,如图 3-17、图 3-18。

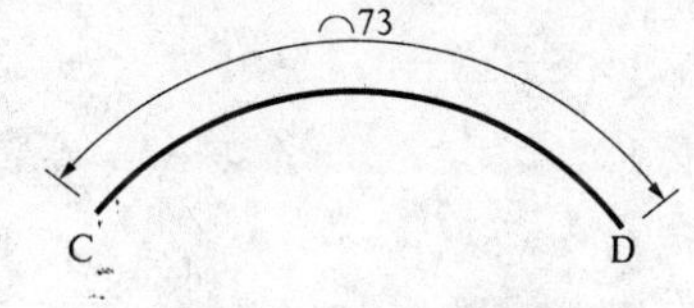

图 3-17　已知圆弧

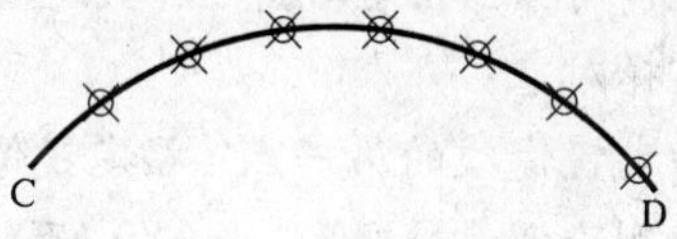

图 3-18　定距等分圆弧

操作 4　变换图形对象

4.1 镜像、阵列与旋转

1. 镜像

1) 功能

绕指定轴或指定两点翻转对象创建对称的镜像图形。

2) 命令的调用

在命令行中用键盘输入:“Mirror”;在下拉菜单中点击:修改→镜像;在“修改”工具条上单击“镜像”按钮: ;在功能区中选择:常用→修改→镜像。

3) 操作指导

命令: _Mirror

选择对象: 指定对角点: 找到 6 个 (选择要镜像的对象)

选择对象:(单击右键确认)

指定镜像线的第一点：指定镜像线的第二点：（指定对称轴线上的两个点）

是否删除源对象？［是(Y)/否(N)］ <N>：↙

注意：默认情况下，镜像文字、属性和属性定义时，它们在镜像图像中不会反转或倒置。文字的对齐和对正方式在镜像对象前后相同。如果确实要反转文字，请将 Mirrtext 系统变量设置为 1，否则设置为 0。

Mirrtext 会影响使用 Text、Attdef 或 Mtext 命令、属性定义和变量属性创建的文字。镜像插入块时，作为插入块一部分的文字和常量属性都将被反转，而不管 Mirrtext 设置。

4）操作示例

将图 3-19 进行镜像。

（1）Mirrtext 变量设置为 0，文字可读。

命令：_Mirror

选择对象：指定对角点：找到 4 个

选择对象：

指定镜像线的第一点：指定镜像线的第二点：<正交 开>

要删除源对象吗？［是(Y)/否(N)］ <N>：↙

结果如图 3-20。

（2）Mirrtext 变量设置为 1，文字不可读。

命令：_Mirrtext

输入 Mirrtext 的新值 <0>：1

命令：_Mirror

选择对象：指定对角点：找到 4 个

选择对象：

指定镜像线的第一点：指定镜像线的第二点：

要删除源对象吗？［是(Y)/否(N)］ <N>：↙

结果如图 3-21。

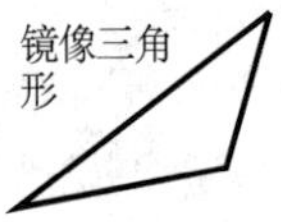

图 3-19　源图形

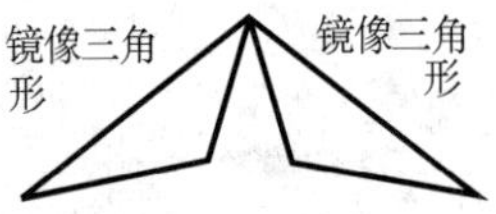

图 3-20　镜像图形

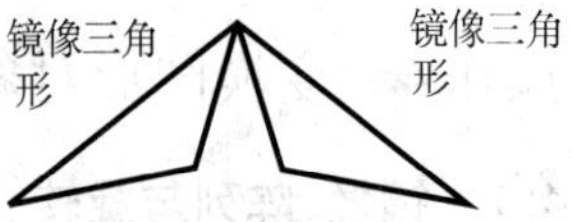

图 3-21　镜像图形

2. 阵列

1）功能

创建按指定方式排列的多个对象副本。常有矩形阵列和环形阵列。

2）命令的调用

在命令行中用键盘输入："Array"；在下拉菜单中点击：修改→阵列；在"修改"工具条上单击"阵列"按钮：⊞；在功能区中选择：常用→修改→阵列⊞。

3）操作指导

输入"Array"命令回车后，系统弹出如图 3-22 的"阵列"对话框。

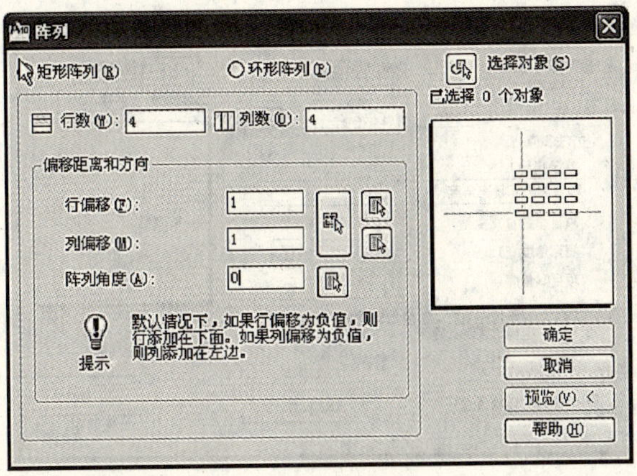

图 3-22　矩形阵列

参数说明：

(1)矩形阵列(如图 3-22)。

"行数"、"列数"：输入矩形阵列中行数和列数。

"行偏移"、"列偏移"：确定矩形阵列中的行间距和列间距。注意正值和负值，使添加对象的方向不同。

"阵列角度"：确定矩形阵列的角度，正值逆时针旋转，负值顺时针旋转。

"选择对象"按钮：用于选择要阵列的对象。点击该按钮后，系统又回到绘图界面，进行选择对象。

创建矩形阵列的步骤：

①在命令提示下，输入"Array"，回车。

②在"阵列"对话框中选择"矩形阵列"。

③单击"选择对象"，"阵列"对话框将关闭，程序将提示选择对象。选择要添加到阵列中的对象并按 Enter 键。

④在"行数"和"列数"框中，输入阵列中的行数和列数。

⑤在"行偏移"和"列偏移"框中，输入行间距和列间距。

⑥要修改阵列的旋转角度，请在"阵列角度"旁边输入新角度。默认角度 0 方向设置可以在 Units 命令中更改。

⑦单击"确定"创建阵列。

(2)环形阵列(如图 3-23)。

"中心点"：输入或选择环形阵列的中心点。

"方法"：有三种方法可以选择：项目总数和填充角度、项目总数和项目间角度、填充角度和项目间角度。

"项目总数"、"填充角度"、"项目间角度"：是环形阵列的三个参数，根据选择的方法不同，系统只要求确定其中的两个即可，项目总数只能输入，而填充角度和项目间角度可以输入，也可以在屏幕上指定。

"复制时旋转项目"：控制阵列时对象是否旋转。

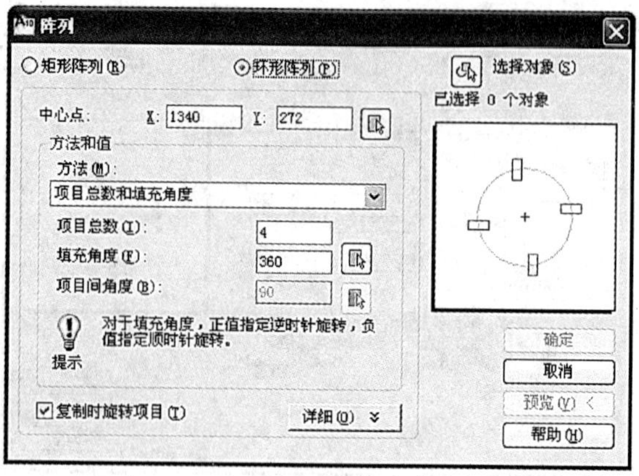

图 3-23　环形阵列

创建环形阵列的步骤：

①在命令提示下，输入“Array”，回车。

②在“阵列”对话框中选择“环形阵列”。

③单击“中心点”后的拾取按钮。“阵列”对话框将关闭，程序将提示选择对象。使用定点设备指定环形阵列的圆心。

④单击“选择对象”。“阵列”对话框将关闭，程序将提示选择对象并按 Enter 键。

⑤输入项目数目(包括源对象)，输入填充角度和项目间角度。

⑥单击“确定”创建阵列。

注意：在矩形阵列中，输入的行间距为正值时，向对象的上方阵列；输入的行间距为负值时，向对象的下方阵列。而输入的列间距为正值时，向对象的右边阵列；输入的列间距为负值时，向对象的左边阵列。

4）操作示例

将图 3-24 椅子进行矩形阵列(如图 3-25)和环形阵列(如图 3-26)。

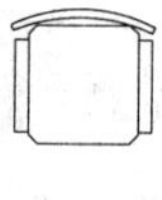

图 3-24　椅子

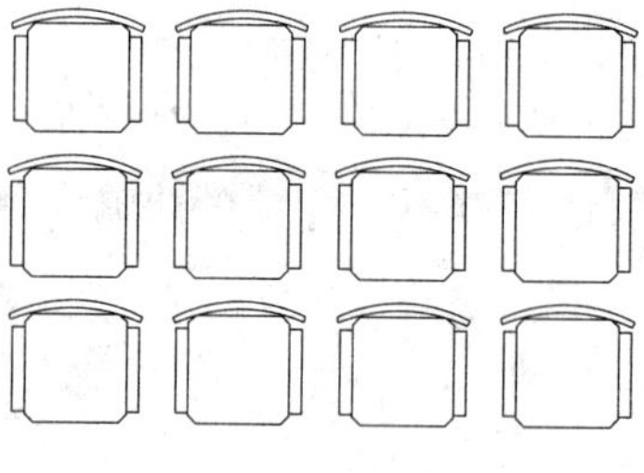

图 3-25　矩形阵列椅子

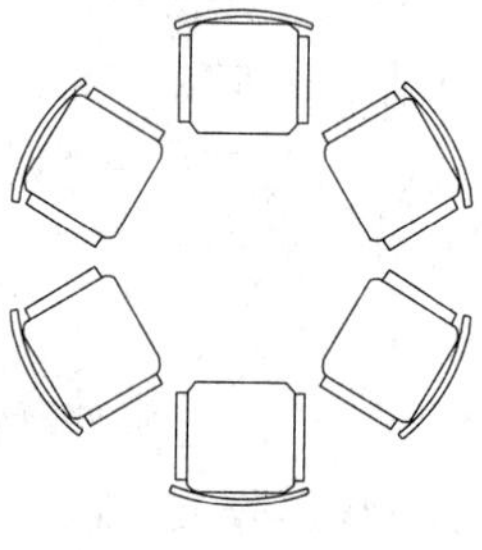

图 3-26　环形阵列椅子

3. 旋转

1）功能

围绕基点旋转对象。

2）命令的调用

在命令行中用键盘输入：“Rotate”；在下拉菜单中点击：修改→旋转；在“修改”工具条上单击“旋转”按钮：；在功能区中选择：常用→修改→旋转。

3)操作指导

命令：_Rotate

UCS 当前的正角方向：ANGDIR = 逆时针　ANGBASE = 0

选择对象：找到 1 个

选择对象：

指定基点：

指定旋转角度，或［复制(C)/参照(R)］<0>：(输入正值逆时针旋转，输入负值顺时针旋转)

参数说明：

"复制(C)"：输入"C"回车后，可以将源对象复制一份旋转到指定的角度，而源对象还在原来的位置。

"参照(R)"：输入"R"回车后，命令行要求输入一个参照角度值和一个新角度值。而对象最终旋转的角度是新角度减去参照角度。

注意：在应用"旋转"命令时要注意 ANGDIR 的取值，当 ANGDIR 的值是 0 时，输入正角按逆时针旋转；当 ANGDIR 的值是 1 时，输入正角按顺时针旋转。

4)操作示例

将图 3-27 进行旋转 45°，结果如图 3-28。

命令：_Rotate

UCS 当前的正角方向：ANGDIR = 逆时针　ANGBASE = 0

选择对象：指定对角点：找到 57 个

选择对象：

指定基点：

指定旋转角度，或［复制(C)/参照(R)］<45>：45↙

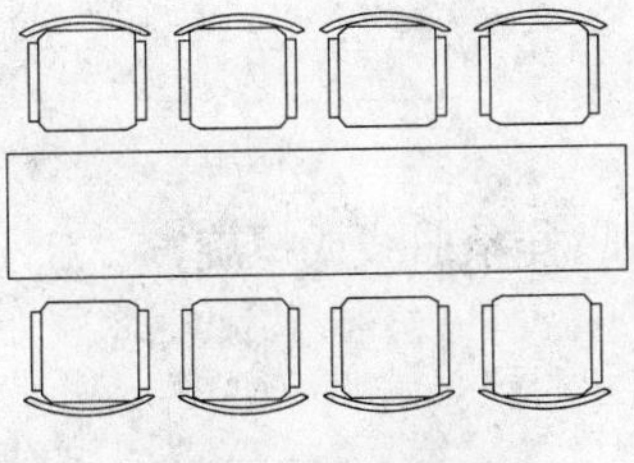

图 3-27　会议室

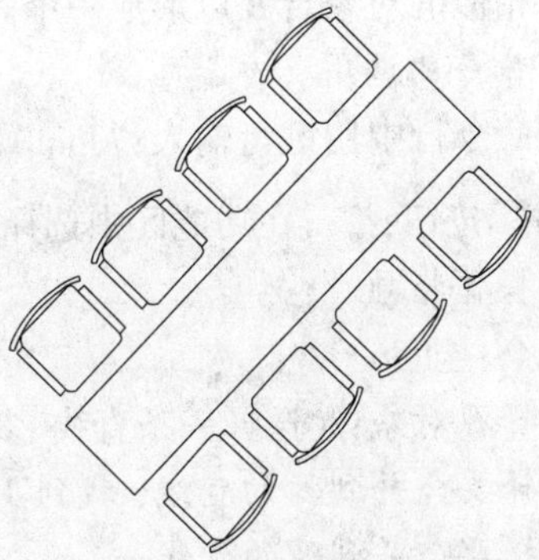

图 3-28　旋转会议室

4.2　打断与合并

1. 打断

1)功能

在两点之间打断选定对象。

2）命令的调用

在命令行中用键盘输入："Break"；在下拉菜单中点击：修改→打断；在"修改"工具条单击"打断"按钮：；在功能区中选择：常用→修改→打断。

3）操作指导

命令：_Break 选择对象：

指定第二个打断点 或 [第一点(F)]：

参数说明：

"选择对象"：执行打断时，选择对象的同时，也就选择了第一打断点。

"指定第二打断点"：选择第二打断点。

"第一点(F)"：如果要自定第一打断点，选用"F"。

注意："打断"命令可以部分地删除对象或将对象分成两个部分。另外，第一打断点与第二打断点是按逆时针方向确定的，选择的位置不同，打断成的线段也不同（如图 3-29）。

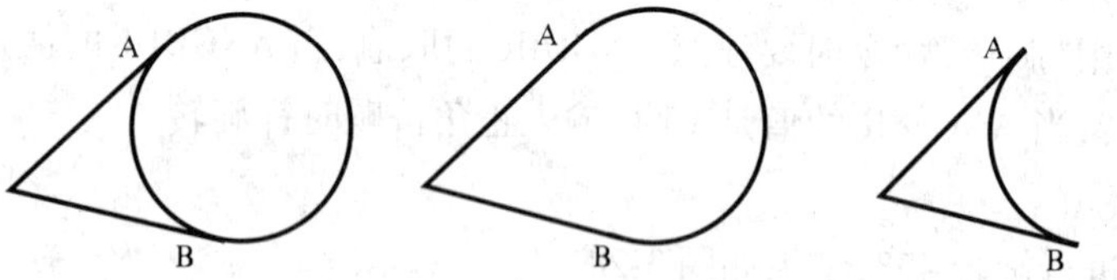

A和B为打断点　　A为第一打断点　　B为第一打断点

图 3-29 "打断"命令的应用

另外，AutoCAD 还提供一个叫"打断于点"的命令。它实质上是执行"打断"命令的 F 选项。"打断于点"命令是将对象在"指定第一点"处，将对象分成两部分。

2. 合并

1）功能

将相似的对象合并以形成一个完整的对象。

2）命令的调用

在命令行中用键盘输入："Join"；在下拉菜单中点击：修改→合并；在"修改"工具条单击"合并"按钮：；在功能区中选择：常用→修改→合并。

3）操作指导

命令：_Join

选择源对象：（选择一条直线、多段线、圆弧、椭圆弧、样条曲线或螺旋）

选择要合并到源的直线：找到 1 个

选择要合并到源的直线：

已将 1 条直线合并到源

参数说明：

"选择源对象"：可以作为源对象的对象有直线、多段线、圆弧、椭圆弧、样条曲线或螺旋。根据所选择的源对象不同，系统有不同的命令提示。

（1）当选择的源对象为直线时，系统可以将多条共线的直线对象合并为一条直线，而这些直线对象之间可以有空隙。

(2)当选择的源对象为多段线时，系统可以将多条直线、圆弧和多段线合并为一个对象，而这些直线对象之间不能有空隙，并且开始选择的对象一定要是多段线。

(3)当选择的源对象为圆弧时，系统可以将多条圆弧合并为一个圆弧对象，而这些圆弧对象必须在同一个圆上，并且圆弧之间可以有空隙。

(4)当选择的源对象为椭圆弧时，系统可以将多条椭圆弧合并为一个椭圆弧对象，而这些椭圆弧对象必须在同一个椭圆上，并且圆弧之间可以有空隙。

(5)当选择的源对象为样条曲线时，系统可以将多条样条曲线合并为一个样条曲线对象，而这些样条曲线对象必须在同一个平面上，并且应是闭合的。如果是样条曲线和螺旋对象相接(端点对端点)，结果对象是单个样条曲线。

(6)当选择的源对象为螺旋时，系统可以将多条螺旋合并。螺旋对象必须相接(端点对端点)，结果对象是单个样条曲线。

注意：合并命令可以将一组单个的相似对象合并到一起，以便于我们进行编辑，但在应用时要注意根据选择的源对象不同，它的适用条件也不同。

4)操作指导

将图 3-30 中的多段线 A、直线 B 和圆弧 C 合并成一个对象。

命令：_Join 选择源对象：(选择多段线 A)

选择要合并到源的对象：找到 1 个 (选择直线 B)

选择要合并到源的对象：找到 1 个，总计 2 个 (选择圆弧 C)

选择要合并到源的对象：(单击右键确认)

2 条线段已添加到多段线

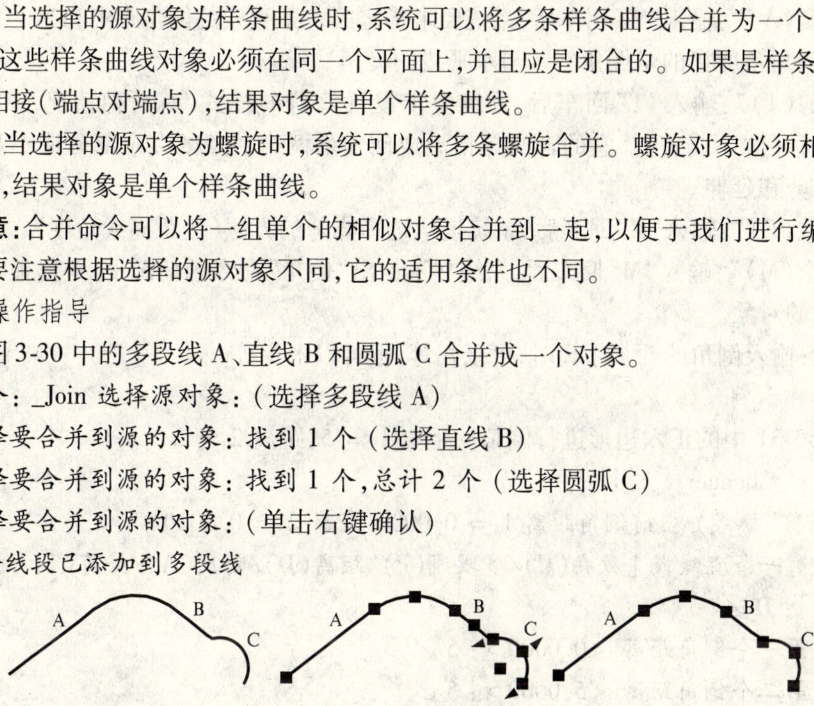

多段线 A、直线B和圆弧C　　A、B、C为单个对象　　合并为一个对象

图 3-30　合并命令的应用

4.3　倒角与圆角

1. 倒角

1)功能

给对象加倒方角。

2)命令的调用

在命令行中用键盘输入："Chamfer"；在下拉菜单中点击：修改→倒角；在"修改"工具条上单击"倒角"按钮：⌐；在功能区中选择：常用→修改→倒角⌐。

3)操作指导

命令：_Chamfer

("修剪"模式) 当前倒角距离 1 = 0.0000，距离 2 = 0.0000

选择第一条直线或 [放弃(U)/多段线(P)/距离(D)/角度(A)/修剪(T)/方式(E)/

多个(M)]:

选择第二条直线,或按住 Shift 键选择要应用角点的直线:

参数说明:

“放弃(U)”:放弃上一次操作命令。

“多段线(P)”:输入“P”回车后,系统要求选择形成倒角的二维多段线。

“距离(D)”:输入“D”回车后,系统要求指定两个倒角距离。第一个是水平方向上的尺寸,第二个是垂直方向上的尺寸。

“角度(A)”:输入“A”回车后,系统要求指定第一条直线的倒角距离和第一条直线的倒角度(倒角角度指的是倒角斜线与水平线的夹角)。

“修剪(T)”:输入“T”回车后,系统要求设置修剪的模式,有两种情况,一种是“修剪”;另一种是“不修剪”。它的含义是指形成倒角的两个对象的多余部分或不足部分是否进行修剪和延伸。

“方式(E)”:输入“E”回车后,系统提示选择修剪的方法(按距离或角度)。

“多个(M)”:输入“M”回车后,系统在不退出“倒角”命令的情况下,重复地选择多个形成倒角的对象。

注意:输入倒角的两个距离时,可以相等,也可以不相等。

4)操作示例

将图 3-31 中的正六边形进行倒角。距离 1 = 5,距离 2 = 5。

命令: _Chamfer

(“修剪”模式) 当前倒角距离 1 = 0.0000,距离 2 = 0.0000

选择第一条直线或 [放弃(U)/多段线(P)/距离(D)/角度(A)/修剪(T)/方式(E)/多个(M)]: D↙

指定第一个倒角距离 <0.0000>: 5↙

指定第二个倒角距离 <5.0000>: 5↙

选择第一条直线或 [放弃(U)/多段线(P)/距离(D)/角度(A)/修剪(T)/方式(E)/多个(M)]: P↙

选择二维多段线:

6 条直线已被倒角

结果如图 3-32。

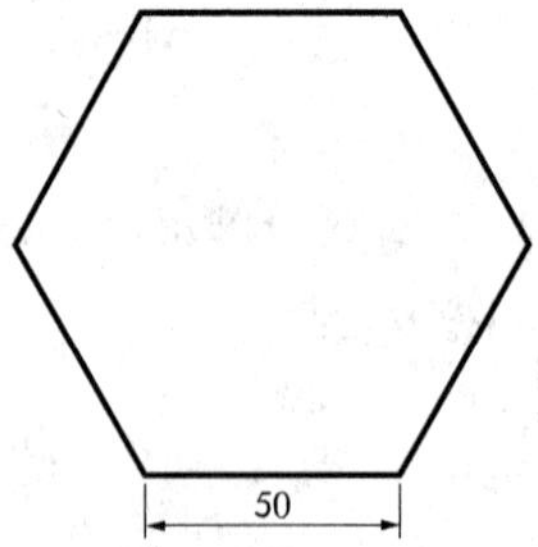

图 3-31 正六边形

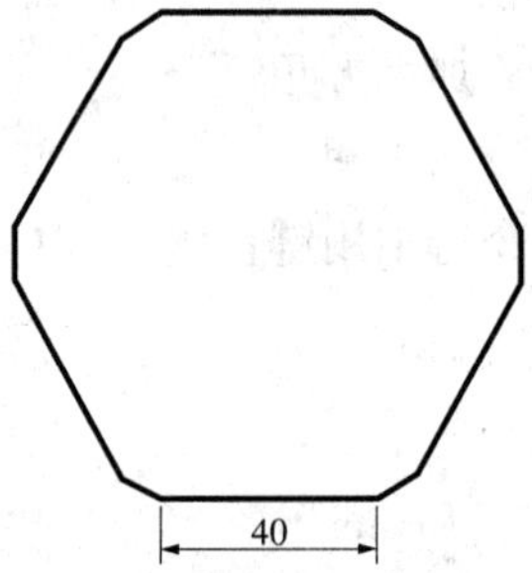

图 3-32 倒角正六边形

2. 圆角

1）功能

给对象加倒圆角。

2）命令的调用

在命令行中用键盘输入："Fillet"；在下拉菜单中点击：修改→圆角；在"修改"工具条上单击"圆角"按钮：；在功能区中选择：常用→修改→圆角。

3）操作指导

命令：_Fillet

当前设置：模式 = 修剪，半径 = 0.0000

选择第一个对象或［放弃(U)/多段线(P)/半径(R)/修剪(T)/多个(M)］：

选择第二个对象，或按住 Shift 键选择要应用角点的对象：

参数说明：

"放弃(U)"：放弃上一次操作命令。

"多段线(P)"：输入"P"回车后，系统要求选择形成圆角的二维多段线。

"半径(R)"：输入"R"回车后，系统要求指定圆角的半径。

"修剪(T)"：输入"T"回车后，系统要求设置修剪的模式，有两种情况，一种是"修剪"；另一种是"不修剪"。它的含义是指形成圆角的两个对象的多余部分是否进行修剪。

"多个(M)"：输入"M"回车后，系统在不退出"倒角"命令的情况下，重复地选择多个形成圆角的对象。

注意：无论形成圆角的两个对象是否相交，都可进行圆角连接。它有时可以代替前面讲的"切点、切点、半径"画圆的方法画圆弧。

4）操作示例

将图 3-33 中的两圆分别用半径为 30、15 的圆弧连接起来。

命令：_Fillet

当前设置：模式 = 修剪，半径 = 5.0000

选择第一个对象或［放弃(U)/多段线(P)/半径(R)/修剪(T)/多个(M)］：R↙

指定圆角半径 <5.0000>：30↙

选择第一个对象或［放弃(U)/多段线(P)/半径(R)/修剪(T)/多个(M)］：

选择第二个对象，或按住 Shift 键选择要应用角点的对象：

命令：

命令：

命令：_Fillet

当前设置：模式 = 修剪，半径 = 30.0000

选择第一个对象或［放弃(U)/多段线(P)/半径(R)/修剪(T)/多个(M)］：R↙

指定圆角半径 <30.0000>：15↙

选择第一个对象或[放弃(U)/多段线(P)/半径(R)/修剪(T)/多个(M)]:
选择第二个对象,或按住 Shift 键选择要应用角点的对象:
结果如图 3-34。

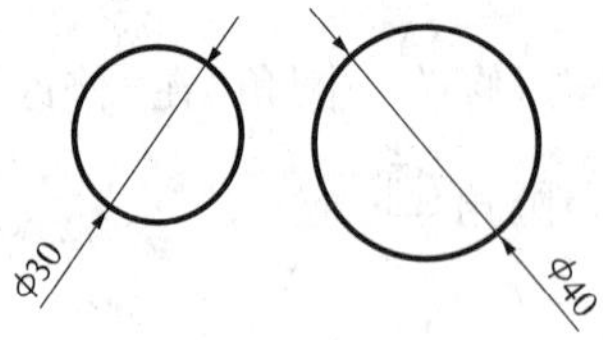

图 3-33　已知两圆

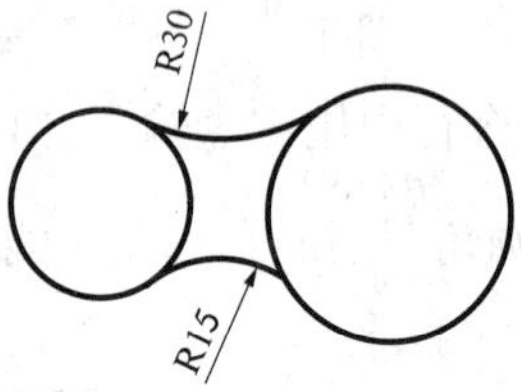

图 3-34　倒圆两圆

操作 5　编辑多线与样条线

5.1　编辑多线

1. 多线的样式

1)功能

命名新的多线样式并创建新多线样式。

2)命令的调用

在命令行中用键盘输入:"Mlstyle";在下拉菜单中点击:格式→多线样式。

3)操作指导

命令:_Mlstyle

系统弹出"多线样式"对话框,如图 3-35。在该对话框中,首先点击"新建"按钮来设置新建的样式名,如图 3-36。然后点击"继续"来设置所建样式的特性,如图 3-37,在该对话框中各项的含义如下:

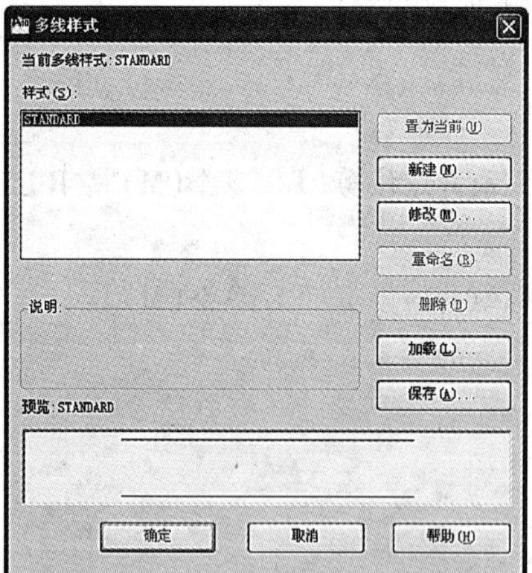

图 3-35　多线样式

图 3-36　创建新的多线样式

“说明”:对新建的多线样式添加一个说明。

“封口”:有四个复选框,分别是直线、外弧、内弧和角度,通过不同的选择来改变所绘多线起点和端点的形状。

“图元”:在这个区域中,可以增加多线的数量,也可设置多线之间的距离,改变多线中每条线的颜色,还可加载不同的线型。

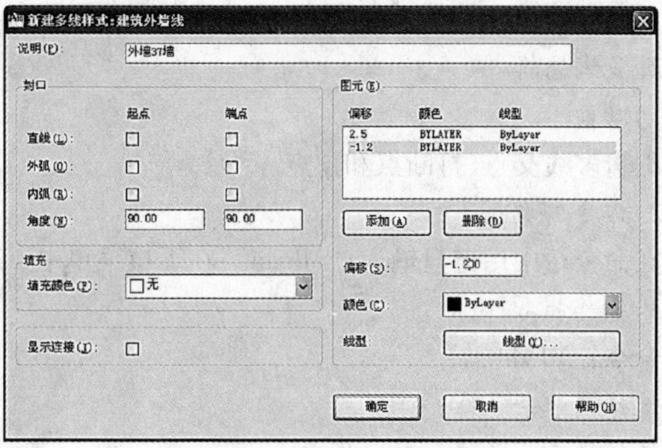

图 3-37 设置新的多线样式

“填充”:设置绘制多线的背景填充色。

“显示连接”:控制相邻的两条多线顶点处接头的显示。

4)操作示例

用多线命令绘制一段间距为 240 mm 的墙线(比例 1:100)。

(1)在图 3-35“多线样式”对话框,点击“新建”按钮。

(2)在图 3-36“创建新的多线样式”对话框“新样式名”中输入“墙线”,然后点击“继续”按钮。

(3)在图 3-37“新建多线样式”对话框中点击“添加”按钮,再增加一条多线。分别选中三条多线,依次在“偏移”栏中输入三次数值,第一次是 1.2,第二次是 0,第三次是 -1.2。然后将中间的那条多线的线型修改为点划线。

(4)将“墙线”样式“置为当前”。

(5)选择绘图→多线命令,绘制一组墙线。如图 3-38。

命令:_Mline

当前设置:对正 = 上,比例 = 20.00,样式 = 墙线

指定起点或[对正(J)/比例(S)/样式(ST)]:S↙

输入多线比例 <20.00>:1↙

当前设置:对正 = 上,比例 = 1.00,样式 = 墙线

指定起点或[对正(J)/比例(S)/样式(ST)]:J↙

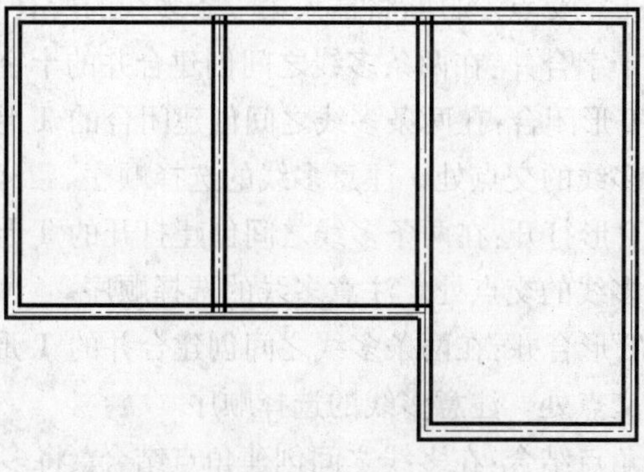

图 3-38 多线绘制墙线

输入对正类型[上(T)/无(Z)/下(B)]<上>:Z↙

当前设置:对正 = 无,比例 = 1.00,样式 = 墙线

指定起点或[对正(J)/比例(S)/样式(ST)]:

指定下一点:

…

2. 多线编辑

1）功能

编辑多线交点、打断点和顶点。

2）命令的调用

在命令行中用键盘输入："Mledit"；在下拉菜单中点击：修改→对象→多线。

3）操作指导

命令：_Mledit

选择第一条多线：

选择第二条多线：

选择第一条多线 或［放弃(U)］：

参数说明：

输入"Mledit"然后回车，系统会弹出如图 3-39 所示的"多线编辑工具"对话框，用户可在该对话框中选择一种工具，来编辑多线交接的方式。该对话框将以四列显示样例图像。第一列控制交叉的多线，第二列控制 T 形相交的多线，第三列控制角点结合和顶点，第四列控制多线中的打断。

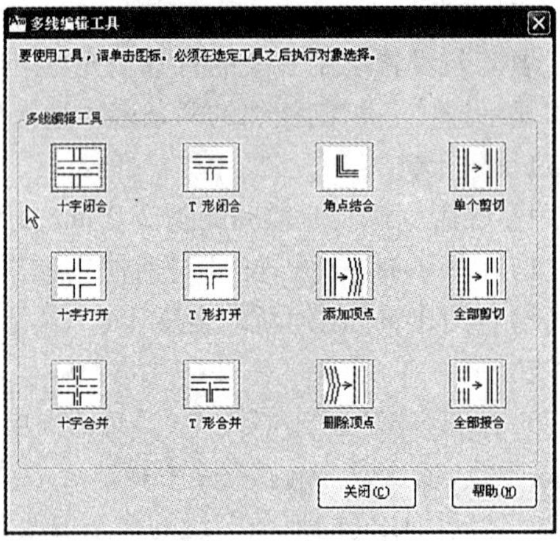

图 3-39　多线编辑工具

十字闭合：在两条多线之间创建闭合的十字交点。

十字打开：在两条多线之间创建打开的十字交点。打断将插入第一条多线的所有元素和第二条多线的外部元素。

十字合并：在两条多线之间创建合并的十字交点。选择多线的次序并不重要。

T 形闭合：在两条多线之间创建闭合的 T 形交点。将第一条多线修剪或延伸到与第二条多线的交点处。注意多线的选择顺序。

T 形打开：在两条多线之间创建打开的 T 形交点。将第一条多线修剪或延伸到与第二条多线的交点处。注意多线的选择顺序。

T 形合并：在两条多线之间创建合并的 T 形交点。将多线修剪或延伸到与另一条多线的交点处。注意多线的选择顺序。

角点结合：在多线之间创建角点结合。将多线修剪或延伸到它们的交点处。

添加顶点：向多线上添加一个顶点。

删除顶点：从多线上删除一个顶点。

单个剪切：在选定多线元素中创建可见打断。

全部剪切：创建穿过整条多线的可见打断。

全部接合：将已被剪切的多线线段重新接合起来。

4）操作示例

对图 3-38 墙线交点进行编辑。

步骤略，结果见图 3-40。图中 1、2、3 点利用“T 形合并”编辑，4 点无法进行多线编辑。一般情况下，遇到此种情况，将多线“分解”，然后“修剪”。

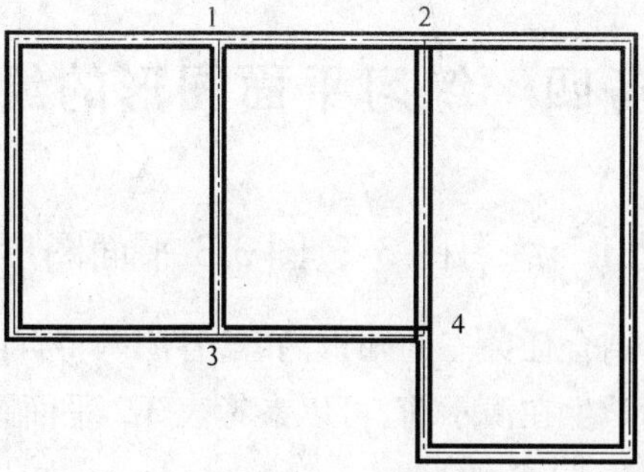

图 3-40 多线编辑墙线

5.2 编辑样条线

1. 功能

编辑样条曲线或样条曲线拟合多段线。

2. 命令的调用

在命令行中用键盘输入：“Splinedit”；在下拉菜单中点击：修改→对象→样条曲线；在“修改Ⅱ”工具条上单击“编辑样条曲线”按钮：“ ”；在功能区中选择：常用→修改→编辑样条曲线 。

3. 操作指导

命令：_Splinedit

选择样条曲线：（选择要编辑的样条曲线）

输入选项［拟合数据(F)/闭合(C)/移动顶点(M)/精度(R)/反转(E)/放弃(U)］：（输入要修改的参数，然后回车）

参数说明：

(1)“拟合数据(F)”：输入“F”回车后，系统有以下的命令提示：

输入选项［拟合数据(F)/闭合(C)/移动顶点(M)/精度(R)/反转(E)/放弃(U)］：F↙

输入拟合数据选项

［添加(A)/闭合(C)/删除(D)/移动(M)/清理(P)/相切(T)/公差(L)/退出(X)］<退出>：“添加(A)”：（在样条线中增加控制点）

“闭合(C)”：使样条曲线闭合。

“删除(D)”：在样条曲线中删除控制点。

“移动(M)”：将控制点进行移动。

“清理(P)”：把给样条曲线添加的拟合数据清理掉。

“相切(T)”：改变样条曲线起点和端点的切向。

“公差(L)”：编辑样条曲线的公差。

“退出(X)”：退出对拟合数据的操作。

(2)“闭合(C)”：使样条曲线的起点和端点光滑地连接在一起。当样条线闭合时，此选项为“打开”。

(3)“移动顶点(M)”：移动在样条曲线上的控制点。

(4)“精度(R)”：通过增加控制点、提高阶数和调节权值来调整样条曲线的圆滑度。

(5)“反转(E)”：用来反转样条曲线。

(6)“放弃(U)”：退出对样条曲线的编辑。

任务四 练习平面图形的绘制

活动1 练习图3-2、图3-3平面图形的绘制

结合任务三的知识内容,各团队将自己的学习成果向大家展示,与大家一起分享。学生在演示前,可以参考表3-2平面图形的绘制步骤。

表3-2 图3-2、图3-3平面图形的绘制步骤

图3-2	操作说明或使用命令	图3-3	操作说明或使用命令
设置图线	设置粗实线(绘制轮廓)和点划线(绘制中心线)	设置图线	设置粗实线(绘制轮廓)和点划线(绘制中心线)
绘制大圆中心线	直线	绘制边长为48的正三角形	正多边形(边长定位)
根据定位尺寸偏移绘制其他圆心中心线并修剪多余线	偏移 修剪	由三角形顶点向对边作垂线,找出三角形垂心	直线(捕捉中点)
绘制上部同心圆和下部已知圆弧	圆(圆心、半径)修剪	绘制其中一条圆弧线	圆弧(三点)
绘制吊勾勾头圆弧	圆(相切、相切、半径)修剪	删除辅助垂线	删除
绘制对称另一边吊勾	镜像	绘制另两条圆弧线	阵列(环形阵列)
绘制吊勾下部连接圆弧	圆(相切、相切、半径)修剪	绘制另五个三角形结构	阵列(环形阵列)
整理图形	调整中心线的长度,修剪多余线	整理图形	

根据表3-2,回答:

(1)图3-2、图3-3两图绘图步骤的相同点是:____________________,不同点是:____________________。

(2)图3-2、图3-3两图绘制过程中所用的绘图命令有何异同?

(3)图3-3还有其他绘制方法吗?图3-3与图3-41的绘制有何相似之处?

活动2　练习图3-42平面图形的绘制

学生活动：

练习绘制图3-42。

提示：首先作出边长为15的正八边形，然后从一角作出三条对角线。

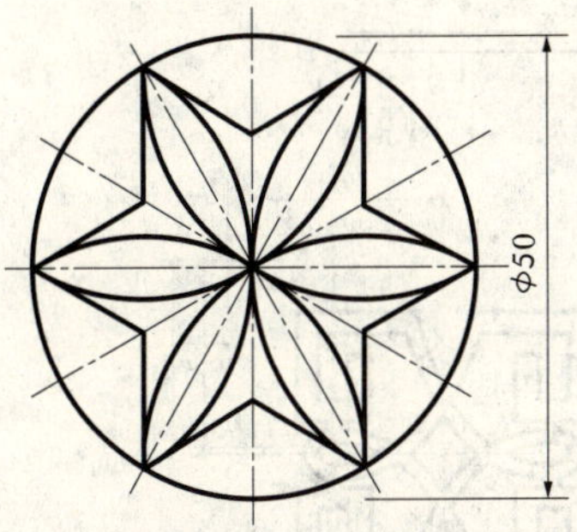

图3-41　平面图形

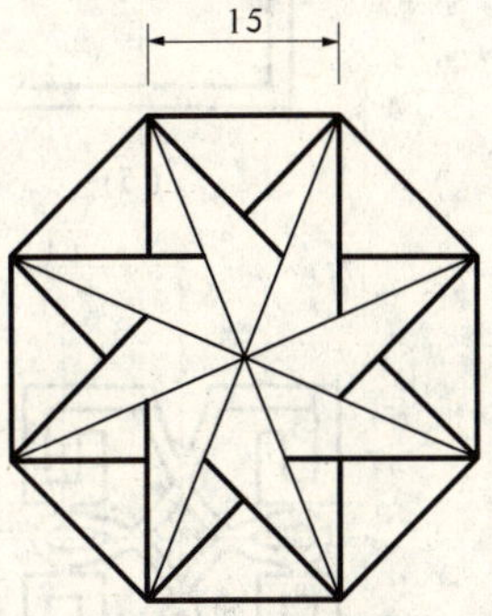

图3-42　平面图形

任务五　绘制建筑花格窗

活动1　绘制图3-1建筑花格窗

提示：见图3-43。

学生探究：

图3-43中(1)~(8)每一步都涉及了哪些绘图命令，步骤(8)中为什么要作一条长度为3而不是6的直线？

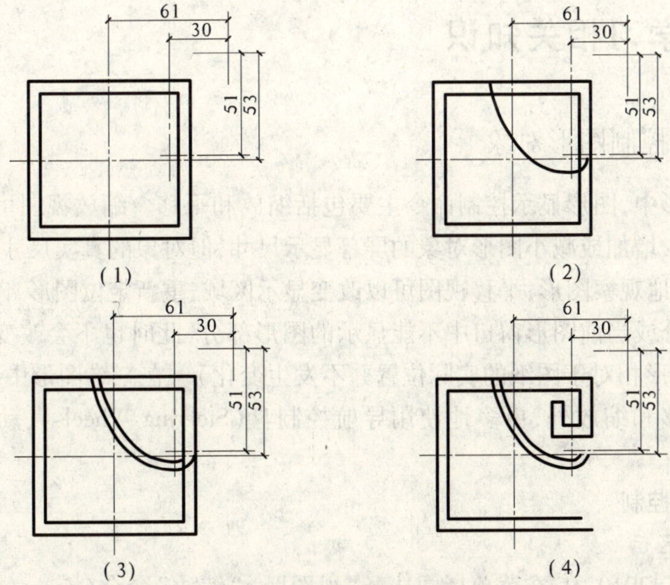

图3-43　建筑花格窗的绘制

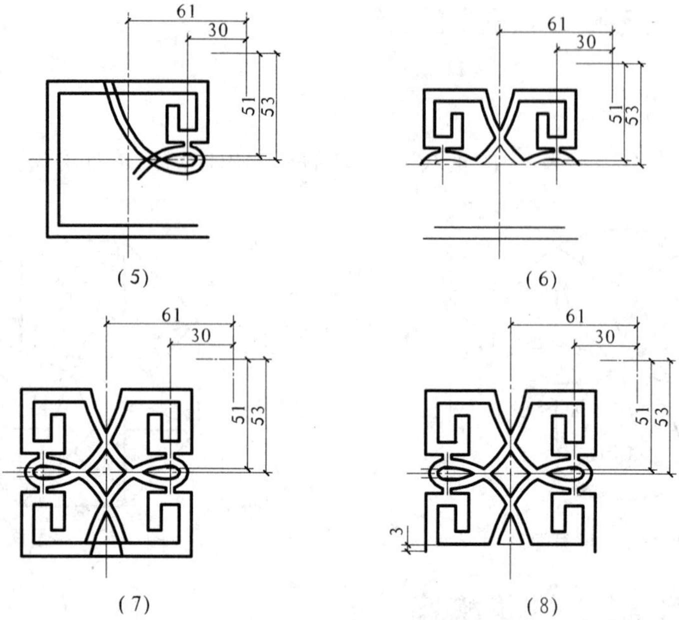

续图 3-43

活动 2　研讨本次教学内容与工程项目之间的关系

通过本次项目的学习,结合项目一中图 1-2 工程项目图,你发现:

(1)建筑平面图有必要一次性都画完吗? 如果有捷径,说出用哪个绘图命令比较好。

(2)建筑立面图中,每层的结构都是相同的,用你学习过的知识,说明如何绘制。

任务六　学习相关知识

活动 1　显示控制图形对象

在二维图形中,图形显示控制命令主要包括缩放和平移。缩放视图可以调整图形对象的大小、位置,增加或减小图形对象的屏幕显示尺寸,但对象的真实尺寸保持不变,从而更准确、更详细地观察图形;平移视图可以改变显示区域,重新定位图形,以便清楚地查看图形的其他部分或当前图形窗口中不能显示的图形部分,此时也不会改变图形中对象的位置或比例(图形相对于图纸的实际位置并不发生变化)。在三维图形中,图形显示控制命令除使用平移和缩放外,更多地使用导航控制盘(Steering Wheels)、动态观察和三维视图。

1.1　二维显示控制

1.“缩放”显示

在 AutoCAD 2010 中,在菜单栏中选择“视图”→“缩放”命令(Zoom)中的子命令,或使用功能区“视图”选项卡中的“导航”面板中的按钮,都可以实现缩放视图。如图 3-44。

1)实时缩放视图

单击“实时”按钮 实时,进入实时缩放模式,此时鼠标指针呈形状。此时向上拖动光标可放大整个图形,向下拖动光标可缩小整个图形,按回车键停止缩放。

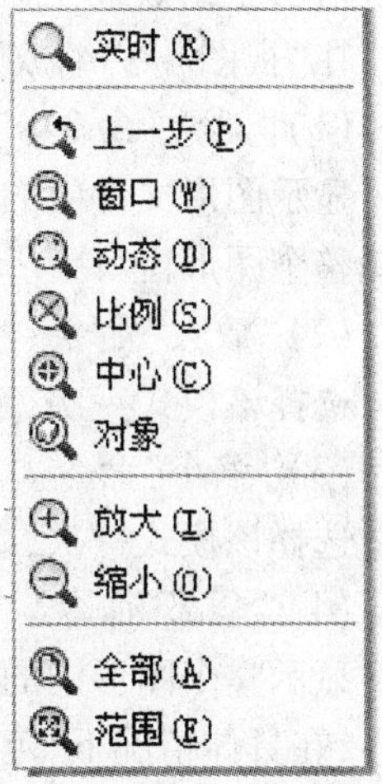

图 3-44　缩放

2)窗口缩放视图

单击“窗口”按钮 窗口,可以在屏幕上拾取两个对角点以确定一个矩形窗口,之后系统将矩形范围内的图形放大至整个屏幕。

3)动态缩放视图

单击“动态”按钮 动态,可以动态缩放视图。当进入动态缩放模式时,在屏幕中将显示一个带“×”的矩形方框。单击鼠标左键,此时选择窗口中心的“×”消失,显示一个位于右边框的方向箭头,拖动鼠标可改变选择窗口的大小,以确定选择区域大小,最后按下 Enter 键,即可缩放图形。

4)显示上一个视图

在图形中进行局部特写时,可能经常需要将图形缩小以观察总体布局,然后又希望重新显示前面的视图。单击“上一步”按钮 上一步,使用系统提供的显示上一个视图功能,快速回到最初的一个视图。

如果正处于实时缩放模式,则单击鼠标右键,从弹出的快捷菜单中选择“缩放为原窗口”命令,即可回到最初的使用实时缩放过的缩放视图。

5)按比例缩放视图

单击“比例”按钮 比例,可以按一定的比例来缩放视图。此时命令行显示如下提示信息:

命令: _Zoom

指定窗口的角点,输入比例因子 (nX 或 nXP),或者

[全部(A)/中心(C)/动态(D)/范围(E)/上一个(P)/比例(S)/窗口(W)/对象(O)] <实时>: _s

输入比例因子 (nX 或 nXP):

要指定相对的显示比例,可输入带 X 的比例因子数值。例如,输入 2X 将显示比当前视图大两倍的视图。如果正在使用浮动视口,则可以输入 XP 来相对于图纸空间进行比例缩放。

6)设置视图中心点

单击“中心”按钮 中心,在图形中指定一点,然后指定一个缩放比例因子或者指定高度值来显示一个新视图,而选择的点将作为该新视图的中心点。如果输入的数值比默认值小,则会增大图像;如果输入的数值比默认值大,则会缩小图像。

7)其他缩放命令

在“视图”→“缩放”命令中,还包括以下几个子命令,它们的功能如下:

(1)“对象”命令。

显示图形文件中的某一个部分。选择该模式后,单击图形中的某个部分,该部分将显示在整个图形窗口中。

(2)“放大”命令。

选择该模式一次,系统将整个视图放大1倍,即默认比例因子为2。

(3)“缩小”命令。

选择该模式一次,系统将整个图形缩小1倍,即默认比例因子为0.5。

(4)“全部”命令。

显示整个图形中的所有对象。在平面视图中,它以图形界限或当前图形范围为显示边界,在具体情况下,范围最大的将作为显示边界。如果图形延伸到图形界限以外,则仍将显示图形中的所有对象,此时的显示边界是图形范围。

连续双击鼠标滑轮,可以同样实现“全部”显示图形对象。

(5)“范围”命令。

在屏幕上尽可能大地显示所有图形对象。与全部缩放模式不同的是,范围缩放使用的显示边界只是图形范围,而不是图形界限。

2.“平移”显示

在菜单栏中选择“视图”→“平移”命令(Pan)中的子命令,或使用功能区“视图”选项卡中的“导航”面板中的按钮,都可以实现平移视图。平移包括实时平移和定点平移。

1)实时平移

单击“平移”按钮,此时光标指针变成一只小手。按住鼠标左键拖动,窗口内的图形就可按光标移动的方向移动。释放鼠标,可返回到平移等待状态。按Esc键或Enter键退出实时平移模式。

在绘图区,无命令的状态下,按压鼠标滑轮不松,同样可以平移图形。

2)定点平移

在菜单栏中选择“视图”→“平移”→“定点”命令,可以通过指定基点和位移值来平移视图。

1.2 三维显示控制

三维显示控制可分为控制盘(Steering Wheels)、三维动态观察和三维视图观察图形。

1.控制盘(Steering Wheels)查看图形

控制盘(Steering Wheels)划分成不同部分(称为按钮)的追踪菜单,每个按钮代表一种导航工具。控制盘(Steering Wheels)将多个常用导航工具结合到一个单一界面中,可以以不同方式平移、缩放或操作模型的当前视图,从而为用户节省了时间。

控制盘(Steering Wheels)如图3-45。

控制盘(二维导航控制盘除外)具有两种不同模式:大控制盘和小控制盘。要更改控制盘的当前模式,请在控制盘上单击鼠标右键,然后选择另一种模式。用户可以通过更改当前模式或调整大小和不透明度控制控制盘的外观。

控制盘的大小控制显示在控制盘上的按钮和标签的大小；不透明度级别控制被控制盘遮挡的模型中对象的可见性。用于控制控制盘外观的设置在“Steering Wheels 设置”对话框中提供。

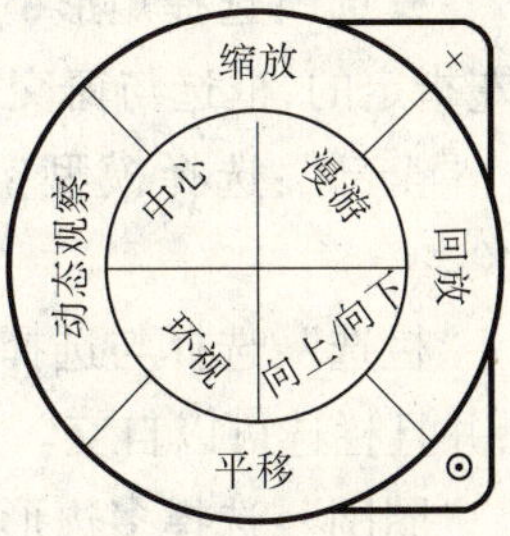

图 3-45　控制盘

在控制盘上选择一种模式后，按鼠标左键，然后进行相应操作。操作方法同前。

2. 三维动态观察

在菜单栏中选择“视图”→“三维动态观察”或在功能区“视图”选项卡中的“导航”面板中可以实现三维动态观察。

(1)受约束的动态观察 (3DORBIT)：沿 XY 平面或 Z 轴约束三维动态观察。

(2)自由动态观察 (3DFORBIT)：不参照平面，在任意方向上进行动态观察。沿 XY 平面和 Z 轴进行动态观察时，视点不受约束。

(3)连续动态观察 (3DCORBIT)：连续地进行动态观察。在要进行连续动态观察移动的方向上单击并拖动，然后松开鼠标按钮。轨道沿该方向继续移动。

3. 三维视图

在菜单栏中选择“视图”→“三维视图”或在功能区“视图”选项卡中的“视图”面板中可以实现三维视图。

三维视图就是根据名称或说明选择预定义的标准正交视图和等轴测视图。快速设置视图的方法是选择预定义的三维视图。这些视图常用选项有俯视、仰视、主视、左视、右视和后视。此外，可以从以下等轴测选项设置视图：SW(西南)等轴测、SE(东南)等轴测、NE(东北)等轴测和 NW(西北)等轴测。

三维视图可以快速地对图形进行正交或等轴测查看。

活动 2　选择图形对象

命令：_Select

该命令包括：窗口(W)、上一个(L)、窗交(C)、框选(BOX)、全部(ALL)、栏选(F)、圈围(WP)、圈交(CP)、编组(G)、添加(A)、删除(R)、多个(M)、上一个(P)、放弃(U)、自动(AU)、单选(SI)、子对象(SU)、对象(O)等选项。

选项说明：

“窗口”：选择矩形(由两点定义)中的所有对象。从左到右指定角点创建窗口选择(从右到左指定角点则创建窗交选择)。

“上一个”：选择最近一次创建的可见对象。对象必须在当前空间(模型空间或图纸空间)中，并且一定不要将对象的图层设置为冻结或关闭状态。

“窗交”：选择区域(由两点确定)内部或与之相交的所有对象。窗交显示的方框为虚线或高亮方框，这与窗口选择框不同。从右到左指定角点创建窗交选择(从左到右指定角点则创建窗口选择)。

"框选":选择矩形(由两点确定)内部或与之相交的所有对象。如果矩形的点是从右至左指定的,框选与窗交等效;否则,框选与窗选等效。

"全部":选择模型空间或当前布局中除冻结图层或锁定图层上的对象外的所有对象。

"栏选":选择与选择栏相交的所有对象。栏选方法与圈交方法相似,只是栏选不闭合,并且栏选可以自交。

"圈围":选择多边形(通过待选对象周围的点定义)中的所有对象。该多边形可以为任意形状,但不能与自身相交或相切。将绘制多边形的最后一条线段,所以该多边形在任何时候都是闭合的。

"圈交":选择多边形(通过在待选对象周围指定点来定义)内部或与之相交的所有对象。该多边形可以为任意形状,但不能与自身相交或相切。将绘制多边形的最后一条线段,所以该多边形在任何时候都是闭合的。

"编组":选择指定组中的全部对象。

"添加":切换到添加模式,可以使用任何对象选择方法将选定对象添加到选择集。自动和添加为默认模式。

"删除":切换到删除模式,可以使用任何对象选择方法从当前选择集中删除对象。删除模式的替换模式是在选择单个对象时按下 Shift 键,或者是使用"自动"选项。

"多个":指定多次选择而不高亮显示对象,从而加快对复杂对象的选择过程。如果两次指定相交对象的交点,"多个"也将选中这两个相交对象。

"上一个":选择最近创建的选择集。从图形中删除对象将清除"上一个"选项设置。

程序将跟踪是在模型空间中还是在图纸空间中指定每个选择集。如果在两个空间中切换将忽略"上一个"选择集。

"放弃":放弃选择最近加到选择集中的对象。

"自动":切换到自动选择,指向一个对象即可选择该对象。指向对象内部或外部的空白区,将形成框选方法定义的选择框的第一个角点。自动和添加为默认模式。

"单选":切换到单选模式,选择指定的第一个或第一组对象而不继续提示进一步选择。

"子对象":使用户可以逐个选择原始形状,这些形状是复合实体的一部分或三维实体上的顶点、边和面。可以选择这些子对象的其中之一,也可以创建多个子对象的选择集。选择集可以包含多种类型的子对象。

"对象":结束选择子对象的功能。使用户可以使用对象选择方法。

项目练习

一、单项选择题

1. 要快速显示整个图限范围内的所有图形,可使用(　　　)命令。

(A)"视图"→"缩放"→"窗口"　(B)"视图"→"缩放"→"动态"

(C)"视图"→"缩放"→"范围"　(D)"视图"→"缩放"→"全部"

2. 在 AutoCAD 中，使用(　　)可以在打开的图形间来回切换，但是，在某些时间较长的操作(例如重生成图形)期间不能切换图形。

(A)Ctrl + F9 键或 Ctrl +Shift 键　(B)Ctrl + F8 键或 Ctrl +Tab 键

(C)Ctrl + F6 键或 Ctrl +Tab 键　(D)Ctrl + F7 键或 Ctrl + Lock

3. 在命令行中输入"Zoom"，执行缩放命令。在命令行"指定窗口角点，输入比例因子(nX 或 nXP)，或[全部(A)/中心点(C)/动态(D)/范围(E)/上一个(P)/比例(S)/窗口(W)] <实时>:"提示下，输入(　　)，该图形相对于当前视图缩小一半。

(A) -0.5nXP　(B)0.5X　(C)2nXP　(D)2X

4. 缩放(Zoom)命令在执行过程中改变了(　　)。

(A)图形的界限范围大小　(B)图形的绝对坐标

(C)图形在视图中的位置　(D)图形在视图中显示的大小

5. 移动(Move)和平移(Pan)命令(　　)。

(A)都是移动命令，效果一样

(B)移动(Move)速度快，平移(Pan)速度慢

(C)移动(Move)的对象是视图，平移(Pan)的对象是物体

(D)移动(Move)的对象是物体，平移(Pan)的对象是视图

6. 改变图形实际位置的命令是(　　)。

(A)Zoom　(B)Move　(C)Pan　(D)Offset

7. 执行"样条曲线"命令后，(　　)选项用来输入曲线的偏差值。值越大，曲线越远离指定的点；值越小，曲线离指定的点越近。

(A)闭合　(B)端点切向　(C)拟合公差　(D)起点切向

8. 当用 Mirror 命令对文本属性进行镜像操作时，要想让文本具有可读性，应将变量 Mirrtext 的值设置为(　　)。

(A)0　(B)1　(C)2　(D)3

9. 下列目标选择方式中，(　　)方式可以快速全选绘图区中所有的对象。

(A)Esc　(B)Box　(C)All　(D)Zoom

10. (　　)命令用于绘制多条相互平行的线，每一条的颜色和线型可以相同，也可以不同，此命令常用来绘制建筑工程上的墙线。

(A)多段线　(B)多线　(C)样条曲线　(D)直线

11. 在 AutoCAD 中，使用交叉窗口(Crossing)选择对象时，所产生选择集(　　)。

(A)仅为窗口的内部的实体

(B)仅为与窗口相交的实体(不包括窗口的内部的实体)

(C)同时与窗口四边相交的实体加上窗口内部的实体

(D)以上都不对

二、多项选择题

1. 扩展的绘图命令有(　　)。

(A) Copy　　(B) Mirror　　(C) Array　　(D) Snap

2. 下面关于样条曲线的说法正确的是(　　)。

(A)可以是二维曲线或三维曲线

(B)是按照给定的某些数据点(控制点)拟合生成的光滑曲线

(C)样条曲线最少应有3个顶点

(D)在工程图样中常用来绘制波浪线、凸轮曲线等

3. 阵列命令有以下几种复制形式:(　　)。

(A)矩形阵列　　(B)环形阵列　　(C)三角阵列　　(D)样条阵列

4. 图形的复制命令主要包括:(　　)。

(A)直接复制　　(B)镜像复制　　(C)阵列复制　　(D)偏移复制

5. 样条曲线能使用下面的(　　)命令进行编辑。

(A)分解　　(B)删除　　(C)修剪　　(D)移动

6. 在 AutoCAD 中,可以创建打断的对象有圆、直线、射线和以下(　　)对象。

(A)圆弧　　(B)构造线　　(C)样条曲线　　(D)多段线

7. 在"格式"→"多线样式"命令对话框中单击"元素特性"按钮,在弹出的对话框中可以(　　)。

(A)改变多线的线的数量和偏移　　(B)改变多线的颜色

(C)改变多线的线型　　(D)改变多线的封口方式

三、作图题

1. 作图3-46、图3-47。

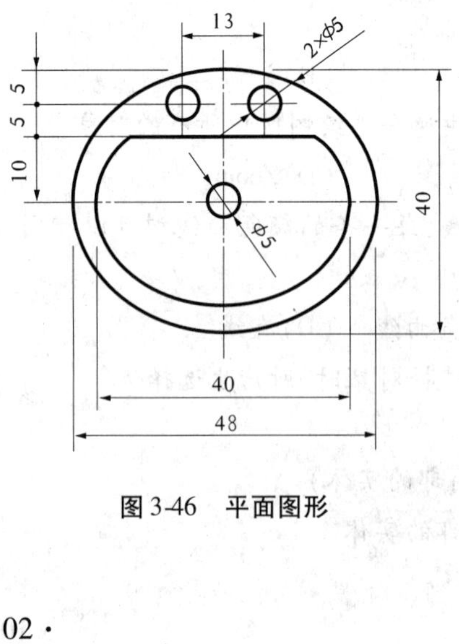

图3-46　平面图形

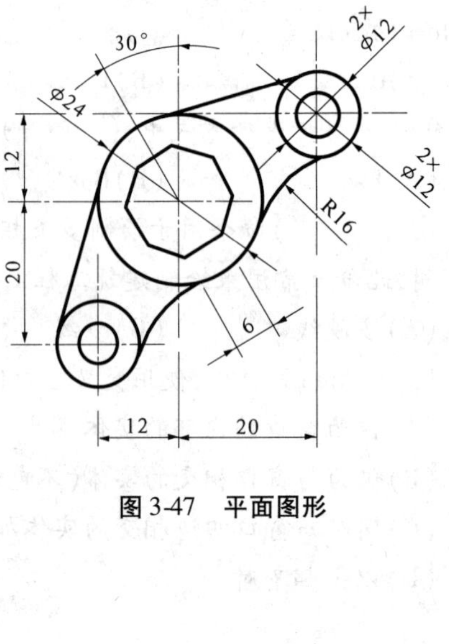

图3-47　平面图形

2. 作图 3-48、图 3-49。

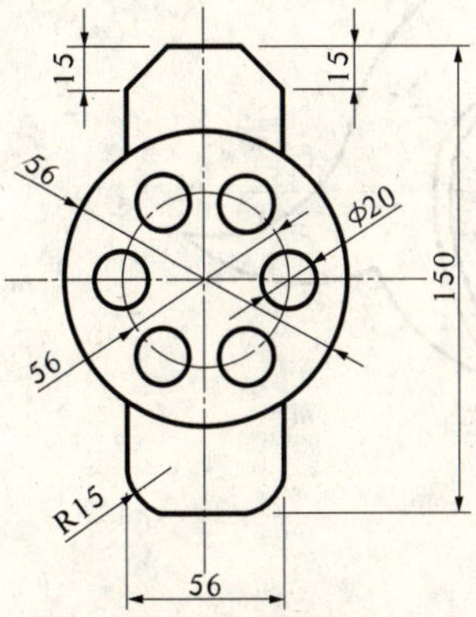

图 3-48　平面图形

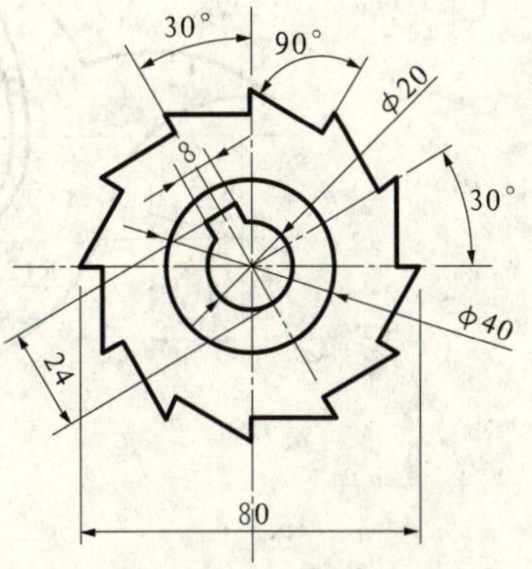

图 3-49　平面图形

3. 作图 3-50、图 3-51。

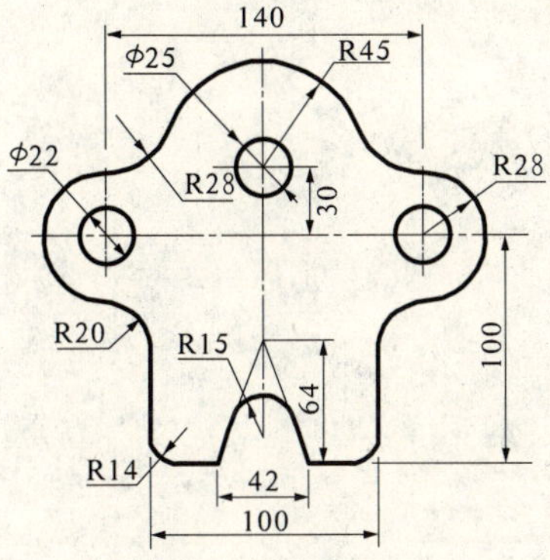

图 3-50　平面图形

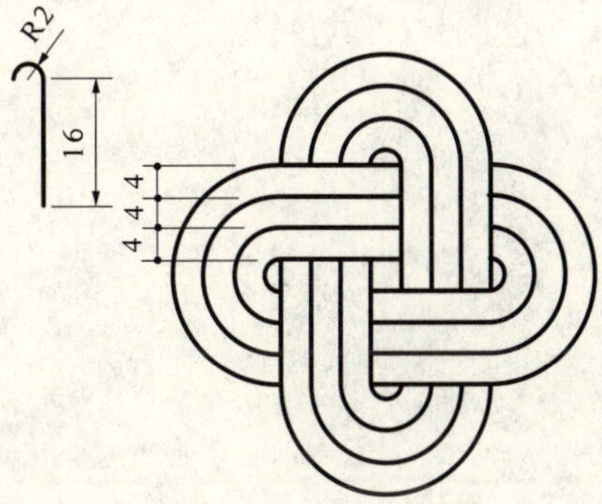

图 3-51　平面图形

4. 作图 3-52、图 3-53。

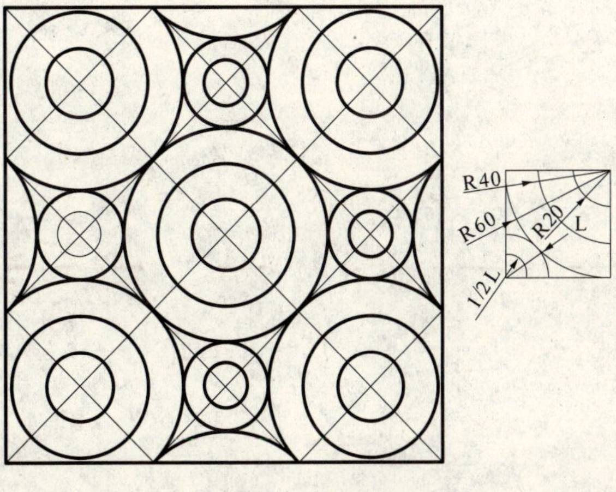

图 3-52　平面图形

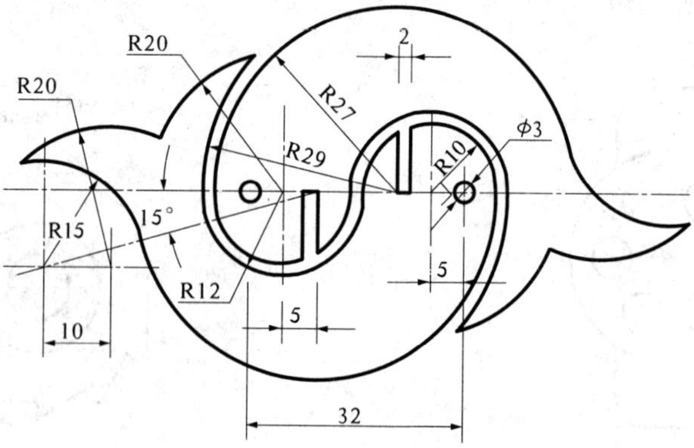

图 3-53　平面图形

项目四

精确绘制图形与查询图形信息

➤ 项目导入

设计一幢建筑物,常要考虑该建筑物的建筑面积和建筑物平面布置,即考虑建筑物的长和宽。绘制好的建筑平面图也经常要计算建筑面积和周长,如图 4-1。绘制图形,并查询图形对象的几何信息,这是本项目要学习的内容。

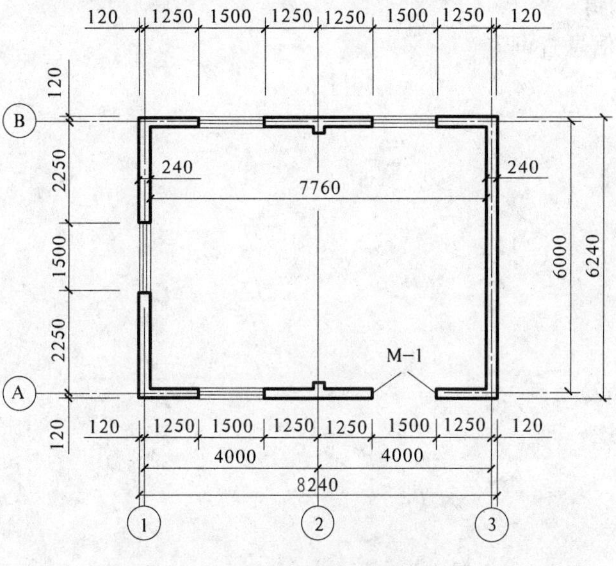

图 4-1　建筑平面图

➤ 项目说明

在本项目中,我们学习图形对象的几何信息查询。

运用 AutoCAD 查询图形对象的长度、周长、面积及体积都是比较容易的事,关键是要精确绘制图形。仅凭前两项目内容的学习,要想精确绘制图形还有一定难度。

精确绘制图形首先要捕捉对象精准,控制状态正确。正如图 4-1 要求查询建筑面积一样,建筑平面图绘制的正确性决定着面积查询的准确性。

辅助精确绘图的方法有特性编辑、夹点编辑。

精确绘制图形离不了《工程制图》中的图形分析,特别是圆弧连接部分。手工绘制圆弧连接,首先要找出连接圆弧的圆心和连接点,计算机绘图有时也是一样,但大部分连接圆弧都可用“相切、相切、半径”命令解决。

本项目的主要内容是通过精确绘图来查询图形几何特性，但最终还是运用在工程实际中解决实际问题。

➢ 项目主要任务

◇ 精确绘制图形

1. 草图设置
2. 状态控制绘图
3. 动态输入操作
4. 对象捕捉操作

◇ 高级图形编辑

1. “编辑”菜单
2. 对象编辑
3. 夹点编辑

◇ 图形几何信息查询

任务一　研习案例，探究绘图思路与方法

活动 1　研习案例（一）

研习图 4-2，回答下面问题。

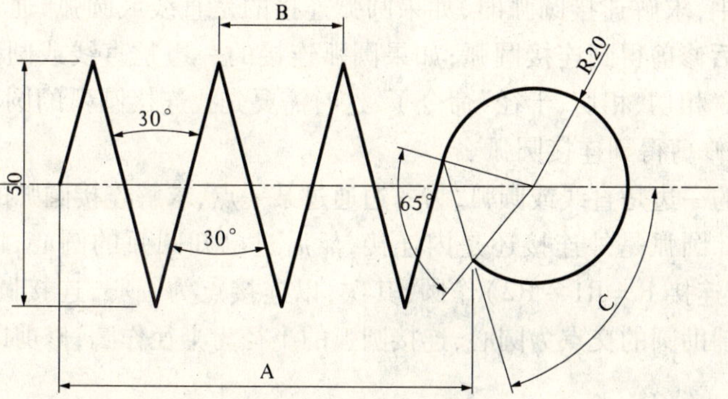

图 4-2　平面图形

（1）绘制前半部分的折线要用到________________等绘图命令。

（2）前半部分的折线最后一段线与圆弧有____________关系。

（3）通过____________命令可以找到圆弧圆心；通过____________命令可以作 65°角线。

（4）A 的长度是____________，B 的长度是________，C 的大小是________。

活动 2　研习案例（二）

研习图 4-3，回答下面问题。

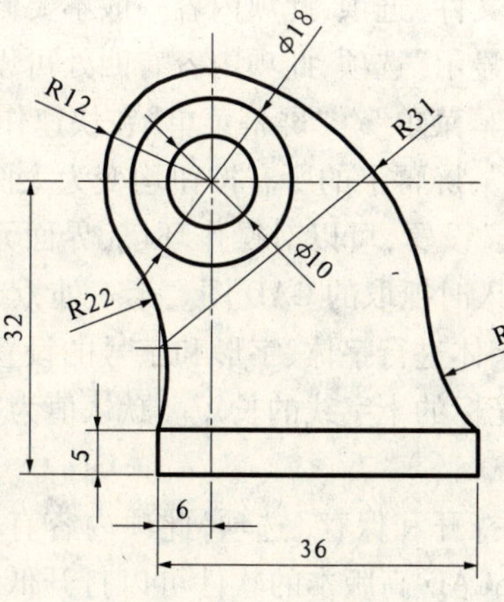

图 4-3　平面图形

（1）对图形进行尺寸分析，定形尺寸是________________________，定位尺寸是________________________。

(2)对图形进行线段分析,已知线段是________________________,中间线段是____________________,连接线段是____________________。

(3)计算机绘制此图时,首先画____________________能提高作图速度。

(4)圆弧 22 和圆弧 20 能用“相切、相切、半径”画吗? 圆弧 31 怎么画?

◇小贴士◇

平面图形中,求解连接圆弧时,如果圆弧连接的是直线或圆弧,通常用“相切、相切、半径”画圆,然后修剪得到连接圆弧;如果圆弧连接的一边是直线或圆弧,另一边通过某一点,则不能用“相切、相切、半径”命令了,这时需要先找连接圆弧的圆心,再用“圆心、半径” 画圆,然后修剪得到连接圆弧。

圆弧连接的一边是直线或圆弧,另一边通过某一点,求解连接圆弧的方法:首先,判别连接圆弧与已知圆弧是外连接还是内连接,然后过已知圆弧的圆心,以半径 R(外连接 R = R1 + R2,内连接 R = R1 - R2)作圆;其次,以连接点为圆心,连接圆弧半径为半径画圆;最后,以两辅助圆的交点为圆心,连接圆弧的半径为半径作圆,修剪即得连接圆弧。

任务二　精确绘制图形

活动 1　认识“选项”

AutoCAD 启动后,默认了很多设置,基本能达到绘图要求。但有些内容还需要重新设置,以便达到满意的绘图效果。在“选项”对话框内,可以对相应参数进行设置。

打开“选项”对话框的方法是,在主菜单选择:工具→选项;或选择:草图设置→选项等,都可进入“选项”对话框。

打开“选项”对话框后,共有十项内容进行“选项”设置。

如图 4-4 为“选项”中的“文件”选项,此项内容一般不要修改。

如图 4-5 为“选项”中的“显示”选项,此项内容有四处可以修改。第一处,勾选“显示屏幕菜单”,在屏幕上出现“屏幕菜单”。“屏幕菜单”在快速作图中有着非常重要的作用。勾选“在工具栏中使用大按钮”,屏幕上的所有按钮均变为大图标。一般不勾选此项。第二处,点击“颜色”,进入“颜色”设置,可以对操作环境、界面元素的颜色进行设置。改变背景色为白色,常用在文稿插入时抓取的 CAD 图。第三处,点击“字体”,进入“命令行窗口字体”,可以对命令行中的字体进行字体、字形和字号的设置。第四处,拖动“十字光标大小”滑块,可以改变屏幕上光标的十字线的长短。默认值为 5,除非特殊需要,一般不要改变此处的默认值。

如图 4-6 为“选项”中的“打开和保存”选项,此项内容有三处可以修改。第一处,为文件保存的版本和格式。AutoCAD 高版本的软件可以打开低版本的文件,但低版本的软件打不开高版本的文件。所以,为了交流的方便,尽量选择保存低版本的格式文件,如选择保存为 AutoCAD 2000 的版本格式。第二处,为了防止意外原因,如自动关机或死机造成文件没有保存,设置自动保存文件的时间。选择自动保存的时间越短损失的内容就会越少，但机器运行的速度却慢了。第三处，对文件进行加密处理。如果不是机要文件或特殊情况，不要对文件进行加密。

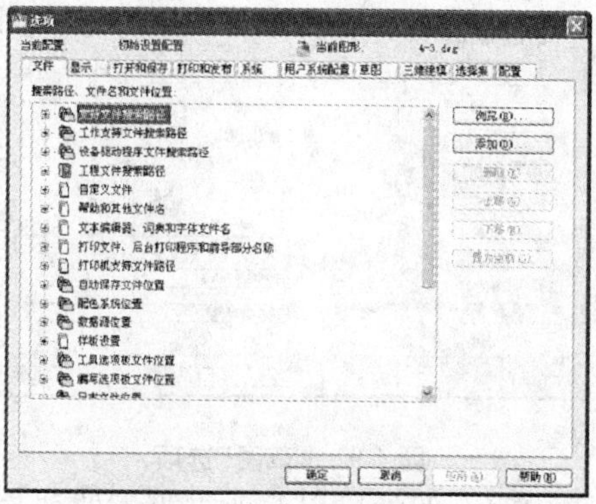

图 4-4　“文件”选项

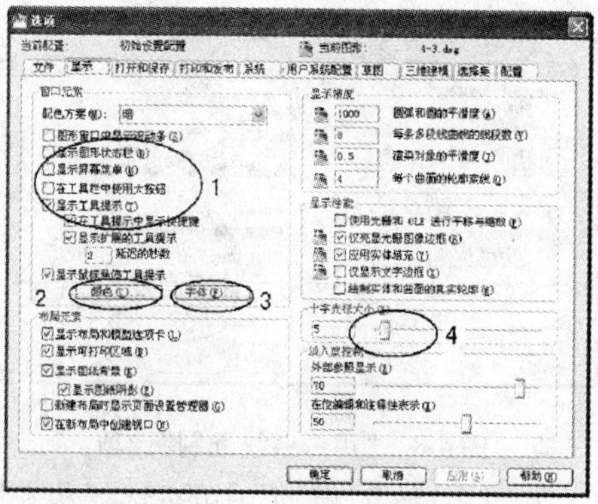

图 4-5　“显示”选项

如图 4-7 为“选项”中的“打印和发布”选项，如果对打印和发布不是太清楚，此处内容不要修改。

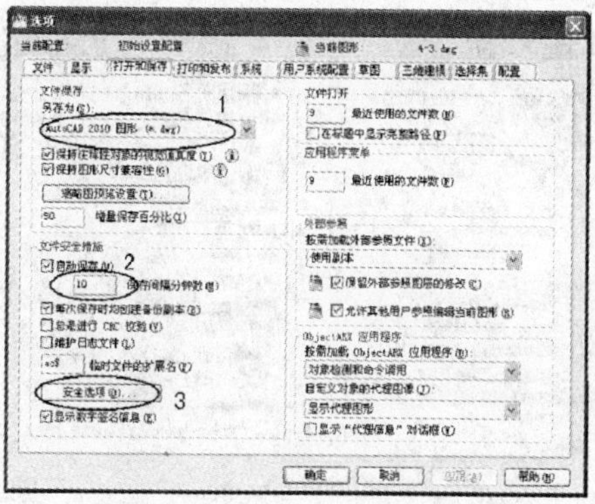

图 4-6　“打开和保存”选项

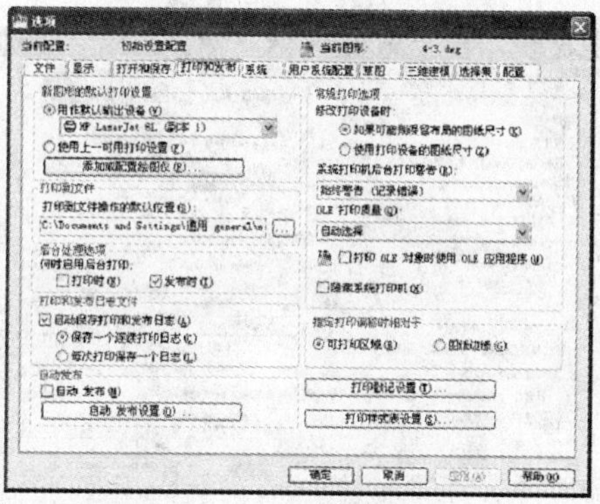

图 4-7　“打印和发布”选项

如图 4-8 为“选项”中的“用户系统配置”选项，此项内容有四处可以修改。第一处，选择是否“双击进行编辑”和是否在“绘图区使用快捷菜单”。此处默认较好。第二处，“自定义右键单击”时的功能。这要根据个人习惯进行设置。第三处，对绘图时的默认线宽进行设置，可以调整默认线宽在屏幕上的显示比例，但不改变打印时的线宽。此处设置，在图形特性中有非常重要的作用。第四处，“编辑比例列表”，修改、删除或增加注释比例。

如图 4-9 为“选项”中的“草图”选项，此处的“草图”选项不同于“草图设置”。此项内容有两处可以修改。第一处，“自动捕捉标记大小”，通过拖动后面的滑块，可以改变捕捉标记的大小。并不是捕捉标记越大越好，要灵活选择。第二处，“靶框大小”，是指光标捕捉对象时的方框。靶框的大小也不是越大越好。

如图 4-10 为“选项”中的“三维建模”选项，此项内容在三维建模时使用，此处不作介绍。

图 4-8　"用户系统配制"选项

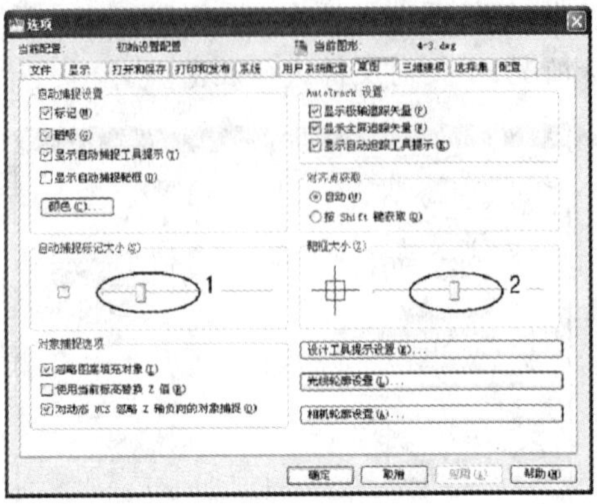

图 4-9　"草图"选项

如图 4-11 为"选项"中的"选择集"选项，此项内容有四处可以修改。第一处，"拾取框大小"，通过拖动后面的滑块，可以改变光标在拾取对象时拾取框的大小。也不是拾取框越大越好。第二处，"夹点大小"，是指在进行夹点编辑时，控制夹点的大小。通过拖动后面的滑块，可以控制夹点大小。第三处，"选择集模式"，是指选择对象时的选择方式。一般选择默认，必要时才选择"用 Shift 键添加到选择集"。第四处，修改夹点的颜色。

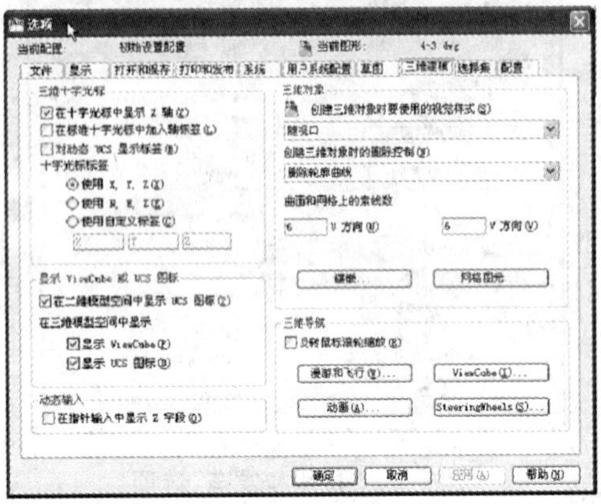

图 4-10　"三维建模"选项

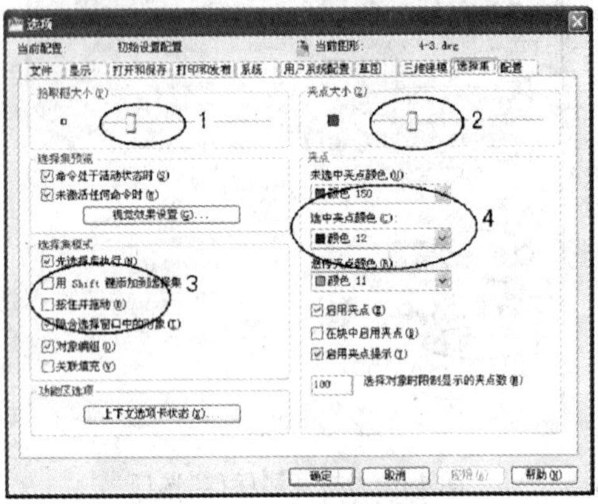

图 4-11　"选择集"选项

活动 2　认识绘图空间

我们常在模型空间绘制图形，在布局（图纸空间）中打印图形。在绘图与打印时，经常要对图形进行空间转换。

2.1　模型空间

"模型空间"是一个真实的、无限的绘图区域。在模型空间中，可以绘制、查看和编辑模型，也可以在模型空间里打印。

在模型空间中，可以按 1∶1 的比例绘制模型，并确定一个单位表示一毫米、一分米、一英寸、一英尺或表示其他在工作中使用最方便或最常用的单位，也可以按工程设计将图形按比例进行绘制，但要在标注时对图形进行注释比例。在模型空间完成图形后，可以选择一个"布局"选项卡，开始设计用于打印的布局环境。

2.2 图纸空间

“布局”选项卡提供了一个被称为图纸空间的区域，它是将在模型空间里绘制的图形形象地按比例布置在一张图纸上。“图纸空间”相当我们手工绘图时的图纸。在图纸空间中，可以放置标题栏、创建用于显示视图的布局视口、标注图形以及添加注释。在图纸空间中，一个单位表示打印图纸上的图纸距离。根据绘图仪的打印设置，单位可以是毫米或英寸。在“布局”选项卡上，可以查看和编辑图纸空间对象，例如布局视口和标题栏。也可以将对象（如引线或标题栏）从模型空间移到图纸空间（反之亦然）。

“模型”选项卡与“布局”选项卡之间随时可以进行切换。点击绘图区下面的“模型”与“布局”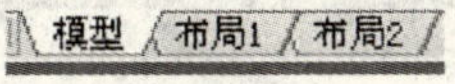

，或状态栏中“模型”按钮

，图形自动进行切换。同时，状态栏中模型空间与图纸空间进行转换

。

活动3　认识“草图设置”

“草图设置”是对状态控制对象进行设置，主要设置：捕捉和栅格、极轴追踪、对象捕捉、动态输入和快捷特性。

“草图设置”的打开方法是，选择：工具→草图设置；光标移到状态控制按钮上击右键，选择：设置。

3.1 捕捉和栅格

对捕捉和栅格的间距、捕捉类型和栅格行为进行设置，如图 4-12。在“捕捉类型”栏中启动“等轴测捕捉”则光标出现“”形状，按 F5 键在水平等轴测、正面等轴测和侧面等轴测之间转换，可以绘制轴测图，特别是对绘制等轴测圆非常有意义。

3.2 极轴追踪

主要掌握极轴角设置，如图 4-13。“增量角”一次只能选择一个值，在绘图时，以“增量角”的整数倍追踪。启用“附加角”时，可以按要求设置多个“附加角”值，在绘图时，同时以“增量角”和所设的“附加角”的整数倍追踪。

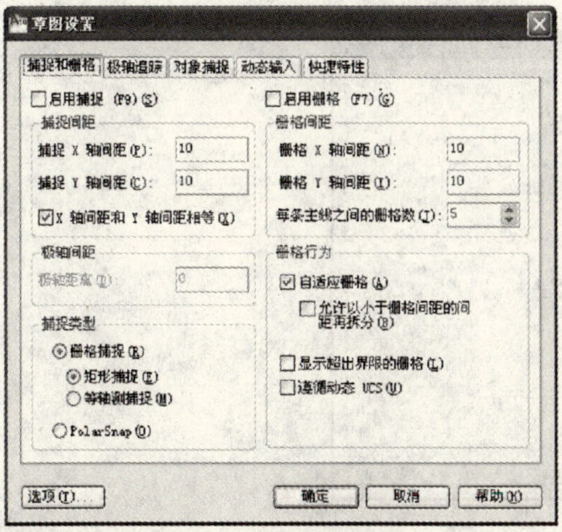

图 4-12　捕捉和栅格

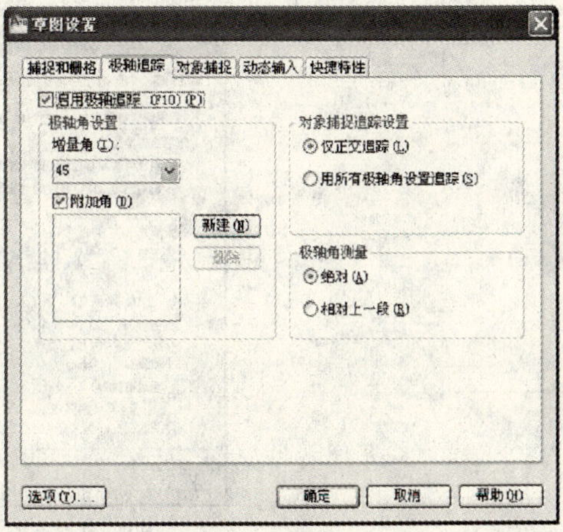

图 4-13　极轴追踪

3.3 对象捕捉

可以捕捉十三种特殊点，如图 4-14。具体运用时，不是全选就是最好，全选可以捕捉到想要的点，但这些点离得太近就无法确定出哪是想要的点了。最好的方法是先全清，然后根据需要设置捕捉点，这样选择的缺点是来回转换。常用捕捉点有端点、中点、圆心、交点和切点，其次为象限点、垂足点和节点。读者在学习过程中应总结经验，灵活运用。

3.4 动态输入

对“指针输入”、“标注输入”和“动态提示”进行设置，如图 4-15。

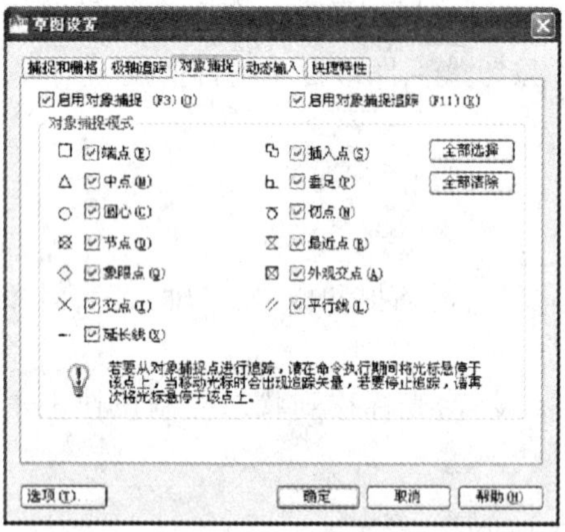

图 4-14 对象捕捉

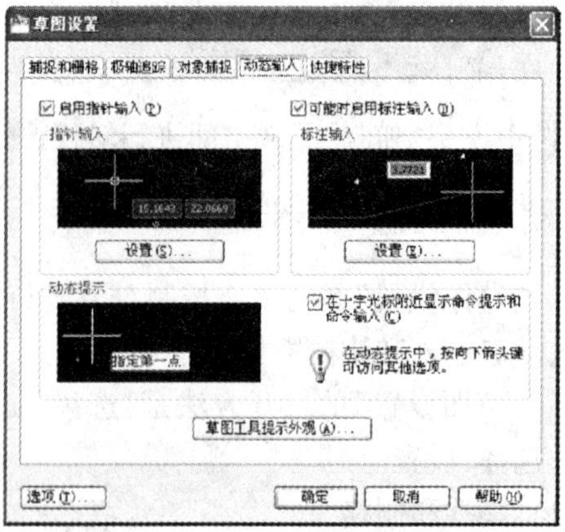

图 4-15 动态输入

“指针输入”设置是对坐标“格式”和“可见性”进行选择，使用时最好保留默认值；“标注输入”设置是对标注输入的字段数进行选择，选择的字段数越多，操作时跟随光标的字段越多，会给操作带来麻烦，按 Tab 键可以对标注字段逐个进行切换；“动态提示”是对动态光标的“颜色”、“大小”和“透明度”进行设置。

3.5 快捷特性

在“快捷特性”窗口对对象类型、位置模式和大小设置进行设置。如图 4-16。

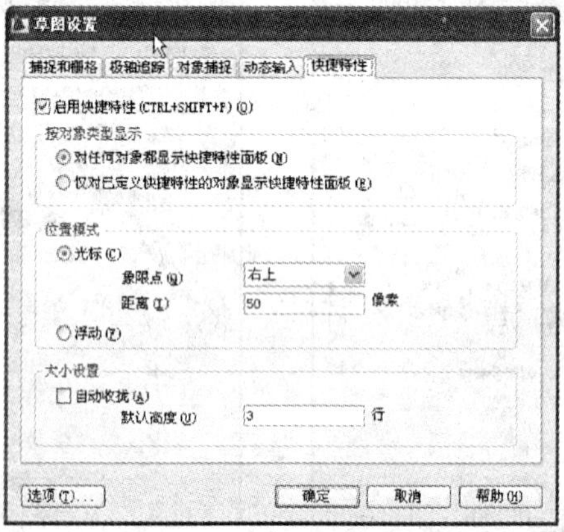

图 4-16 快捷特性

活动4　认识“对象捕捉”

4.1　单点捕捉

在绘图时，需要用到一些特殊点，而此时又不是对象捕捉的点，那么就要用到临时追踪点。

常用的临时追踪点集中在“对象捕捉”工具条上。利用“对象捕捉”工具条可以进行单点捕捉。

调用“对象捕捉”工具条的方法：

在任意工具栏上，点击鼠标右键，出现工具栏快捷菜单，勾选“对象捕捉”，则出现“对象捕捉”工具栏，如图4-17。

图4-17　“对象捕捉”工具条

在绘图区，按住Shift或Ctrl键，同时单击鼠标右键，可以调出“对象捕捉”快捷菜单，如图4-18，其内容与图4-17基本一致。

“对象捕捉”工具条上的各捕捉点意义如下：

(1) ：临时追踪点。

(2) ：捕捉自某一点。

(3) ：捕捉到端点。

(4) ：捕捉到中点。

(5) ：捕捉到交点。

(6) ：捕捉到外观交点。

(7) ：捕捉延长线。

(8) ：捕捉到圆心。

(9) ：捕捉到象限点。

(10) ：捕捉到切点。

(11) ：捕捉到垂足点。

(12) ：捕捉到平行线。

(13) ：捕捉到节点。

(14) ：捕捉到插入点。

(15) ：捕捉到最近点。

(16) ：无捕捉。

(17) ：对象捕捉设置。

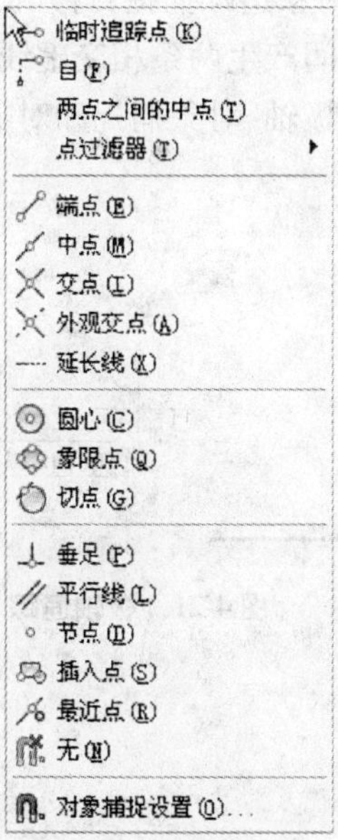

图4-18　“对象捕捉”快捷菜单

操作示例：

绘制图 4-19 中两圆的公切线。

(1)先点击“直线”按钮，再点击“捕捉切点”按钮。

(2)在小圆周上点击一下鼠标左键，找到一个切点，再点击“捕捉切点”按钮。

(3)在大圆周上点击一下鼠标左键，最后按一次回车键结束。结果如图 4-20。

探究：如果在小圆上点击切点后，光标不再点击按钮，直接点击大圆，能否画出切线？

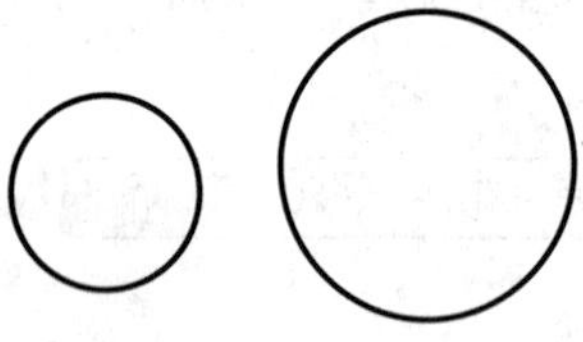

图 4-19　已知两圆

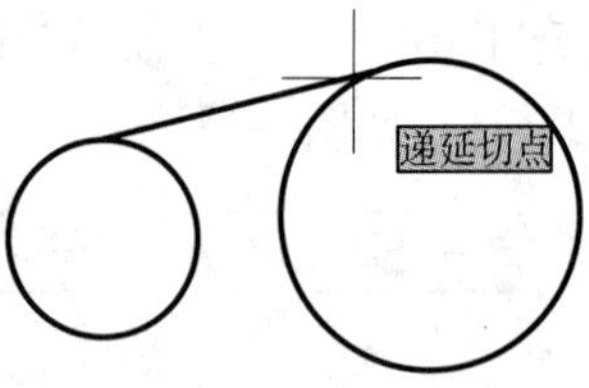

图 4-20　绘两圆切线

4.2　自动捕捉

自动捕捉分极轴追踪捕捉与对象追踪捕捉，具体操作如下：

(1)极轴追踪捕捉：打开极轴和对象捕捉，移动光标到与设置好的极轴角的位置处，动点与上一点之间产生一条虚线，并给出极轴角和极轴长度，如图 4-21。

(2)对象追踪捕捉：打开极轴和对象追踪，移动光标到与需要对应的两点位置，结果在两点之间产生两条相交虚线，并给出极轴角，如图 4-22。

有时极轴、对象捕捉和对象追踪同时打开，三者协同操作对绘图更有利。如图 4-23。

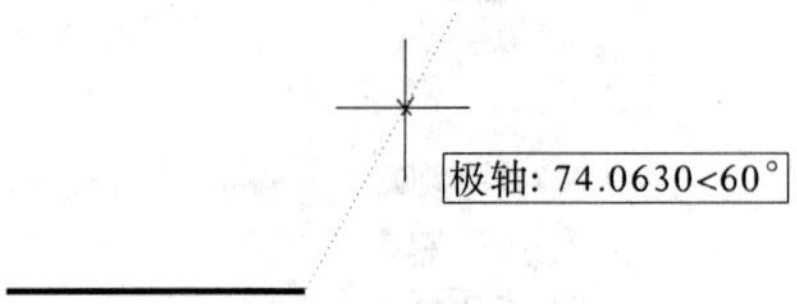

图 4-21　极轴追踪

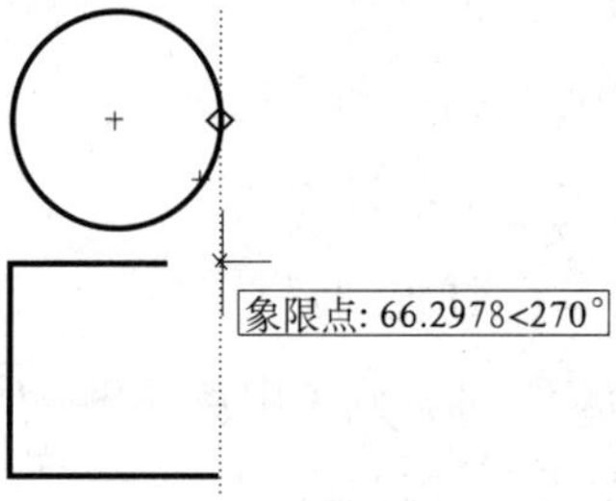

图 4-22　对象追踪捕捉

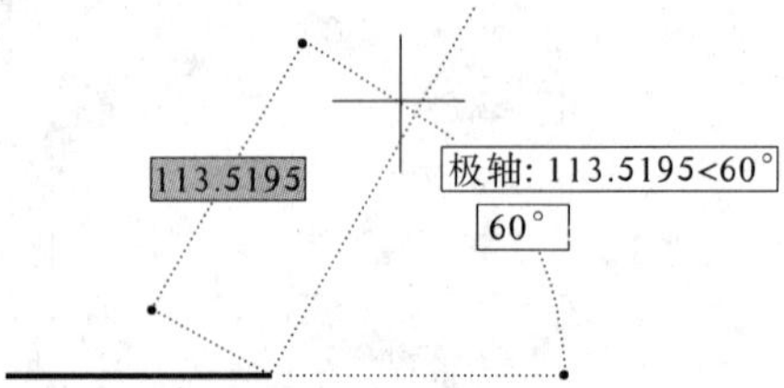

图 4-23　对象捕捉

活动5　练习图4-3的绘制

（1）提示图4-3的绘制过程，如图4-24。

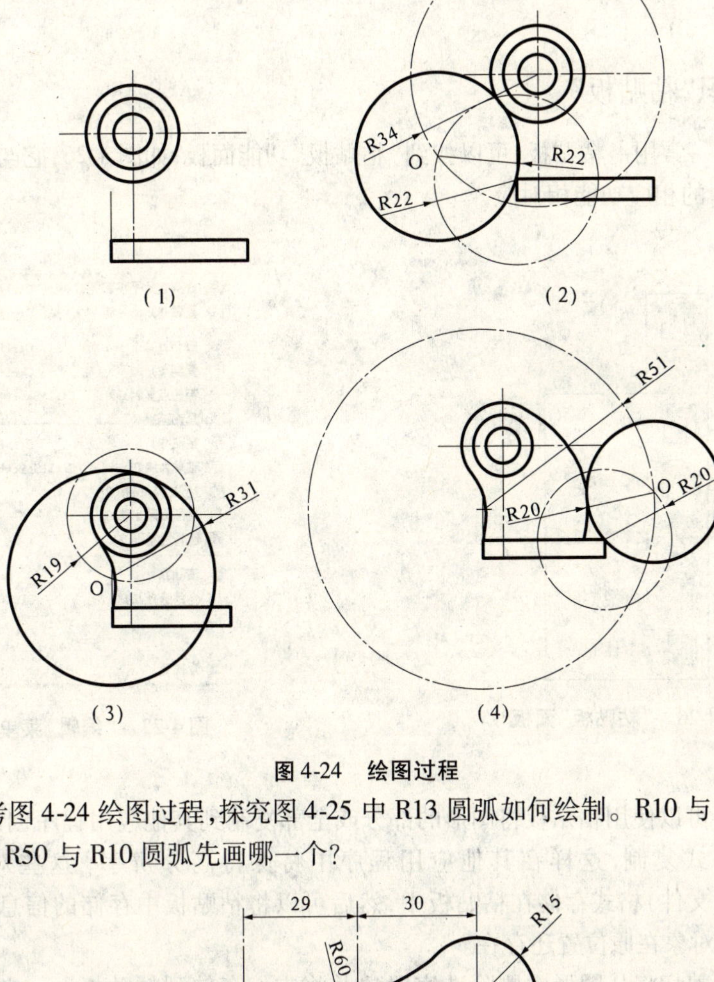

图4-24　绘图过程

（2）参考图4-24绘图过程，探究图4-25中R13圆弧如何绘制。R10与R13圆弧的绘制有何不同；R50与R10圆弧先画哪一个？

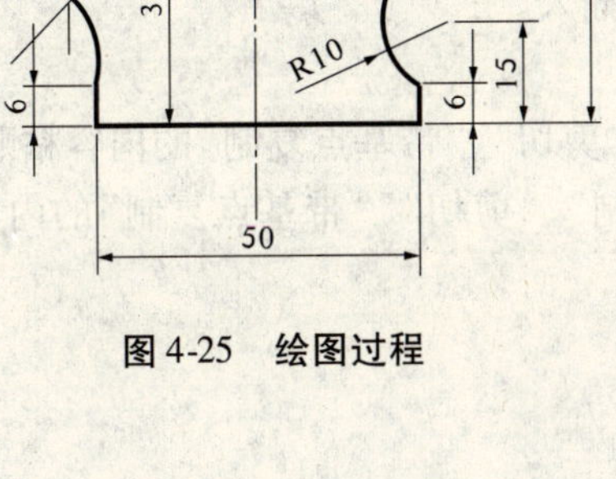

图4-25　绘图过程

任务三　学习高级绘图编辑

高级编辑包括："编辑"菜单、对象编辑、对象特性编辑和夹点编辑。对象特性编辑放在下一项目里和图层一起讲解；对象编辑随不同的对象操作讲解。这里只讲"编辑"菜单和夹点编辑。

活动 1　认识"粘贴板"

在功能区→常用→粘贴板，可以找到"粘贴板"功能面板，如图 4-26，它与"编辑"菜单（如图 4-27）中的相应功能相对应。

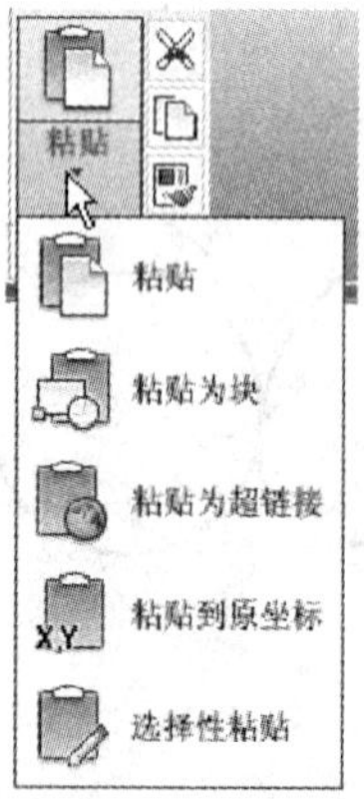

图 4-26　"粘贴板"面板

图 4-27　"编辑"菜单

1.1　复制

（1）复制：可以使用粘贴板将图形的部分或全部复制到其他应用程序创建的文档中。对象以矢量格式复制，这样在其他应用程序中将保持高分辨率。这些对象以 WMF（Windows图元文件）格式存储在粘贴板中，然后可以将粘贴板中存储的信息嵌入其他文档。复制后的对象在原位置还存在。

（2）剪切：剪切将从图形中删除选定对象并将它们存储到粘贴板上。它也是一种复制，只不过是将剪切后的对象放置在粘贴板上，同时源对象消失。

（3）带基点复制：以上两种复制，粘贴时，都以选择对象时的左下点为插入点，不能有目的地以对象某一点为插入点。带基点复制则是选定图形对象的某一点为插入点，在粘贴时以该点为插入点定点插入。

1.2　粘贴

（1）粘贴：将"复制"、"剪切"、"带基点复制"的内容粘贴在相应位置。

（2）粘贴为块：将"复制"、"剪切"、"带基点复制"的内容粘贴的同时，将粘贴对象转变为图块。

活动2　学习夹点编辑

夹点是控制对象形状的特殊点。在用AutoCAD进行绘图时，所绘制的每一个对象都有一系列的控制点。要对对象进行编辑，可以修改对象的控制点，来达到编辑对象的目的。夹点编辑，可以对对象执行拉伸、移动、旋转、缩放或镜像操作。

学生活动：

绘制直线、样条线、矩形、正多边形、圆、圆弧、椭圆等，选中它们，观察它们各自有几个控制点，每个控制点都有什么特征，填表4-1。

表4-1　控制点

对象名称	控制点数量	控制点特征
直线		
样条线		
矩形		
正多边形		
圆		
圆弧		
椭圆		
⋮		

2.1　启动命令的方法

首先选择要编辑的对象，使它的周围出现一系列的控制点，这些控制点默认为蓝色，我们叫它为“冷点”。然后把鼠标放在要编辑的控制点上单击左键，选择该控制点，此时选择的控制点变为红色，我们叫它为“热点”。在“热点”状态下系统就进入了对该点的编辑状态（如果在选择控制点时按Shift键，则可以同时选择多个控制点，在要编辑的控制点上再单击左键，系统就进入了对这些点的编辑状态）。

夹点可以在“选项”→“选择集”里进行配置。

2.2　执行命令的过程

当我们选择控制点后，系统有如下的命令提示：

命令：

＊＊ 拉伸 ＊＊

指定拉伸点或［基点(B)/复制(C)/放弃(U)/退出(X)］：(按空格键进行切换)

＊＊ 移动 ＊＊

指定移动点或［基点(B)/复制(C)/放弃(U)/退出(X)］：(按空格键进行切换)

＊＊ 旋转 ＊＊

指定旋转角度或［基点(B)/复制(C)/放弃(U)/参照(R)/退出(X)］：(按空格键进行切换)

＊＊ 比例缩放 ＊＊

指定比例因子或［基点(B)/复制(C)/放弃(U)/参照(R)/退出(X)］：(按空格键进行切换)

＊＊ 镜像 ＊＊

指定第二点或［基点(B)/复制(C)/放弃(U)/退出(X)］：(按空格键进行切换)

参数说明：

(1)“指定拉伸点或［基点(B)/复制(C)/放弃(U)/退出(X)］”。

“指定拉伸点”：将控制点拉伸到一个新的位置。可以通过将选定夹点移动到新位置来拉伸对象。文字、块参照、直线中点、圆心和点对象上的夹点将移动对象而不是拉伸它。

“基点(B)”：指定一点作为拉伸的基点。

“复制(C)”：拉伸时，将源对象复制一份进行拉伸即源对象保持不变。

“放弃(U)”：放弃已做的拉伸操作。

“退出(X)”：退出夹点编辑命令。

(2)“指定移动点或［基点(B)/复制(C)/放弃(U)/退出(X)］”。

“指定移动点”：将控制点移动到一个新的位置。可以通过选定的夹点移动对象。选定的对象被亮显并按指定的下一点位置移动一定的方向和距离。

基点(B)、复制(C)、放弃(U)、退出(X)：意义同前。

(3)“指定旋转角度或［基点(B)/复制(C)/放弃(U)/参照(R)/退出(X)］”。

“指定旋转角度”：输入旋转的角度，以控制点为圆心，进行旋转。

基点(B)、复制(C)、放弃(U)、退出(X)：意义同前。

(4)“指定比例因子或［基点(B)/复制(C)/放弃(U)/参照(R)/退出(X)］”。

“指定比例因子”：输入放大或缩小的比例因子。

基点(B)、复制(C)、放弃(U)、退出(X)：意义同前。

(5)“指定第二点或［基点(B)/复制(C)/放弃(U)/退出(X)］”。

“指定第二点”：指定镜像线上的第二点(第一点是控制点)。

基点(B)、复制(C)、放弃(U)、退出(X)：意义同前。

注意：夹点编辑命令完成后，我们可以连续按 Esc 键退出操作。另外，我们在切换夹点编辑命令时，也可以用快捷菜单来完成。比如在选择完某一个控制点后，把鼠标放在该控制点上，然后单击右键，系统会弹出如图 4-28 所示的快捷菜单，用户可以通过此快捷菜单进行命令选择。

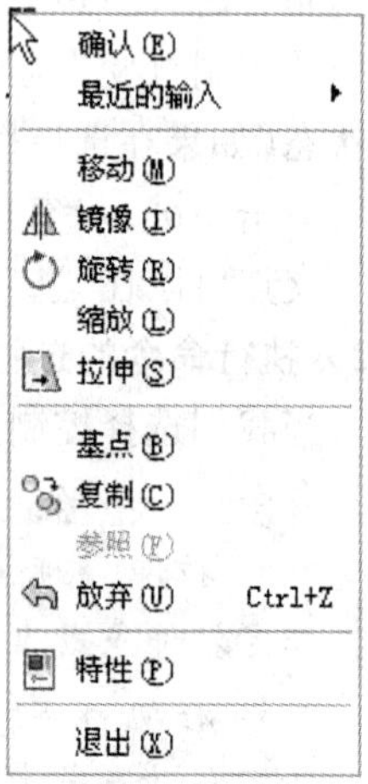

图 4-28 “夹点编辑”快捷菜单

2.3 操作指导

(1)使用夹点编辑创建多个旋转副本的步骤：

①选择要旋转的对象。

②在对象上通过单击选择基夹点。亮显选定夹点，并激活默认夹点模式“拉伸”。

③按 Enter 键或空格键遍历夹点模式，直到显示夹点模式“旋转”。另外，可以单击鼠标右键显示模式和选项的快捷菜单。

④输入 C(复制)。

⑤旋转捕捉对象，或输入选定夹点和指定的副本位置之间的角度。按下 Ctrl 键并通过指定其他位置来放置其他副本，这些副本以与上一个副本相同的旋转捕捉角度创建。

⑥按 Enter 键、空格键或 Esc 键关闭夹点。

(2)使用夹点为对象创建镜像并保留源对象的步骤：

①选择要镜像的对象。

②在对象上通过单击，亮显选定夹点，并激活默认夹点模式“拉伸”。通过按 Enter 键或空格键，遍历夹点模式直到出现“镜像”夹点模式。另外，可以单击鼠标右键显示模式和选项的快捷菜单。

③按下 Ctrl 键(或输入 C 代表“复制”)保留原始图像，然后指定镜像线的第二点。为对象创建镜像时，打开“正交”模式常常是很有用的。

④按 Enter 键、空格键或 Esc 键关闭夹点。

(3)使用夹点编辑缩放对象并保留源对象的步骤：

①选择要缩放的对象。

②在对象上通过单击选择基夹点。亮显选定夹点，并激活默认夹点模式“拉伸”。

③按 Enter 键或空格键遍历夹点模式，直到显示夹点模式“比例缩放”。另外，可以单击鼠标右键显示模式和选项的快捷菜单。

④输入 C(复制)。

⑤缩放捕捉对象，或输入缩放比例因子。

⑥按 Enter 键、空格键或 Esc 键关闭夹点。

2.4 操作示例

用夹点编辑绘制图 4-29。

(1)绘制直径为 140.5 的圆，如图 4-30。

(2)用夹点编辑绘制其他圆，如图 4-31。

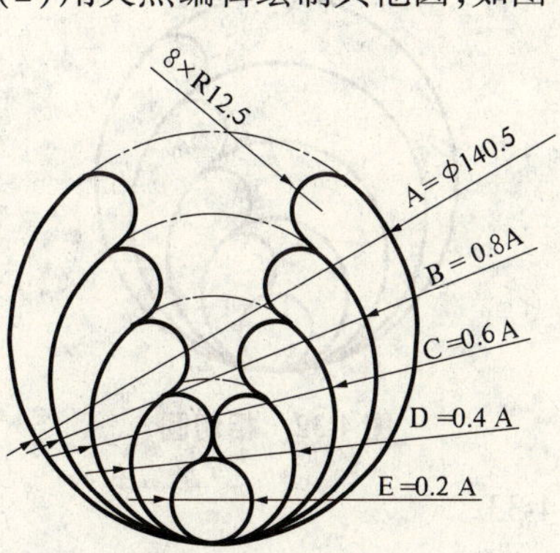

图 4-29 平面图形

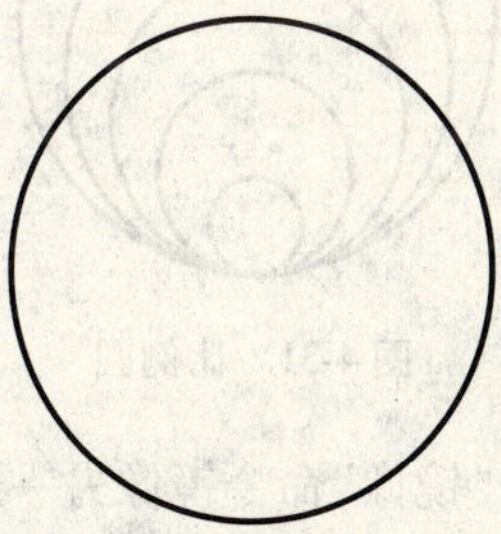

图 4-30 直径为 140.5 的圆

命令：(点击圆周)

命令:(点击圆下面的“冷点”使之成为“热点”)

* * 拉伸 * *

指定拉伸点或[基点(B)/复制(C)/放弃(U)/退出(X)]:(按空格键)

* * 移动 * *

指定移动点或[基点(B)/复制(C)/放弃(U)/退出(X)]:(按空格键)

* * 旋转 * *

指定旋转角度或[基点(B)/复制(C)/放弃(U)/参照(R)/退出(X)]:(按空格键)

* * 比例缩放 * *

指定比例因子或[基点(B)/复制(C)/放弃(U)/参照(R)/退出(X)]:B↙

指定基点:(选择圆下面的“热点”为基点)

* * 比例缩放 * *

指定比例因子或[基点(B)/复制(C)/放弃(U)/参照(R)/退出(X)]:C↙

* * 比例缩放(多重)* *

指定比例因子或[基点(B)/复制(C)/放弃(U)/参照(R)/退出(X)]:0.8↙

* * 比例缩放(多重)* *

指定比例因子或[基点(B)/复制(C)/放弃(U)/参照(R)/退出(X)]:0.6↙

* * 比例缩放(多重)* *

指定比例因子或[基点(B)/复制(C)/放弃(U)/参照(R)/退出(X)]:0.4↙

* * 比例缩放(多重)* *

指定比例因子或[基点(B)/复制(C)/放弃(U)/参照(R)/退出(X)]:0.2↙

* * 比例缩放(多重)* *

指定比例因子或[基点(B)/复制(C)/放弃(U)/参照(R)/退出(X)]:↙

命令:(按Esc键退出)

(3)用“相切、相切、半径”画半径为12.5的四个小圆,并用“修剪”命令修剪,如图4-32。

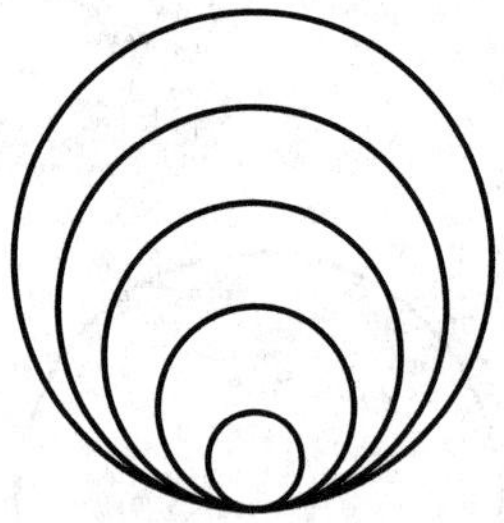

图4-31 比例圆

图4-32 相切圆

(4)用“镜像”命令镜像另一边四个小圆,如图4-33。

(5)“修剪”多余部分,如图4-34。

(6)用“对象捕捉”捕捉圆心,绘点画圆。

图 4-33　镜像圆

图 4-34　修剪圆

任务四　查询图形几何信息

查询图形对象信息的方法很多,必须找出相应的方法才能使查询快速准确。比如利用“快捷特性”和“特性”功能,均可查出相应信息内容。本节所讲的对象几何信息查询主要是利用查询工具条对图形对象的距离、半径、角度、面积、体积和质量特性等进行查询。

活动 1　认识查询工具

学生探究:

(1)从“AutoCAD 经典”和“二维草图与注释”工作界面找出查询工具,有几种途径可以查询?

(2)AutoCAD 查询可以查询哪些内容?

查询的方法:①主菜单→工具→查询;②调出查询工具条;③功能区→常用→实用工具→测量。

查询工具如图 4-35。

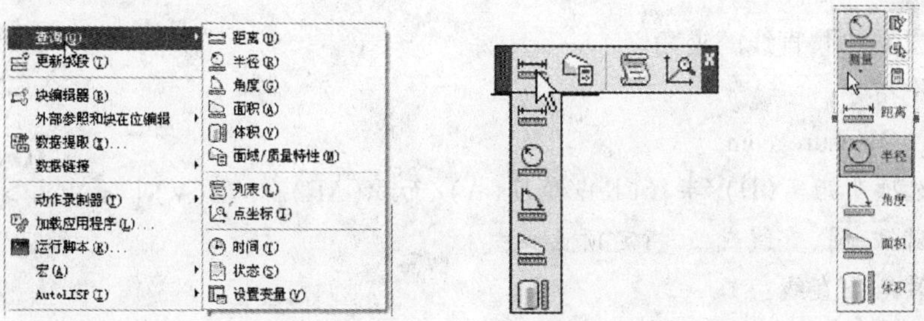

(1)　　　　(2)　　　　(3)

图 4-35　查询工具

查询的内容如图 4-35(1)。

活动 2　查询图形几何信息

2.1　查距离

1. 功能

查询两点之间的距离。

2. 操作指导

执行查询命令后,命令行提示指定第一点,然后指定第二点。

命令: _Measuregeom

输入选项 [距离(D)/半径(R)/角度(A)/面积(AR)/体积(V)] <距离>: _distance

指定第一点: (指定第一点)

指定第二个点或 [多个点(M)]: (指定第二点)

距离 = 16.0128, XY 平面中的倾角 = 270, 与 XY 平面的夹角 = 0

X 增量 = 0.0000, Y 增量 = -16.0128, Z 增量 = 0.0000

输入选项 [距离(D)/半径(R)/角度(A)/面积(AR)/体积(V)/退出(X)] <距离>: *取消*

2.2 查半径与直径

1. 功能

查询圆弧或圆的半径与直径。

2. 操作指导

命令: _Measuregeom

输入选项 [距离(D)/半径(R)/角度(A)/面积(AR)/体积(V)] <距离>: _radius

选择圆弧或圆:

半径 = 7.1000

直径 = 14.2000

输入选项 [距离(D)/半径(R)/角度(A)/面积(AR)/体积(V)/退出(X)] <半径>: *取消*

2.3 查角度

1. 功能

查询圆弧、圆、直线的夹角。

2. 操作指导

命令: _Measuregeom

输入选项 [距离(D)/半径(R)/角度(A)/面积(AR)/体积(V)] <距离>: _angle

选择圆弧、圆、直线或 <指定顶点>:

选择第二条直线:

角度 =60°

输入选项 [距离(D)/半径(R)/角度(A)/面积(AR)/体积(V)/退出(X)] <角度>: *取消*

2.4 查面积和周长

1. 功能

计算对象或指定区域的面积和周长。

2. 操作指导

如果是查询多边形的面积和周长,直接依次点击多边形的角点,如图 4-36,选完最后

一个角点后按 Esc 键结束。过程如下:

命令: _Measuregeom

输入选项［距离(D)/半径(R)/角度(A)/面积(AR)/体积(V)］<距离>: _area

指定第一个角点或［对象(O)/增加面积(A)/减少面积(S)/退出(X)］<对象(O)>:

指定下一个点或［圆弧(A)/长度(L)/放弃(U)］:

指定下一个点或［圆弧(A)/长度(L)/放弃(U)］:

指定下一个点或［圆弧(A)/长度(L)/放弃(U)/总计(T)］<总计>:

指定下一个点或［圆弧(A)/长度(L)/放弃(U)/总计(T)］<总计>:

指定下一个点或［圆弧(A)/长度(L)/放弃(U)/总计(T)］<总计>:

面积 = 683.4319,周长 = 101.0406

输入选项［距离(D)/半径(R)/角度(A)/面积(AR)/体积(V)/退出(X)］<面积>: *取消*

如果查询对象不是正多边形,需要将图形对象转化为多段线或面域,然后在命令选项后选择“对象(O)”。执行如下命令:

命令: _Measuregeom

输入选项［距离(D)/半径(R)/角度(A)/面积(AR)/体积(V)］<距离>: _area

指定第一个角点或［对象(O)/增加面积(A)/减少面积(S)/退出(X)］<对象(O)>: O↙

选择对象:

面积 = 127.5139,周长 = 45.1705

输入选项［距离(D)/半径(R)/角度(A)/面积(AR)/体积(V)/退出(X)］<面积>: *取消*

如果查询的对象多于一个,对对象求和或相减,需要选择“增加面积(A)”或“减少面积(S)”。如图 4-37,求正方形与圆相加或相减的面积和周长,过程如下:

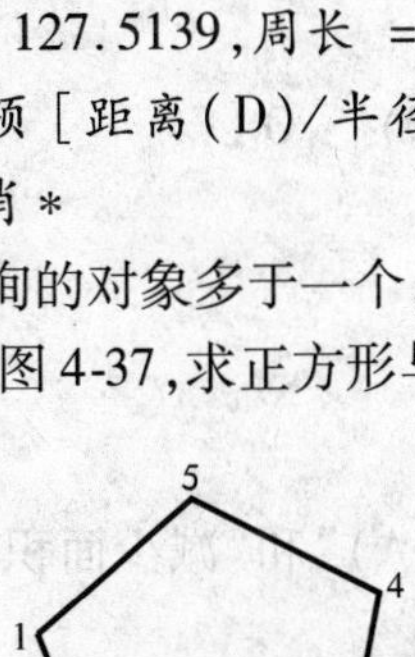

图 4-36 查询内容

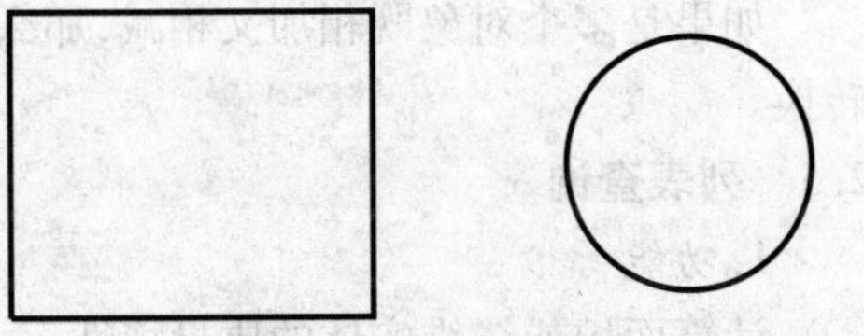

图 4-37 查询内容

(1)正方形与圆相加。

命令: _Measuregeom

输入选项［距离(D)/半径(R)/角度(A)/面积(AR)/体积(V)］<距离>: _area

指定第一个角点或［对象(O)/增加面积(A)/减少面积(S)/退出(X)］<对象(O)>: A↙

指定第一个角点或［对象(O)/减少面积(S)/退出(X)］: O↙

(“加”模式) 选择对象:(选择正方形)

面积 = 217.8003,周长 = 59.0980

总面积 = 217.8003

(“加”模式) 选择对象:(选择圆)

面积 = 158.3681,圆周长 = 44.6107

总面积 = 376.1684

(“加”模式) 选择对象: * 取消 *

(2)正方形与圆相减。

命令: _Measuregeom

输入选项 [距离(D)/半径(R)/角度(A)/面积(AR)/体积(V)] <距离>: _area

指定第一个角点或 [对象(O)/增加面积(A)/减少面积(S)/退出(X)] <对象(O)>: A↙(先选择加模式,求正方形的面积)

指定第一个角点或 [对象(O)/减少面积(S)/退出(X)]: O↙

(“加”模式) 选择对象:(选择正方形)

面积 = 217.8003,周长 = 59.0980

总面积 = 217.8003

(“加”模式) 选择对象: ↙(转换为减模式,准备减圆)

面积 = 217.8003,周长 = 59.0980

总面积 = 217.8003

指定第一个角点或 [对象(O)/减少面积(S)/退出(X)]: S↙(转换为减模式,准备减圆)

指定第一个角点或 [对象(O)/增加面积(A)/退出(X)]: O↙

(“减”模式) 选择对象:(选择圆)

面积 = 158.3681,圆周长 = 44.6107

总面积 = 59.4322

(“减”模式) 选择对象: * 取消 *

如果是多个对象既相加又相减,那么就在“增加面积(A)”和“减少面积(S)”模式上转换。

2.5 列表查询

1. 功能

计算面域或三维实体的质量特性。

2. 命令的调用

命令行输入:“List”;“查询”工具条→列表;主菜单→工具→查询→列表;功能区→特征面板→列表。

3. 操作指导

当执行 List 命令后,命令要求选择对象。选择完对象,回车后,系统立即弹出文本窗口,在文本窗口显示对象的属性。这些属性包括对象类型、对象图层、相对于当前用户坐标系（UCS）的 X、Y、Z 位置以及对象是位于模型空间还是图纸空间。

如果颜色、线型和线宽没有设置为“BYLAYER”，则 List 命令将报告这些项目的相关信息。如果对象厚度为非零，则列出其厚度。Z 坐标的信息用于定义标高。如果输入的拉伸方向与当前 UCS 的 Z 轴（0,0,1）不同，List 命令也会以 UCS 坐标报告拉伸方向。

List 命令还报告与选定的特定对象相关的附加信息。

用户可以使用 List 命令显示选定对象的特性，然后将其复制到文本文件中。

体积查询、面域及质量特性查询涉及三维实体，这里不再介绍。

活动 3　练习查询图形几何信息

绘制图 4-38，并查询阴影区域 A 的面积及周长。

(1)绘直径为 40 的圆，如图 4-39。

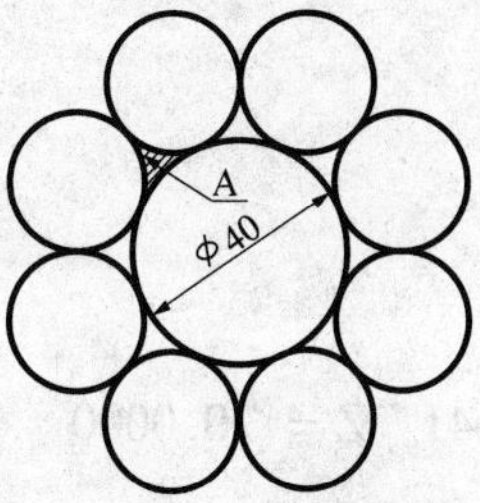

图 4-38　平面图形

图 4-39　直径为 40 的圆

(2)16 等分圆周，如图 4-40。

(3)“相切、相切、相切”绘制三切圆，如图 4-41。

图 4-40　16 等分圆周

图 4-41　三切圆

(4)8 份阵列小圆，即得图 4-38。

(5)点击绘图→ 边界(B)...，或功能区→常用面板→边界，出现如图 4-42 边界创建。

(6)在“对象类型”选择“多段线”，然后点击“拾取点”按钮。系统退出“边界创建”对话框，回到绘图屏幕。在原图阴影内单击左键，再单击右键，创建一个边界图形。

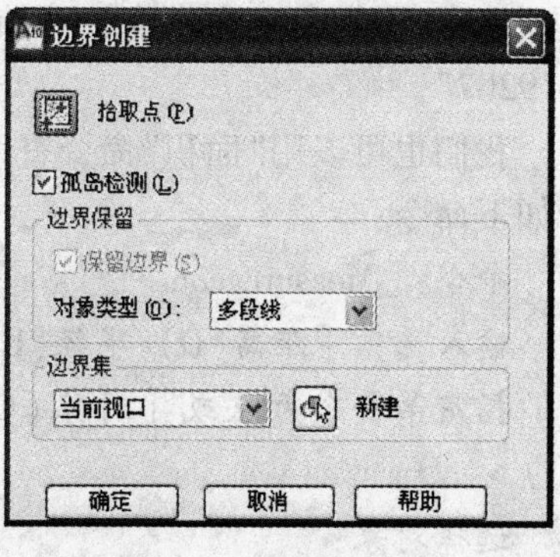

图 4-42　边界创建

注意：此时创建的边界图形是一个首尾相连的多段线，是一个整体对象。我们也可以在“对象类型”中选择“面域”。如果创建的是一个“面域”，它既是一个三维平面,也是一个整体对象。“多段线”和“面域”都可以作为一个整体对象,进行整体移动,然后对该对象进行查询。

(7)用“移动”命令将创建的边界移出,如图4-43。

(8)点击“查询”工具条→列表进行查询,在文本窗口出现如下内容:

图4-43 边界创建图形

命令:_List

选择对象:找到1个

选择对象:

LWPOLYLINE 图层:0

空间:模型空间

线宽:0.15 毫米

句柄 = e9e

闭合

固定宽度 0.0000

面积 32.9331

周长 44.9207

于端点 X = 988.9976 Y = 584.5641 Z = 0.0000

凸度 -0.3033

圆心 X = 984.2530 Y = 596.0186 Z = 0.0000

半径 12.3983

起点角度 292

端点角度 225

于端点 X = 975.4861 Y = 587.2517 Z = 0.0000

凸度 -0.1989

圆心 X = 966.7192 Y = 578.4848 Z = 0.0000

半径 12.3983

起点角度 45

端点角度 0

注意:要学会在文本窗口中查询自己所要的信息内容。如“面积 32.9331”,“周长 44.9207”。

我们也可以用“面积”命令查询面积和周长,但它没有“列表”查询的信息内容多。执行如下命令:

命令:_Measuregeom

输入选项[距离(D)/半径(R)/角度(A)/面积(AR)/体积(V)]<距离>:_area

指定第一个角点或[对象(O)/增加面积(A)/减少面积(S)/退出(X)]<对象(O)>:O↙

选择对象:

面积 = 32.9331,周长 = 44.9207

输入选项[距离(D)/半径(R)/角度(A)/面积(AR)/体积(V)/退出(X)]<面积>:*取消*

学生探究:

(1)除上述方法外,你还能用什么办法画出图4-39?

(2)为什么要16等分直径为40的圆,而不是8等分?

(3)除了上述方法可以将阴影部分分离出来,还有什么办法能创建阴影部分?

(4)探究“边界”命令在提取阴影图形的好处。

(5)你认为“列表”查询还能用在什么地方,什么情况下你会想到用“列表”查询?

(6)经过上述内容的学习,探究如何查询图4-1建筑平面图中的面积和周长。

项目练习

一、单项选择题

1. 设置夹点大小及颜色是在“选项”对话框中的(　　)选项卡中。

(A)打开和保存　　(B)系统　　(C)显示　　(D)选择集

2. 精确绘图的特点是(　　)。

(A)精确的颜色　　(B)精确的线宽

(C)精确的几何数量关系　　(D)精确的文字大小

3. 下列(　　)命令,能够既刷新视图,又刷新计算机图形数据库。

(A)Redraw　　(B)Redrawall

(C)Regen　　(D)Regenmode

4. (　　)是由封闭图形所形成的二维实心区域,它不但含有边的信息,还含有边界内的信息,用户可以对其进行各种布尔运算。

(A)块　　(B)多段线　　(C)面域　　(D)图案填充

5. AutoCAD提供的(　　)命令可以用来查询所选实体的类型、所属图层空间等特性参数。

(A)距离(Dist)　　(B)列表(List)

(C)时间(Time)　　(D)状态(Status)

6. 布局空间(Layout)的设置(　　)。

(A)必须设置为一个模型空间,一个布局

(B)一个模型空间可以有多个布局

(C)一个布局可以有多个模型空间

(D)一个文件中可以有多个模型空间、多个布局

7. 模型空间(　　)。

(A)和图纸空间设置一样　　(B)和布局设置一样

(C)为了建立模型而设定,不能打印　　(D)主要为设计建模用,但也可以打印

8. 设置光标大小需在“选项”对话框中的(　　)选项卡中设置。

(A)草图　　　　　　(B)打开和保存　(C)系统　　　　　(D)显示

二、多项选择题

1. 夹点编辑模式可分为(　　　)。

(A)拉伸模式　　　　　　　　　　　　(B)移动模式

(C)旋转模式　　　　　　　　　　　　(D)镜像模式

2. 高级复制主要可分为下面几类(　　　)。

(A)夹点复制　　　　　　　　　　　　(B)连续复制

(C)利用剪贴板复制　　　　　　　　　(D)粘贴对象

3. 在命令行中输入(　　　)是执行"列表"命令。

(A)Li　　　　　　(B)Lis　　　　　　(C)List　　　　　　(D)Ls

三、作图题

1. 作图 4-44、图 4-45。

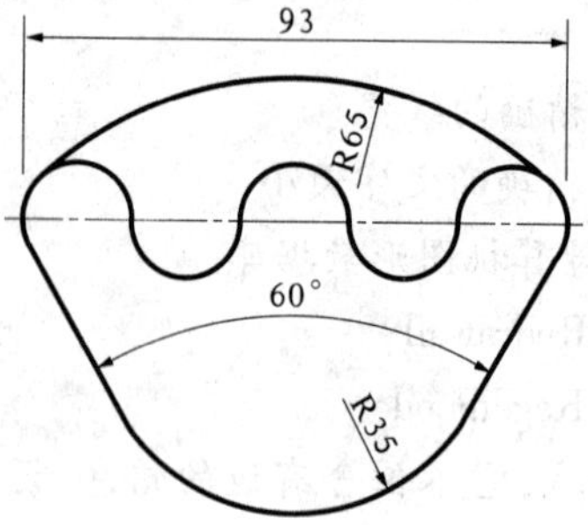

图 4-44　平面图形

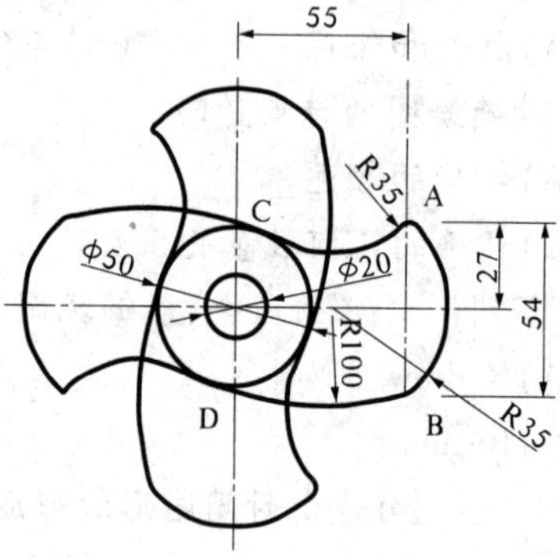

图 4-45　平面图形

2. 作图 4-46、图 4-47。

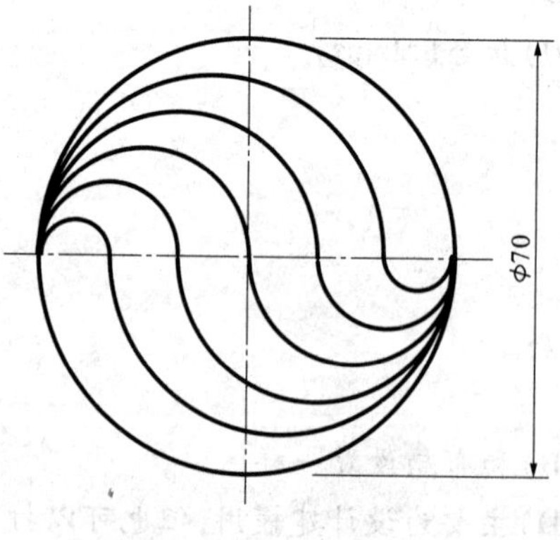

图 4-46　平面图形

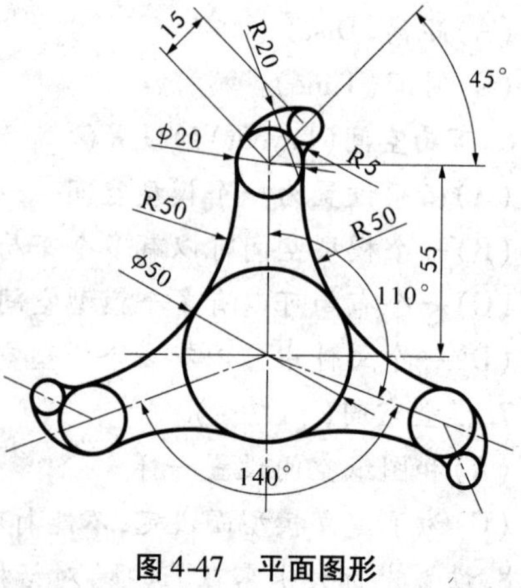

图 4-47　平面图形

3. 作图 4-48、图 4-49。

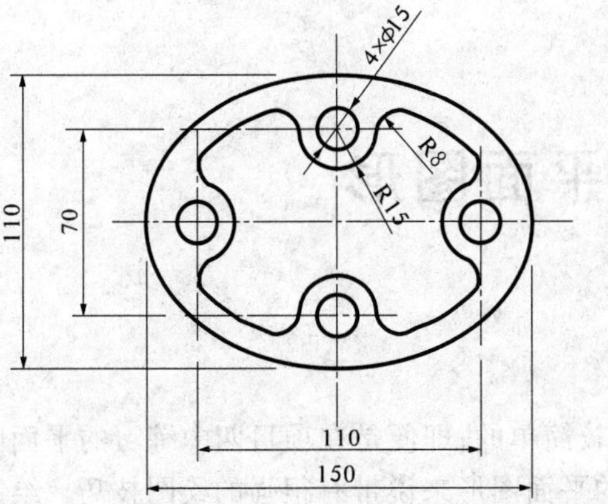

图 4-48　平面图形

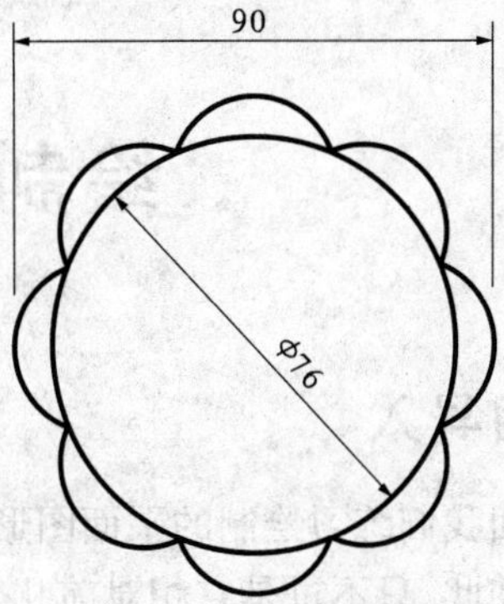

图 4-49　平面图形

4. 作图 4-50、图 4-51 并查询阴影部分的面积和周长。

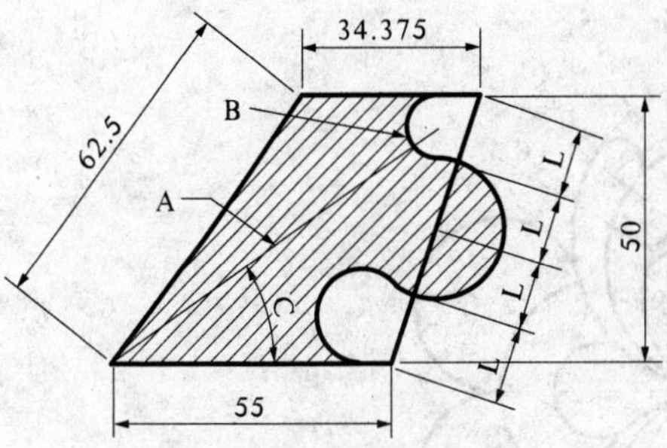

图 4-50　平面图形

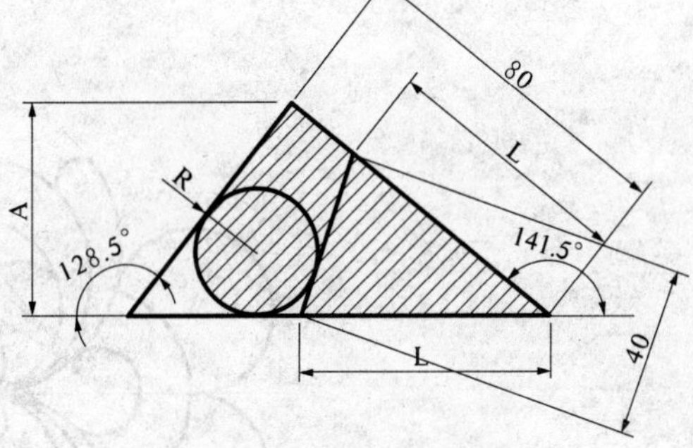

图 4-51　平面图形

项目五

绘制复杂平面图形

➢ 项目导入

前面我们练习绘制的平面图形大都是比较简单的，即便是在项目四中练习的平面图形也是如此，只不过是它相对前几个项目中的平面图形来说带有很强的绘图技巧。绘制简单的平面图形，修改的内容相对来说较少，但对于绘制复杂的平面图形来说，要修改的内容就比较多，特别是绘制专业图形，因涉及的图形对象较多，要修改的内容更多，这就要用到图层工具。用图层工具来管理图形对象，使绘图过程更加清晰。

如图 5-1，分图层绘制平面图形，就要用到图层工具。

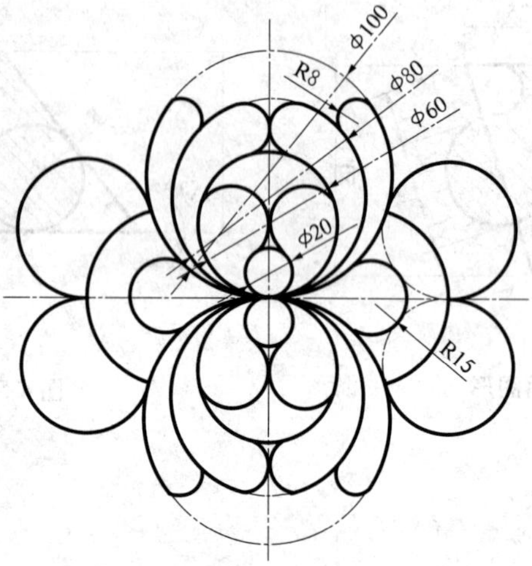

图 5-1　平面图形

➢ 项目说明

图 5-1 是一个比较复杂的图形。在绘制这样的图形时，我们还用前面所讲的方法绘制就会显得慢，因为这样的图形需要大量的修改。修改图形时，常常因为图线太多或不同性质的图线离得太近而造成误删。

AutoCAD 提供了一个叫图层管理器的工具，它将不同性质的图线或图形对象（文字、标注等）分别放在每一张图纸（这里叫图层）上，对每一层上的图形特性分别进行管理，比如开关、上锁与解锁等。这样，对某一层上的图形特性进行操作，而不会影响到另一层上的图形。每一层上的图形对象对应叠加在一起，整个图形就是完整的。这就是图层的意义。

本项目主要介绍图层的概念与操作，并根据图层上的图形特性对图形进行编辑。这对于绘制比较复杂的图形很有帮助，比如绘制建筑工程图。但对于绘制简单的图形却显得“大材小用”，体现不出其优势所在。

➢ 项目主要任务

◇ 了解图层的概念
◇ 利用图层的特性管理图形
◇ 利用图形的特性编辑图形

任务一　研讨多色丝网印刷图案的原理

研讨图 5-2 禁止吸烟标志。

研讨图 5-2，我们发现本标志由两种颜色、三部分组成：黑色的烟、红色的禁止标志和外部黑色的圆。如果采用丝网印刷，需要制两个印板：一个是禁止标志，一个是烟和圆。之所以将烟与圆放在一个印板上，是因为它们具有相同的颜色。我们只需在一个印板上制作烟和圆的图案，在另一个印板上制作禁止标志图案，然后将两图案对齐印在图纸上，就能得到禁止吸烟标志。

图 5-2　禁止吸烟标志

想一想：

(1) 为什么把这个图案分两个印板印刷？为什么不把圆与烟分开制成两个印板？

(2) 为什么两个印板的图案重叠印刷就能得到一个新图案？这和我们要讲的图层有什么相同之处？

◇小知识◇

◇ 丝印纸镂空版制作

将所设计的画稿用描图纸描下来，再将描下来的画稿按每一种颜色复印在丝印纸上，有几种颜色就复印几张丝印纸。在复印丝印之前，应在描图纸画稿空白处上、下各标记"十"字校版记号，然后用同样方法，在同样大小的丝印纸上复印出上、下"十"字校版记号，以便在制作套色丝网版时，能准确套出吻合较好的彩色画面。

将复印在丝印纸上每一种色的图案用刻刀镂空，每镂空一个丝印版要套在原稿上检查，看镂空的丝印纸是否与原稿吻合。将各种颜色的丝印纸镂空后，就准备上框。在上框前，每一种色的木框都要在原稿上校准版，然后在每一个木框上边也做上"十"字校版记号，以便每个框丝印时能准确套版。将镂空的丝印纸放在平整的工作台上，丝网框的"十"字标记对准丝印纸上的"十"字标记，按准以后，应以有膜被镂空的一面向上，丝网框内全擦一遍，使丝印纸上的药膜缩解后粘接在丝网上。待溶剂挥发后，检查是否有未被粘牢的地方，如有，再用香蕉水将其粘牢，最后将丝印纸另一面上的塑料纸轻轻揭下来便成了丝网漏版印刷。另外，在雕刻丝印纸时只刻有颜色药膜的那一面，用力要均匀，切勿将底面塑料纸刻破。

◇ 套色印刷

按原稿设计要求，根据不同近景、中景、远景及画面效果，可采用不同印刷色浆，进行套色印刷。一般远景为平面，中景为浮雕的效果，近景有突出明显的立体效果。如何处理画面，应根据设计及创作效果自行掌握，并无规律可言。

任务二　了解图层的概念

活动 1　认识图层

用 AutoCAD 2010 绘制的每一个图形对象，不仅具有形状、尺寸等几何特性，而且具有相应的图形信息，如颜色、线型、线宽以及状态等。

为此，AutoCAD 引入"图层"概念，即在绘制图形时，将每个图形元素或同一类图形对象组织成一个图层，并给每一个图层指定相应的名称、线型、线宽、颜色和打印样式。例如，在一张图纸上包括图框、实线、虚线、中心线、尺寸标注等众多信息，我们可以将组成图形各个部分的信息分别指定绘制在不同的图层中，将图框放置在某一个图层上，将尺寸标注放置在另外一个图层上，将实线、虚线、中心线分别放置在另外一些图层上，然后将这些不同的图层重叠在一块就成为一张完整的图纸，如图 5-3。若要对某一类图形对象进行操作，则只需要通过管理工具打开它所在的图层即可。如果需要针对某部分图形对象操作，可以将需要进行操作的图形显示出来，而关闭无关的图层。

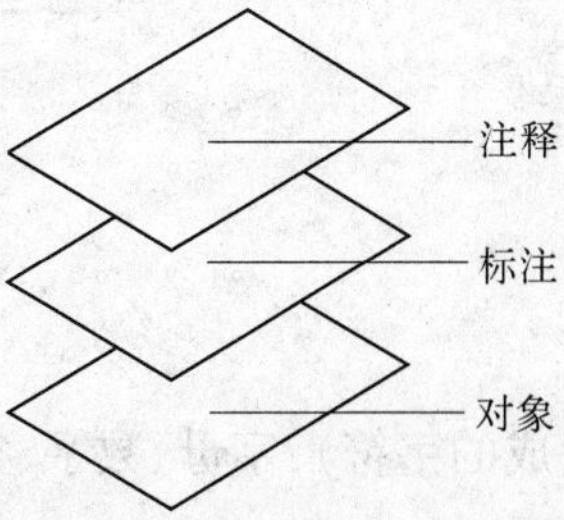

图 5-3　图层的概念

简单地理解图层，就好像一张没有厚度的透明纸。每张透明纸都可以绘制图线、尺寸和文字等不同的图形信息。对于一张含有不同线型、不同颜色且由多个图形对象构成的复杂图形，如果把同一种线型和颜色的图形对象都放在同一张透明纸上，那么一张图纸上的完整图形就可以看成是由以上若干张具有相同坐标系的透明纸所绘制的图形叠加而成。

活动 2　研讨图层特性

学生活动：

观查图 5-4，根据你对图层的理解，回答以下问题。

(1) 设置一个图层需要设置：________________，________________，________________，________________。

(2) 控制图层状态的方法有：________________，________________，________________。

(3) 如果你给图 5-4 设置图层，你会设置________________，________________，________________，________________，________________。（说出五个图层名就行）

◇小贴士◇

图层具有以下一些特点：

(1) 图层名：每一个图层都有自己的名字，以便查找。在同一张图形中，不能建立两个具有相同名称的图层。图层名最多可以包含 255 个字符（双字节字符或由字母和数字

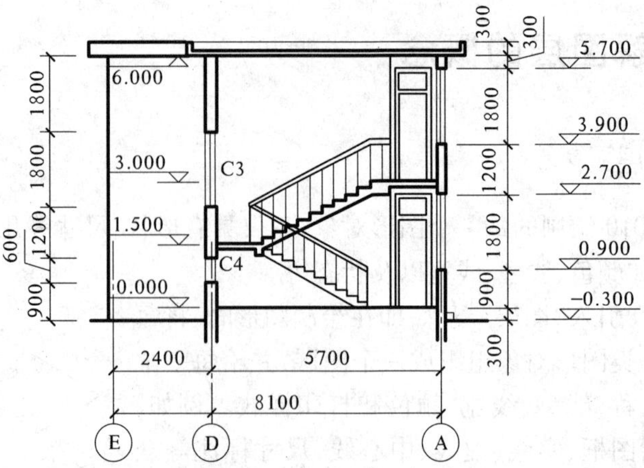

图 5-4　建筑剖面图

组成的字符)：字母、数字、空格和几种特殊字符。图层名不能包含以下字符：< > / \" ：；? * | = '。

用户可以在一幅 CAD 图中创建任意数量的图层。系统对一幅 CAD 图中的图层数量没有限制，对每一图层上的实体数也没有任何限制。

(2)颜色、线型、线宽设置：每个图层只能设置一种颜色、一种线型和一种线宽，不同的图层可以具有相同的颜色、线型和线宽。

(3)图层的状态：系统提供了控制图层状态的方法，用户可以对各图层进行打开和关闭、冻结和解冻、锁定和解锁等操作的控制，以决定各图层的可见性和可操作性。

虽然系统允许用户建立多个图层，但用户只能在当前图层中进行绘图操作。AutoCAD 的当前图层只有一个。各图层具有相同的坐标系统、绘图界限、显示时的缩放倍数。

任务三　管理图层与编辑图层特性

活动 1　认识图层特性管理器

AutoCAD 提供了“图层特性管理器”工具，用户通过对话框中的各个选项可以很方便地对图层进行设置，从而实现建立新图层、设置图层的颜色和线型等操作。

进入“图层特性管理器”的方式有四种：

(1)在命令提示符下输入“Layer”命令，并按 Enter 键或空格键。

(2)菜单栏：选择“格式”→“图层”命令。

(3)工具栏：单击“图层”工具栏上的“图层特性管理器”按钮。

(4)功能区面板：选择“常用”→“图层”→“图层特性管理器”按钮。

激活此命令后，显示“图层特性管理器”对话框，如图 5-5。

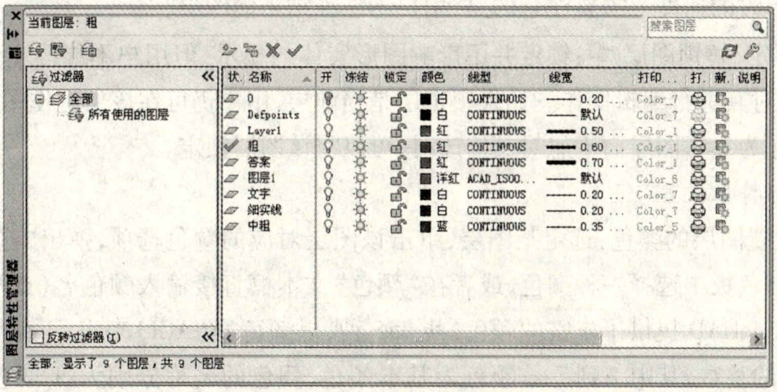

图 5-5 图层特性管理器

活动 2 图层管理与图层操作

2.1 图层管理

1. 图层设置

在“图层特性管理器”对话框中，可以通过对话框上的一系列按钮对图层进行基本操作。

(1)“新建”图层按钮：单击该按钮，图层列表框中显示新创建的图层。第一次新建，列表中将显示名为“图层 1”的图层，随后名称便递增为“图层 2”、“图层 3”等。该名称处于选中状态，可以直接输入一个新图层名，例如“墙线”等。通常图层名称应使用描述性文字，例如标注、墙线、柱子和轴线等。

修改图层名称：选择某一层名后单击“名称”选项，可修改该层的层名。图层名和颜色只能在图层特性管理器中修改，不能在“图层”控件中修改。

(2)“删除” 图层按钮：单击该按钮，可以删除用户选中的要删除的图层。注意不能删除 0 层、当前层及包含图形对象的层。

(3)“置为当前” 按钮：单击该按钮，将选中图层设置为当前图层。将要创建的对象会被放置到当前图层中。

2. 图层控制管理

图层的控制管理包括打开/关闭图层、冻结/解冻图层和锁定/解锁图层。

(1)打开/关闭图层：如果图层被打开，则该图层上的图形可以在显示器上或打印机(绘图仪)上显示或输出；当图层关闭时，被关闭的图层仍然是图的一部分，它们不被显示和输出。用户可以根据需要随意单击图标切换图层开关状态。

(2)冻结/解冻图层：如果图层被冻结，则该图层上的图形不被显示或绘制出来，而且和关闭的层是相同的，但前者的实体不参加重生成、消隐、渲染或打印等操作，而关闭的图层则要参加这些操作。所以，复杂的图形中冻结不需要的图层可以大大加快系统重新生成图形时的速度。需要注意的是,用户不能冻结当前图层。

(3)锁定/解锁图层 :锁定并不影响图形实体的显示,但用户不能改变锁定层上的实体,不能对其进行编辑操作。如果锁定层是当前层,用户仍可在该层上作图。当只想将某一图层作为参考图层而不想对其修改时,可以将该图层锁定。

3. 图形特性设置

(1)设置图层的颜色:选定某图层,单击该图层对应的颜色选项,弹出"选择颜色"对话框。从调色板中选择一种颜色,或者在"颜色"文本框直接输入颜色名(或颜色号),指定颜色。AutoCAD 提供了丰富的颜色,共 255 种,以颜色号(ACI)来表示,颜色编号是从 1 到255 中的整数,其中 1 到 7 号颜色为基本颜色,颜色的名称分别为:1 红色、2 黄色、3 绿色、4 青色、5 蓝色、6 品红色、7 黑色/白色。如图 5-6,选择颜色。

图 5-6 选择颜色

(2)设置图层的线型:在所有新建的图层上,如果用户不指明线型,则按默认方式把该图层的线型设置为 Continuous,即为实线。选定某层,单击该层对应的线型选项,系统弹出"选择线型"对话框,如图 5-7。如果所需线型已经加载,可以直接在线型列表框中选择后单击"确定"按钮。若没有所需线型,可单击"加载"按钮,将弹出"加载或重载线型"对话框,如图 5-8,用户可以通过此对话框选择一个或多个线型加载。如果要使用其他线型库中的线型,可单击"文件"按钮,弹出"选择线型文件"对话框,在该对话框线型库中选择需要的线型。

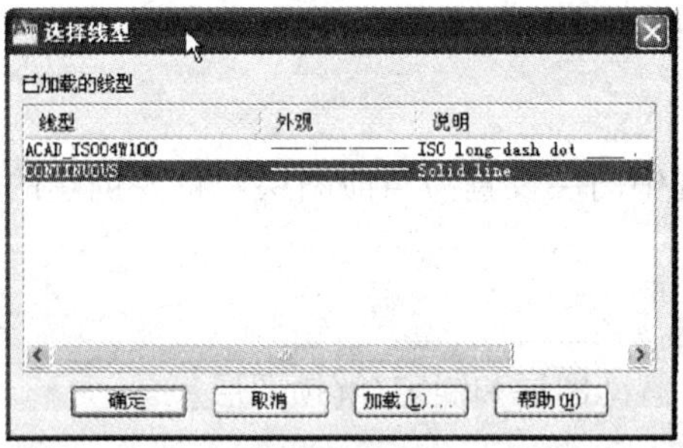

图 5-7 选择线型

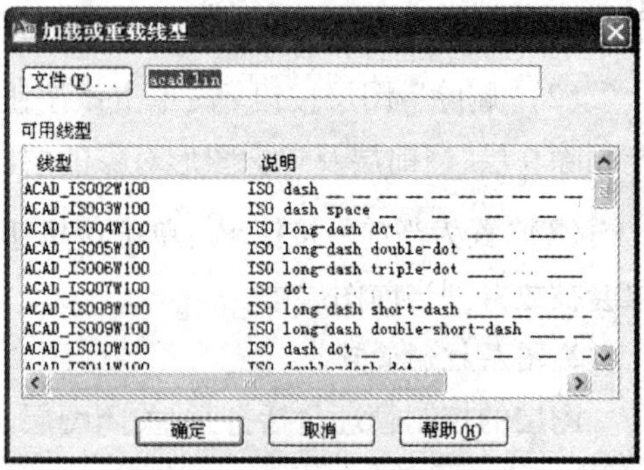

图 5-8 加载或重载线型

(3)设置图层的线宽:如果用户要改变图层的线宽,可单击位于"线宽"栏下的图标,系统弹出"线宽"对话框,如图 5-9。通过"线宽"对话框选择合适的线宽,然后单击"确定"按钮完成操作。

(4)设置图层的可打印性:如果关闭某一图层的打印设置,那么在打印输出时就不会打印该图层上的对象。但是,该图层上的对象在AutoCAD中仍然是可见的。该设置只影响解冻图层。对于冻结图层,即使打印设置是打开的,也不会打印输出该图层。

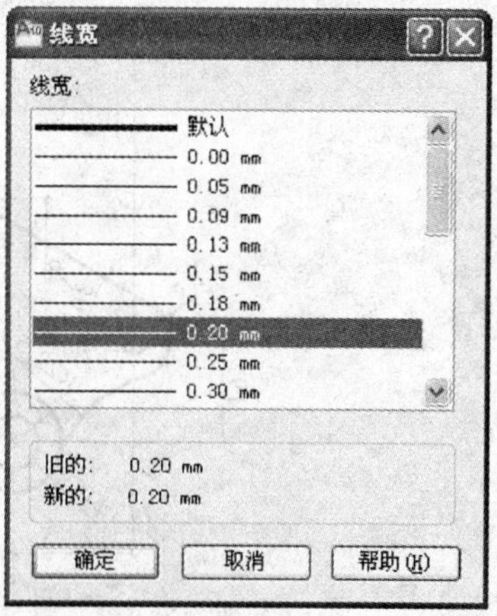

图5-9 线宽

图层一般设置图层名、图层颜色、图层线宽、图层线型四个内容。图层的命名应以无歧义、便于记忆、输入简单为原则;图层颜色的选用以图面清晰、对比分明为原则;图层线宽度和图层线型的选用应根据国家制图标准为原则。具体情况可参照项目二的介绍。

2.2 图层操作

在"AutoCAD经典"工作空间里有一个"图层"工具条和一个"图层特性"工具条,如图5-10;在"二维草图与注释"工作空间里有一个"图层"面板和一个"图层特性"面板,如图5-11。这就说明对图层操作需要从图层和图层特性两方面进行。

(1)图层操作:在图层区域单击,出现在"图层特性管理器"中设置好的图层,包括图层状态控制按钮和图层名。我们可以在此选择需要的图层作为当前图层进行绘图操作,同时我们还能对相应图层进行图层开关、图层冻结和图层锁定等操作。

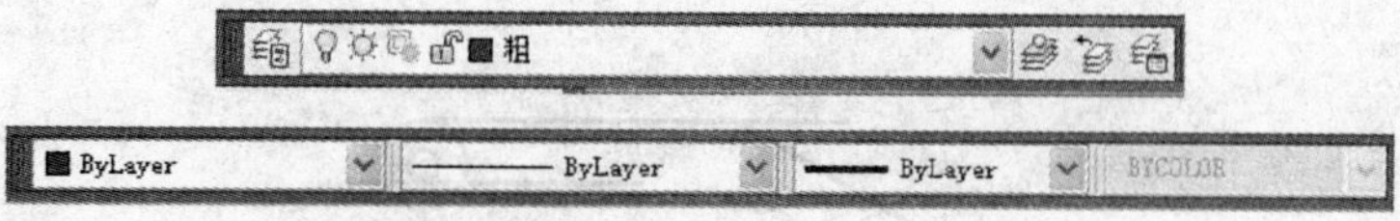

图5-10 "图层"与"图层特性"工具条

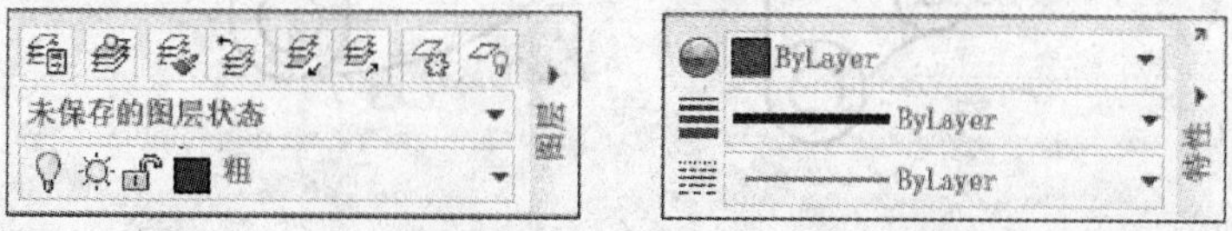

图5-11 "图层"与"图层特性"面板

(2)图层特性操作:图层特性包括图层颜色、图层线宽、图层线型和打印四项内容,其中打印一般呈灰色显示。在特性区域不同的选项中单击,我们可以选择不同的颜色、线宽和线型。我们如果是从事分图层绘图,不要在特性区修改以上内容,可按照Bylayer(随图层)或Byblock(随块)绘制;否则,图层特性混乱,为以后修改带来麻烦。

活动3 图层的运用

根据以上所学知识,分图层绘制图5-12。

思考:绘制此图需设置几个图层。

绘图提示:参考图5-13。

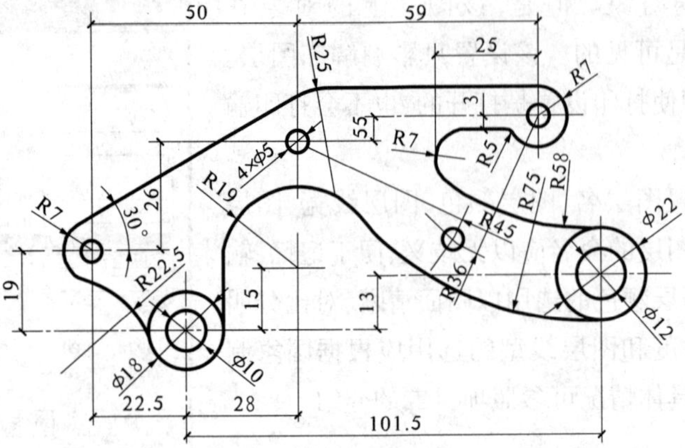

图 5-12　平面图形

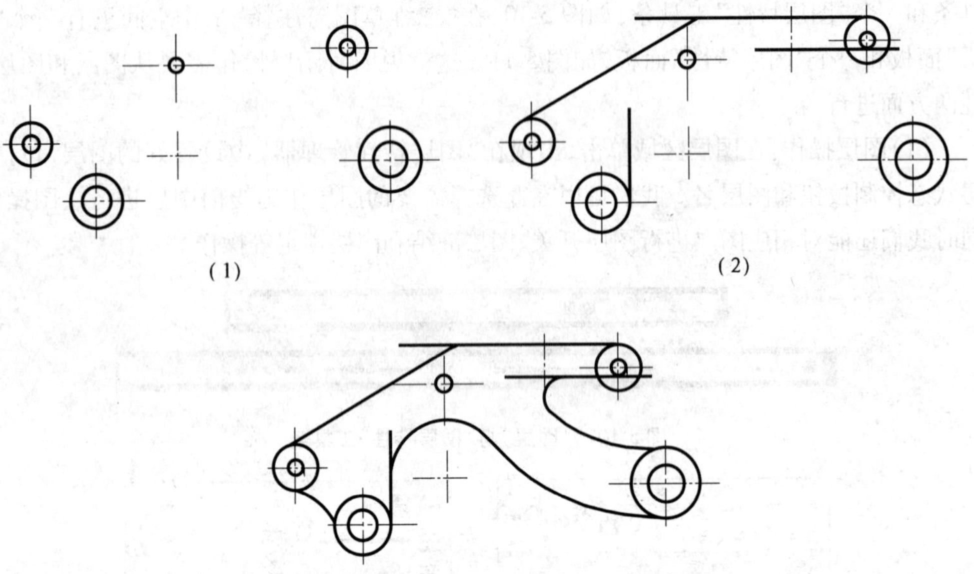

图 5-13　绘图过程

任务四　编辑图形特性

绘制的每个图形对象都具有自身特性。有些特性是基本特性，适用于多数对象，例如图层、颜色、线型和打印样式。有些特性是某个对象自身具有的特性，例如圆的特性包括半径和面积，直线的特性包括长度和角度。我们可以通过修改选择的图形对象的特性，来达到编辑图形对象的效果。

利用图形特性来编辑图形是 AutoCAD 提供的一个非常强大的编辑功能，或者说是一种编辑图形对象的方法。

活动1　利用图层修改图形特性

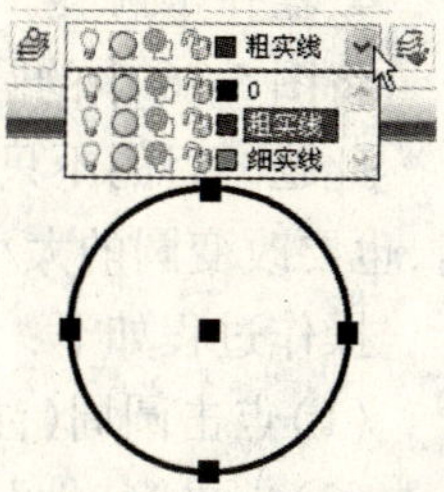

图 5-14　修改图层

如果我们想对已具有相应图形特性的图形元素进行修改，我们只要选中要修改的图形元素，使其处于夹点控制状态，然后更改其图层，那么该对象就会通过图层改变属性。如图 5-14，我们将处于红色粗实线的圆修改为绿色细实线的圆。

思考：利用“特性匹配”修改图形的特性，实质上也是修改图形的图层特性。它和利用图层修改图形特性有何异同？

活动2　利用“特性”工具修改图形特性

2.1　利用“特性”工具编辑

1. 功能

在图形中显示和修改选定对象的当前特性。

2. 命令的调用

在命令行中用键盘输入：“Properties”；在主菜单中点击：修改→特性 特性(P)；在“标准”工具条上单击“对象特性”按钮：；在功能区选择：常用→特性右下的箭头。

3. 操作指导

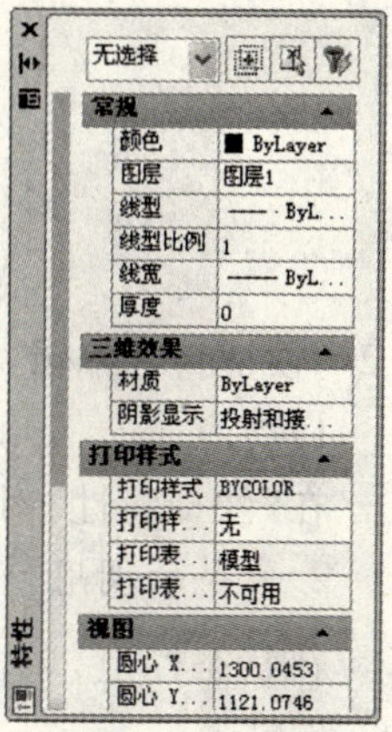

图 5-15　特性

通过执行 Properties 命令，系统会弹出如图 5-15“特性”对话框。

在该对话框的上面显示了一个下拉列表框，当未选择对象时，显示为“无选择”；当选择对象后，显示为该对象的名称。在该对话框的左边为标题，可以点击标题中的“×”关闭对话框，也可以单击标题中的“”隐藏对话框和显示对话框，同时也可以对该对话框进行特性操作。在列表框的右上角有一个快速选择按钮“”，点击它会弹出“快速选择”对话框，我们可以通过该对话框来快速地选择对象。

在“特性”对话框中无选择时有“常规”、“三维效果”、“打印样式”、“视图”和“其他”五项内容；选择对象后则为“常规”、“几何图形”等特性内容，用户可以通过这些选项内容来编辑对象。可以编辑的对象有图层、线型、颜色、比例、线型比例、大小等；选择多个对象时，“特性”选项板只显示选择集中所有对象的公共特性。

我们在编辑对象时，首先应该选择被编辑的对象，然后在“特性”对话框中修改对象的特性。修改对象的特性时，有些可以输入一个新的数据，有些可以通过下拉列表框进行选择。在修改完对象的特性后，按回车键，则对象就随修改内容作相应改变。按“×”退出操作。

注意：特性操作可以作为一种变量对图形对象进行参数化操作。

4. 操作示例

将图 5-16 中的圆改变为直径为 50 的圆。

此题的目的不只是改变图中的直径尺寸为 50 就行了,而是要在改变尺寸数值的同时,也要改变圆的大小,也就是让圆的大小随着尺寸数值而改变。

操作过程如下:

(1)点击圆周(注意:不要连同尺寸一起选择);

(2)点击“特性”按钮;

(3)改变“特性”对话框中“几何图形”下的直径为“50”;

(4)按回车键;

(5)关闭“特性”对话框。

结果如图 5-17。

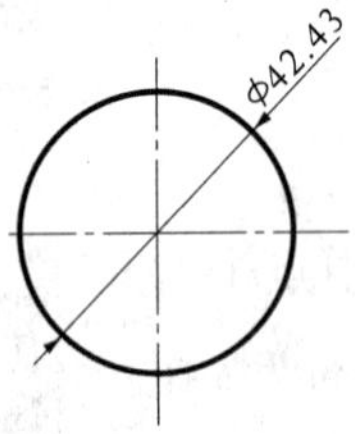

图 5-16 圆

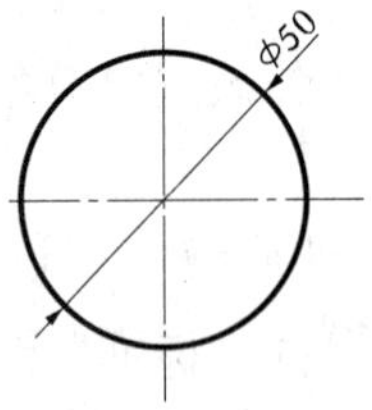

图 5-17 特性编辑圆

2.2 快捷特性编辑

1. 功能

在“快捷特性”对话框中编辑对象特性。

2. 命令的调用

在状态栏上,单击“快捷特性”按钮。如果要临时退出“快捷特性”面板,请按 Esc 键。

3. 操作指导

在状态栏上,单击“快捷特性”按钮后,如果没有选择对象,在屏幕上不会显示“快捷特性”对话框。选定一个或多个同一类型的对象时,在屏幕上将显示“快捷特性”对话框。“快捷特性”面板将显示该对象类型的选定特性。选择两个或多个不同类型的对象时,“快捷特性”面板将显示选择集中所有对象的共有特性(如果有)。

将 QPMODE 系统变量设置为 1 后,可以选择任意对象以显示“快捷特性”面板。如果将 QPMODE 系统变量设置为 2,则只有在“自定义用户界面”(CUI) 编辑器中定义了选定对象以显示特性时,才会显示“快捷特性”面板。可以使用 QPLOCATION 系统变量,通过光标或浮动模式显示“快捷特性”面板。也可以使用 “草图设置”对话框来控制“快捷特性”面板的显示设置。

4. 操作示例

将图 5-18 图形中的圆的直径修改为 40。

操作步骤:

(1)全部选择图形,系统弹出“快捷特性”对话框;

(2)选择“快捷特性”对话框中的选项,选择“直径标注”,如图 5-19;

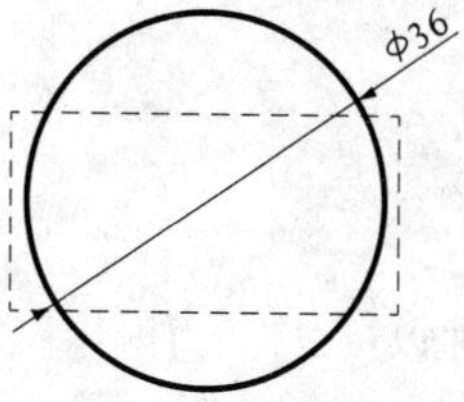

图 5-18 已知图形

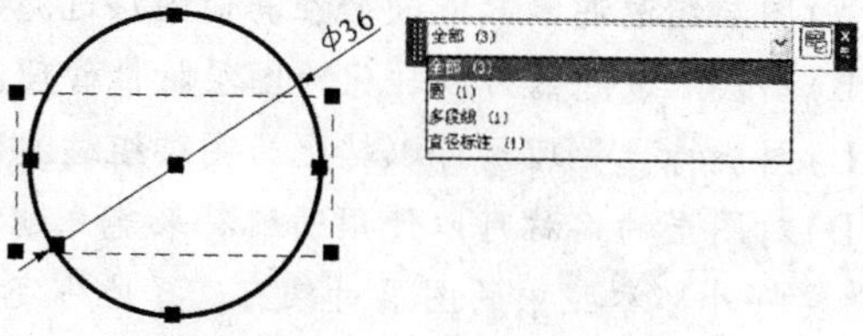

图 5-19 选择“直径标注”

(3)在“直径标注”选项中,将“测量单位”中的 36 修改为“文字替代”中的 40,如图 5-20;

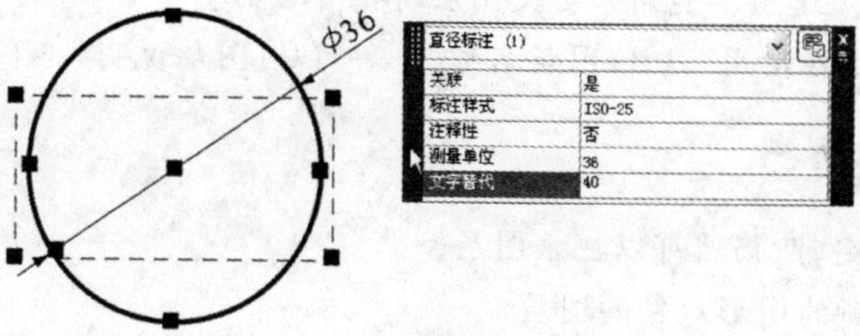

图 5-20 文字替代

(4)按回车键,原图中的直径 36 即修改为 40;

(5)按 Esc 键退出“快捷特性”。

注意:无论哪一种“特性”编辑,只对尺寸数值进行“文字替代”,不能改变图形大小,只能改变图形的尺寸数值。

项目练习

一、单项选择题

1. 下面(　　)的名称不能被修改或删除。

(A)未命名的层　　(B)标准层　　(C)0 层　　(D)缺省的层

2. 在 AutoCAD 设置图层颜色时,可以使用(　　)种标准颜色。

(A)240　　(B)255　　(C)6　　(D)9

3. 使用图层插入模块将不检查图层的(　　)特性。

(A)开/关　　(B)颜色　　(C)线型　　(D)线宽

4. 以下关于“图层转换器”说法正确的是(　　)。

(A)只能在名称相同的图层之间转换特性

(B)“转换为”列表框可以多选

(C)“转换自”列表框只能单选

(D)可以在“图层转换器”中清除所有未参照的图层

5. 以下说法错误的是(　　)。

(A)图层组过滤器只能嵌套在其他图层过滤器下

(B)图层组过滤器可以转化为图层特性管理器

(C)图层特性管理器可以转化为图层组过滤器

(D)对图层的名称可以使用通配符来建立过滤器

6. 要将外部参照中的图层对象有选择地绑定到当前图中,可以(　　)。

(A)在外部参照管理器中使用“插入”方式绑定

(B)在 Xbind 命令打开的“外部参照绑定”对话框进行选择

(C)在外部参照管理器中使用“绑定”方式绑定

(D)在“外部参照”对话框进行选择

7. 以下(　　)选项不能用来定义图层特性管理器。

(A)图层是否正在使用　(B)图层名称　(C)图层说明　(D)图层是否打印

二、多项选择题

1. 当图层被锁定时,仍然可以把该图层(　　)。

(A)作为创建新的图形对象的图层

(B)设置为当前层

(C)上的图形对象作为辅助绘图时的捕捉对象

(D)作为“修剪”和“延伸”命令的目标对象

2. 在同一个图形中,各图层具有相同的(　　),用户可以对位于不同图层上的对象同时进行编辑操作。

(A)绘图界限　(B)显示时缩放倍数

(C)属性　(D)坐标系

三、作图题

1. 绘制图 5-21,设置相应图层,对其中的图层进行调整。

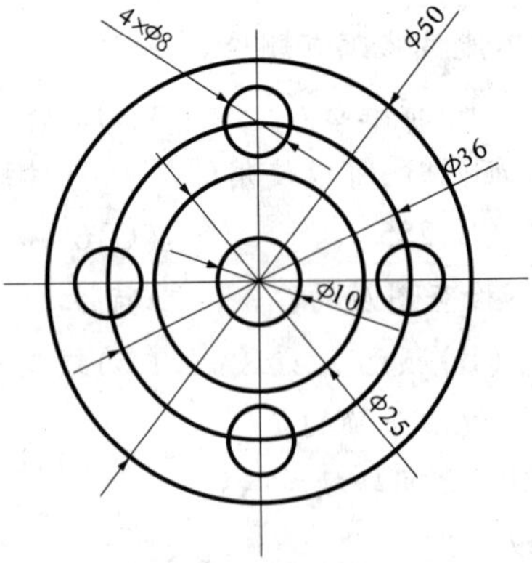

图 5-21　修改图层

2. 绘制图 5-22。

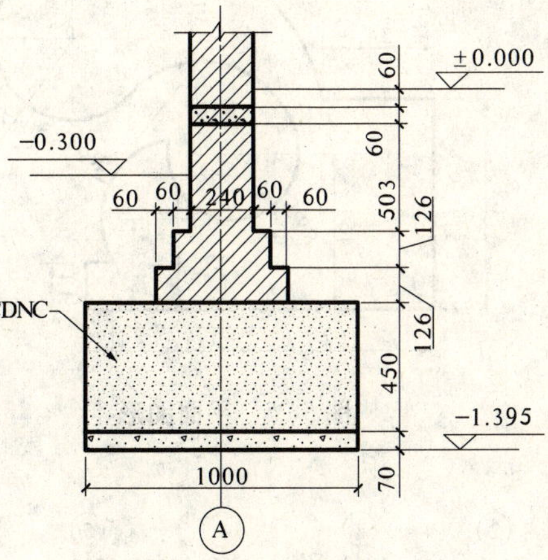

图 5-22　基础详图

3. 绘制图 5-23。

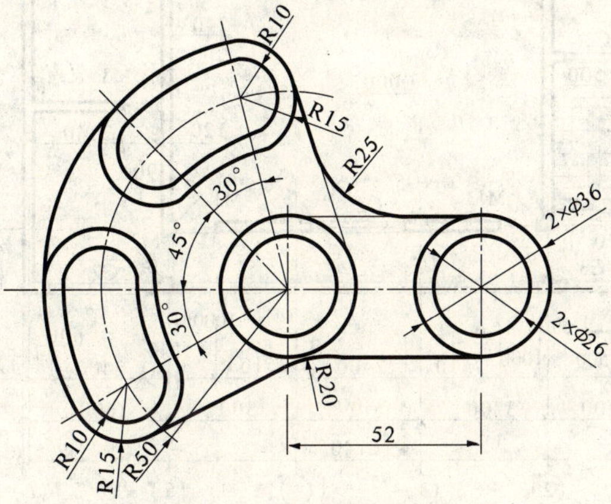

图 5-23　平面图形

4. 绘制图 5-24。

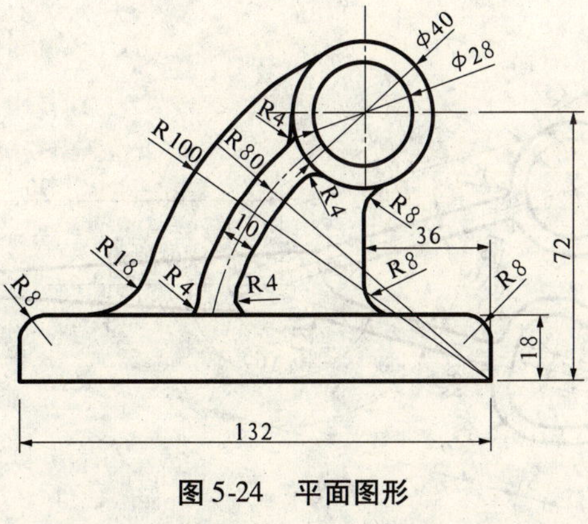

图 5-24　平面图形

5. 绘制图 5-25。

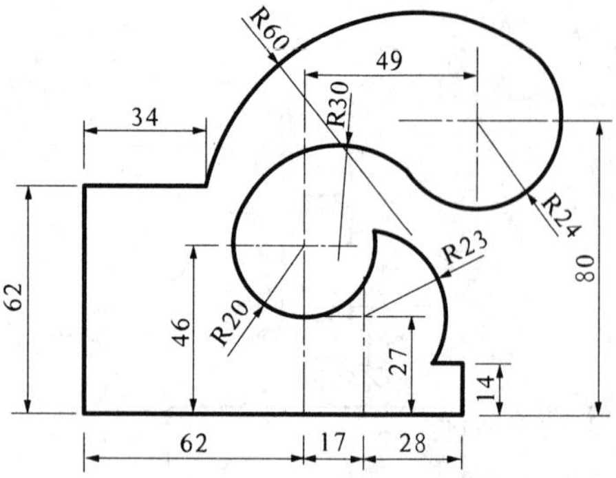

图 5-25　平面图形

6. 绘制图 5-26。

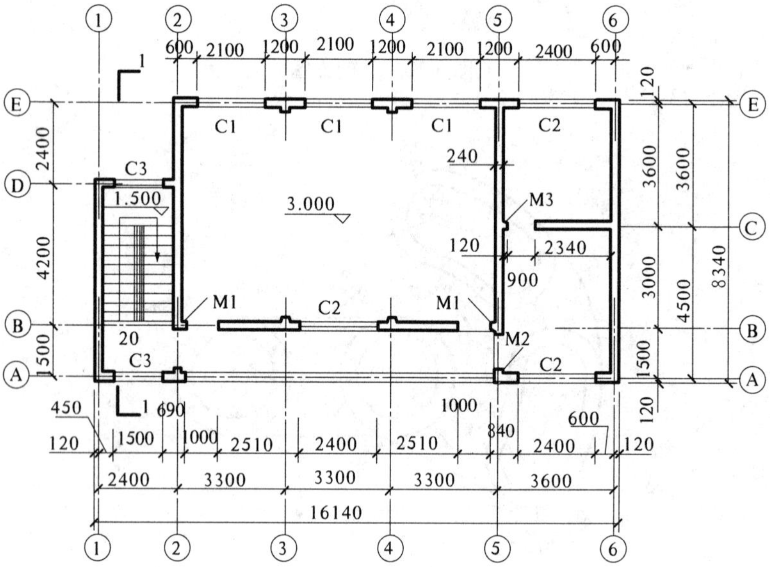

图 5-26　平面图形

7. 绘制图 5-27。

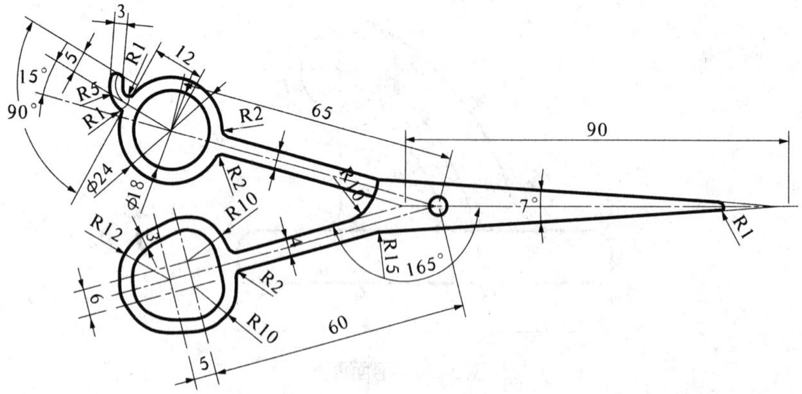

图 5-27　平面图形

项目六

填充图案与绘制工程图样

➢ 项目导入

学习《工程制图》的任务之一是解决工程图样的绘制，同样学习计算机绘图也是解决工程图样的绘制。如根据图 6-1 立体图形，绘制形体的三视图。计算机绘图在解决工程图样的绘制中具有得天独厚的优势，而 CAD 正是工程图学界提出“甩掉图板”的基础。

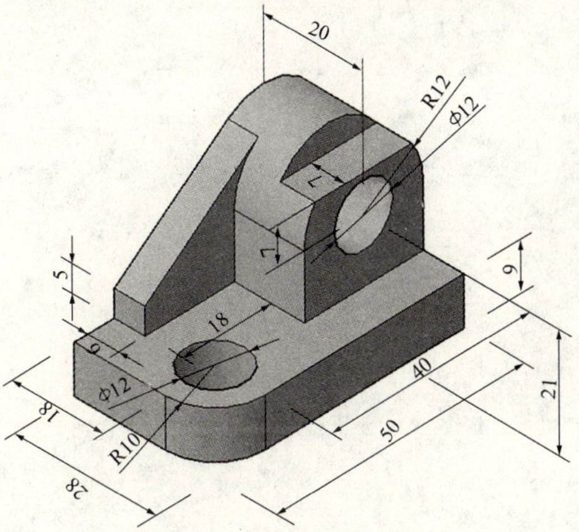

图 6-1　立体图形

绘制三视图、剖视图与断面图将是本项目主要的学习内容。

➢ 项目说明

在《工程制图》中，对物体的表达有视图、剖视图、断面图等方法。对物体的表达是学习《工程制图》的基本要求，同样也是学习 CAD 的基本要求。

如图 6-1，根据形体绘制一个工程图样，用三视图来表达物体的结构与大小。事实上，用 CAD 绘制工程图样就是对前面所讲知识的综合应用。与手工绘图一样，对图样也要进行尺寸标注。

计算机绘制工程图样也要遵循三视图的投影规律：主视图与俯视图长对正，主视图与左视图高平齐，俯视图与左视图宽相等。概括为：“长对正、高平齐、宽相等”。

本项目重点介绍剖视图和断面图的绘制，这里需要计算机绘图中的图案填充与编辑的知识。

➤ 项目主要任务

◇ 图案填充
◇ 图案填充编辑
◇ 工程图样绘制

任务一　认识图案填充

活动1　探究图案填充

如图6-2,回答下面问题:

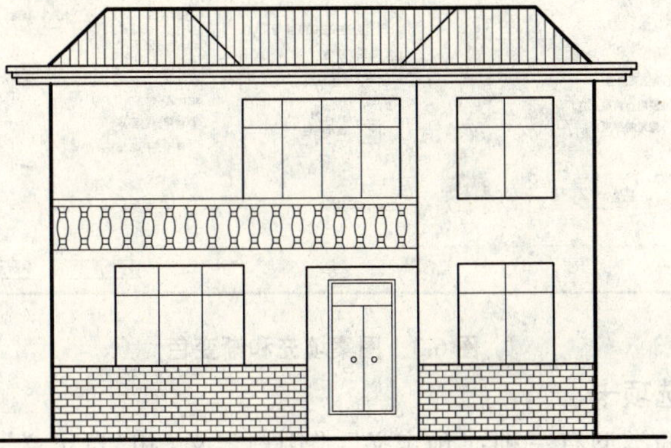

图6-2　建筑立面图

(1)本建筑立面图需要填充______,______,______。

(2)改变填充的图案需从______,______,______三个方面修改。

(3)图案填充样式有______,______,______,______四种。

(4)填充孤岛显示样式有______,______,______三种。

(5)阳台栏杆——花瓶用默认的填充图案能实现吗?花瓶是一个个画的吗?

活动2　了解图案填充

通过下面四种方式,可以调出“图案填充和渐变色”对话框,如图6-3。

(1)在命令行中用键盘输入:“Bhatch”、“Gradient”。

(2)在下拉菜单中点击:绘图→图案填充或渐变色。

(3)在“绘图”工具条上单击:“图案填充”按钮或“渐变色”按钮。

(4)在功能面板上选择:常用→绘图→“图案填充”或“渐变色”。

调出的“图案填充和渐变色”对话框可以对图形填充相应图案(图例)和单色或双色渐变色。

在该对话框中有两个选项卡:一个是“图案填充”;另一个是“渐变色”。下面将常用的选项含义介绍如下。

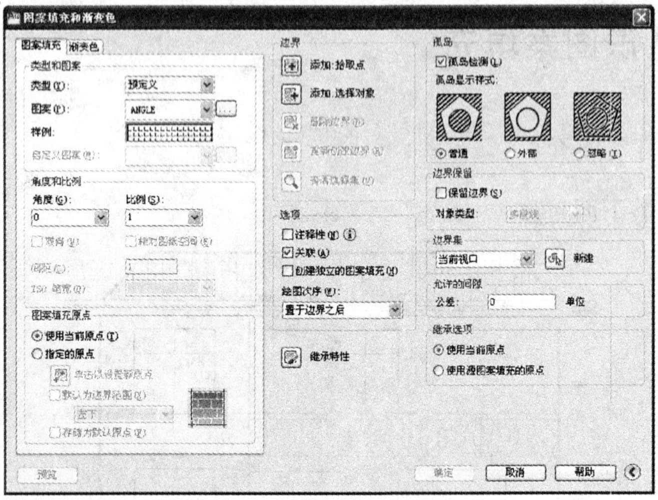

图 6-3　图案填充和渐变色

2.1　“图案填充”选项卡

“类型”:图案的类型有三种:“预定义”、“用户定义”和“自定义”。

“图案”:填充图案的名称,单击其后按钮会弹出如图 6-4 所示的“填充图案选项板”对话框,用户可通过此对话框来选择所要填充的图案。

“样例”:显示要填充图案的样子。

“自定义图案”:用户自己定义的图案名称。

“角度”:输入或选择填充图案的倾斜角度。

“比例”:输入或选择填充图案的比例。

“双向”:当“图案填充”选项卡上的“类型”设置为“用户定义”时,此选项可用,它是将用户定义的图案绘制成90°交叉线。

“相对图纸空间”:此选项在布局中可用,它是相对于图纸的空间单位缩放填充图案。

“间距”:当“图案填充”选项卡上的“类型”设置为“用户定义”时,此选项可用,它是设定用户定义图案中的直线间距。

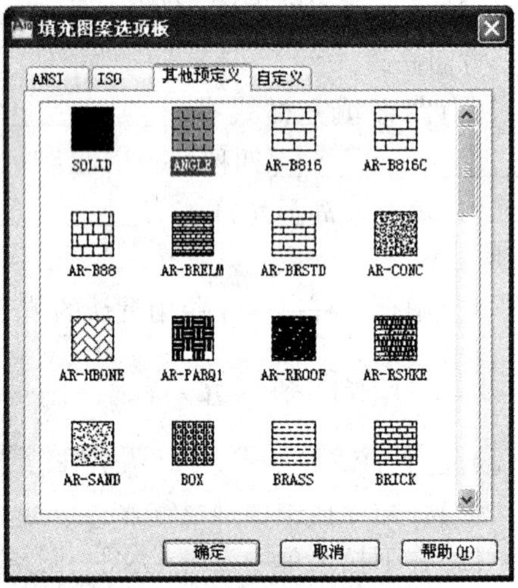

图 6-4　填充图案选项板

“ISO 笔宽”:当“图案填充”选项卡上的“类型”设置为“预定义”,并将“图案”设置为可用的 ISO 图案的一种时,此选项可用,它是以选定的笔宽进行缩放 ISO 预定义图案。

“使用当前原点”:将填充图案的开始点设置为默认。

“指定的原点”:用户可通过“单击以设置新原点”、“默认为边界范围”、“存储为默认原点”和“原点预览”选项,来指定新的填充图案的开始点。

“添加:拾取点”:通过点击该按钮,系统回到选择区,在要填充的区域选择一点。

“添加:选择对象”:通过点击该按钮,系统要求选择要填充的对象。

“删除边界”:当“添加:拾取点”和“添加:选择对象”后,此按钮可用。点击该按钮后,系统回到选择区,可以添加或删除边界。有如下命令过程:

拾取内部点或[选择对象(S)/删除边界(B)]:

选择对象或[添加边界(A)]:

选择对象或[添加边界(A)/放弃(U)]:

“重新创建边界”:当进行填充图案编辑时,此选项可用。点击该按钮后,系统回到选择区,可以重新创建边界。有如下命令过程:

命令: _Hatchedit

输入边界对象的类型[面域(R)/多段线(P)] <多段线>:

要重新关联图案填充与新边界吗?[是(Y)/否(N)] <N>:

“查看选择集”:当“添加:拾取点”和“添加:选择对象”后,此按钮可用。

“关联”:通过选择可以确定填充后的对象是否是一个整体。

“创建独立的图案填充”:通过选择可以确定在同时填充几个独立的闭合对象时,是否创建独立的图案填充对象。

“绘图次序”:选择绘图的次序。

“继承特性”:选择该按钮后,用户可以使要填充的对象具有某一个已填充对象的特性。

“孤岛显示样式”:在它的下面有三个选项——“普通”、“外部”、“忽略”。用户可以选择一种来作为处理选择区域内的孤岛。

“对象类型”:在前面“保留边界”被选中后,该选项才亮显,可以选择新边界的类型。一种是面域;另一种是多段线对象。

“边界集”:当用“拾取点”的方式选择对象时,系统对要填充的对象边界进行检测。

“允许的间隙”:通过设置公差,来定义对象的图案填充边界的间隙值。默认值为 0,此值指定对象必须封闭区域而没有间隙。在绘图时,填充边界如果不是封闭的,只要开口的间隙小于“允许的间隙”,图案就能填充进去,否则,图案无法填充。

“继承选项”:在使用“继承特性”填充图案时,来选择图案填充原点的位置,可以有两种选择,一种是使用当前原点;另一种是使用源图案填充的原点。

2.2 “渐变色”选项卡

在“渐变色”选项卡中,我们主要介绍颜色和方向两个选区,如图 6-5,而其他选区与前面介绍的“图案填充”选项卡一样,这里就不重复介绍了。

“单色”:指的是用单色填充,它指定选择的某一个颜色逐渐从深到浅的颜色过渡。在选择“单色”后,它的下面将显示“颜色样本”和“滑块”。

“颜色样本”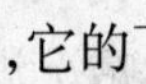:左键单击后,出现“选择颜色”对话框(如图 6-6),用户可通过该对话框来选择所需要的单色。

“着色—渐浅”滑块:用来调节单色与白色的比例。

"双色"：指的是用双色填充，用户可以选择两种颜色，并指定在两种颜色之间进行渐变填充。在选择"双色"后，其后显示两个"颜色样本"，分别为颜色 1 和颜色 2。

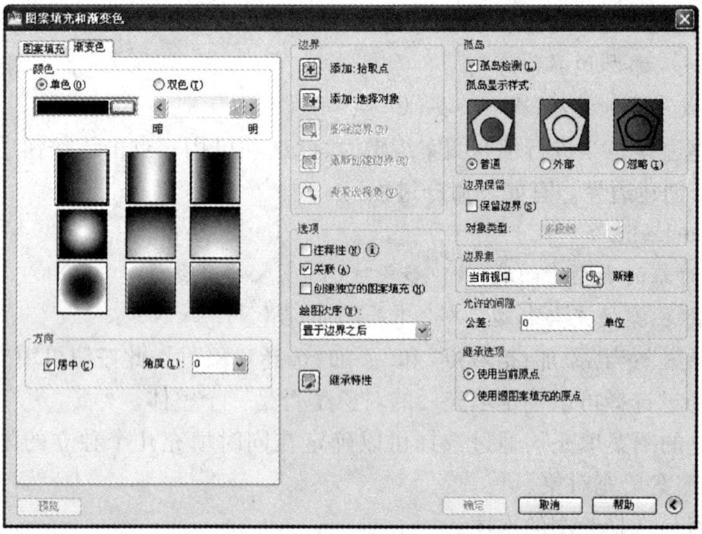

图 6-5 "渐变色"选项卡

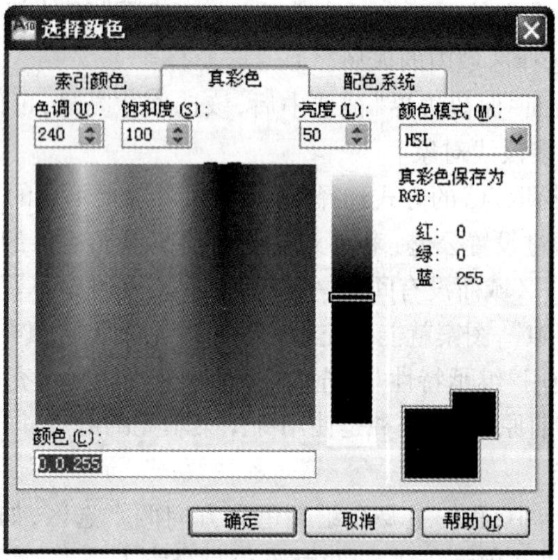

图 6-6 选择颜色

"渐变图案"：在该选区列出了九个图案样例，用户可根据实际情况进行选择。

"方向"：确定在用渐变色填充时的位置和方向。其后有两个参数可以调节，一个是"居中"；另一个是"角度"。

注意：点击 ，可以收起与打开"孤岛"面板。

活动 3　运用“图案填充与渐变色”填充图案

探究 1:按照下面三种方式填充图案,对比并回答下面问题。

第一种方式,用“关联”与“不关联”填充图案。如图 6-7。

第二种方式,分别用“孤岛检测”中的“普通”与“忽略”填充。如图 6-8。

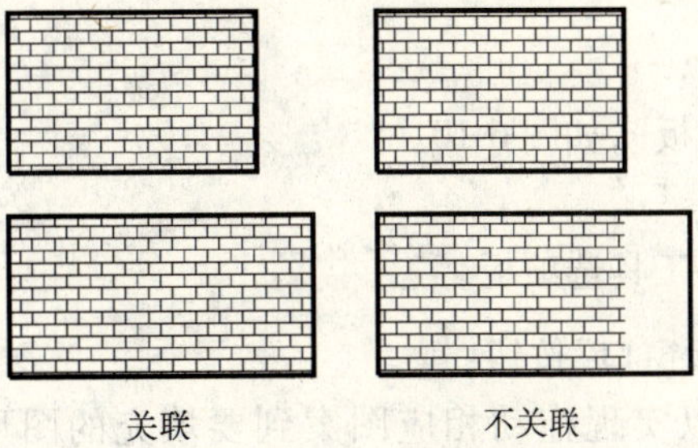

图 6-7　“关联”与“不关联”填充

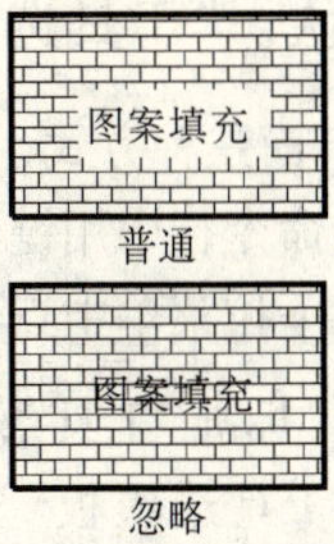

图 6-8　“普通”与“忽略”填充

第三种方式,分别用调整“角度”与“比例”填充。如图 6-9。

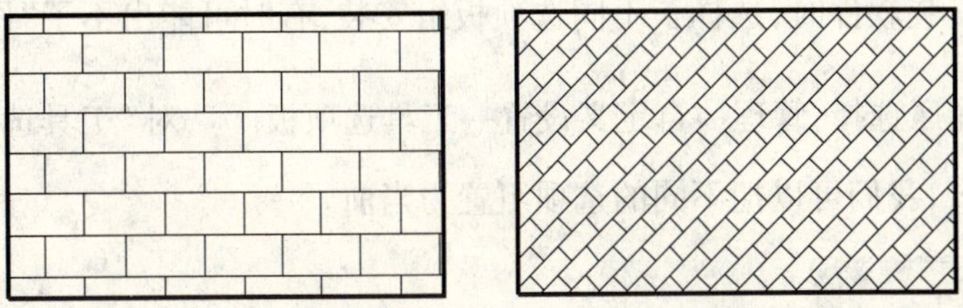

图 6-9　调整“角度”与“比例”填充

(1)用“关联”与“不关联”填充图案有何区别?“不关联”的填充图案,用什么方法可以达到与“关联”相同的效果?

(2)用“孤岛检测”中的“普通”与“忽略”填充文字时有什么区别?制图标准里要求用什么方式在图案中填充文字?

(3)探究用“普通”、“外部”、“忽略”三种孤岛显示方式填充图案,比较三种结果。

(4)从以上图案填充过程,总结图案填充的步骤(过程)。图案填充与填充渐变色有何异同?

探究 2:如图 6-4,当我们在选择图案对图形进行填充时,发现有时默认的比例很不合适,需要对图案比例,甚至角度都需要进行修改。可是,在同一张图纸上,每种图案的比例又不一样。请你探究一下,每种图案在 A3 图纸中的合适比例。

◇小知识◇

在工程实际中,我们常用到以下几种填充图案。在“ANSI” 选项卡中有 ANSI31(用于画钢筋)、ANSI32(用于画金属)、ANSI38(用于画木材);在“其他预定义”选项卡中有 SOLID(用于涂黑填充区域)、AR – CONC(用于画混凝土)、AR – SAND(用于画砂浆)、BRICK(用于画砖)、GRASS(用于画草)、GRAVEL(用于画砌石)。

在 A3 图纸中,要想使填充的图案清晰适当,上述图案可以选择如下比例:ANSI31(比例1)、ANSI32(比例1)、ANSI38(比例1)、AR－CONC(比例0.05)、AR－SAND(比例0.1)、BRICK(比例1)、GRASS(比例0.2)、GRAVEL(比例1)。

以上图案填充只是建议,实际操作时要根据图纸幅面大小适当调整。比如 A3 图纸上的填充图案,在 A2 图纸上相同的图案比例要适当调大。

活动4　认识"工具选项板" 窗口

通过下面三种方式,可以调出"工具选项板",如图 6-10。

(1)在命令行中用键盘输入:"Toolpalettes"。

(2)在下拉菜单中点击:工具→选项板→工具选项板。

(3)在"标准"工具条上单击"工具选项板窗口"按钮:。

利用"工具选项板"上的填充图案,可以实现拖动相应图案到要填充的图形进行填充。

在 "图案填充"选项卡上,列出了两种填充样例:一种是"英制图案填充";另一种是"ISO 图案填充"。用户可根据需要来进行选择。另外,还列出了渐变色填充样例。

如果你在安装软件时,选择了不同选项板组安装,有时可能出不了"图案填充"选项。这时需要在功能区选择:管理→自定义设置→工具选项板 工具选项板,对"工具选项板"进行重新定义。如图 6-11,我们可以把不同的选项组置为当前。

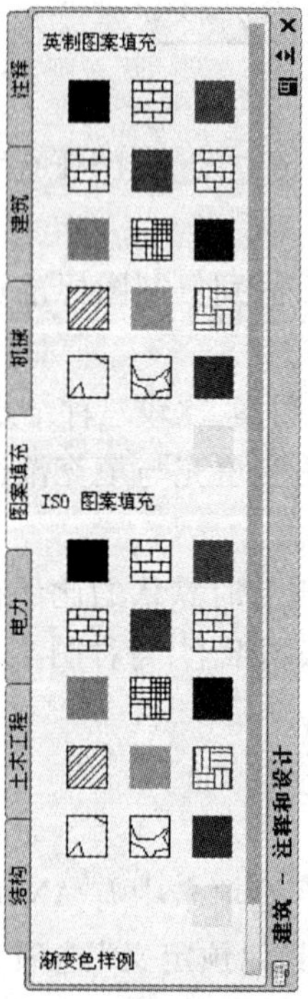

图 6-10　工具选项板

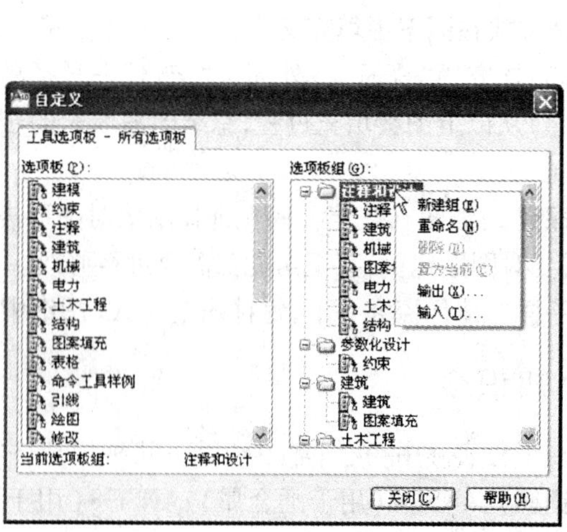

图 6-11　自定义"工具选项板"

练一练：

在矩形中填充“砂砾”。

(1)在“英制图案填充”区的“砂砾”图案上单击右键，出现一个快捷菜单。在该快捷菜单上选择“特性”，弹出“工具特性”对话框。在该对话框中，调整比例、角度等选项，然后点击“确定”。

(2)左键在“砂砾”图案上单击，然后将图案拖动到矩形中。

任务二　编辑图案填充

在命令行中用键盘输入：“Hatchedit”；在下拉菜单中点击：修改→对象→图案填充；在“修改Ⅱ”工具条上单击“编辑图案填充”按钮：；在功能区选择：常用→修改→编辑图案填充，可以对填充完成后的图案，进行图案的类型、比例和角度等项目的修改，达到编辑图案的目的。

练一练：

将图6-12中的填充图案比例改为0.05，角度改为90°。

命令：_Hatchedit

选择图案填充对象：

选择图案后，在图6-3的“图案填充”选项卡中，将角度改为90°，比例改为0.05，单击“确定”按钮。

结果如图6-13。

图6-12　图案填充

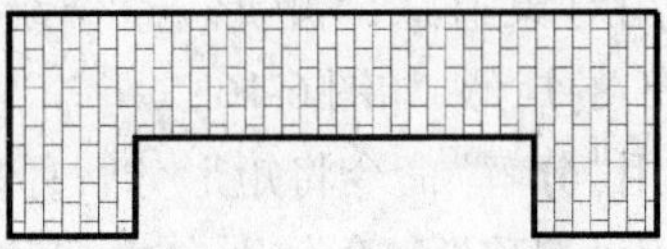

图6-13　编辑图案

任务三　绘制工程图样

在学习绘制工程图样之前，我们回顾一下绘制三视图的基本知识。

(1)画三视图的步骤：

①根据立体图选择主视方向。

②根据投影规律和立体图尺寸，画出主视图。

③根据“三等”规律画另两视图(AutoCAD可以利用构造线、正交、对象捕捉和对象追踪等状态控制达到这一要求)。

④检查修改。

(2)立体表面的交线。

截交线：截切面截断立体后，与立体表面的交线称为截交线。可以用积聚性法、辅助线法和纬圆法来求截交线。

相贯线:两立体相交后,表面产生的交线称为相贯线。可以用积聚性法、辅助线法和纬圆法来求相贯线。

运用前面我们所讲的二维图形的绘制与修改命令,即可绘制三视图。

活动 1　由形体绘三视图

例 1　根据立体图(如图 6-14),画组合体的三视图。

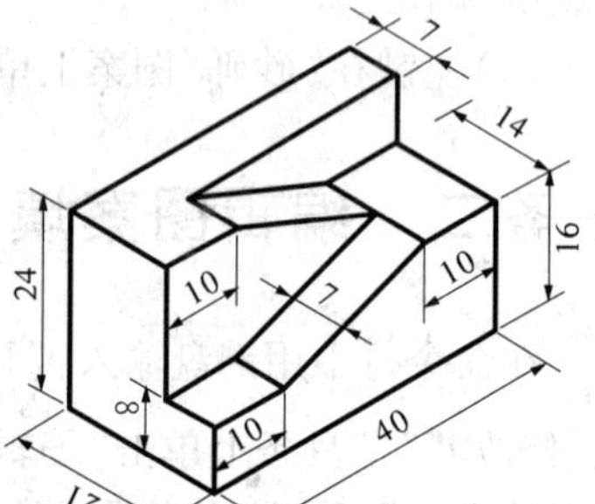

图 6-14　立体图

作图步骤如下:

(1)设置“图层”和“绘图单位”(步骤略)。

(2)在粗实线层作正视图。

①用“矩形”命令绘制一个长 40、宽 24 的矩形;

②用“分解”命令将矩形分解;

③用“偏移”命令分别向内偏移左右两条竖线,偏移距离均为 10;

④用“偏移”命令向上偏移下部水平线两次,每次偏移距离为 8;

⑤用 “直线”命令连接两条斜坡线;

⑥用“修剪”命令将多余线修剪掉,如图 6-15。

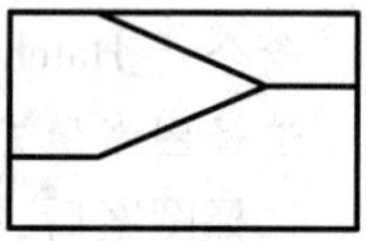
图 6-15　正视图

(3)在粗实线层作俯视图。

①打开对象捕捉,打开对象追踪;

②用对象追踪,“矩形”命令绘制一个长 40、宽 21 的矩形,如图 6-16;

③用“分解”命令将矩形分解;

④用“偏移”命令分别向内偏移左右两条竖线,偏移距离均为 10;

⑤用“偏移”命令分别向内偏移上下两条水平线,偏移距离均为 7;

⑥用“修剪”命令将多余线修剪掉。

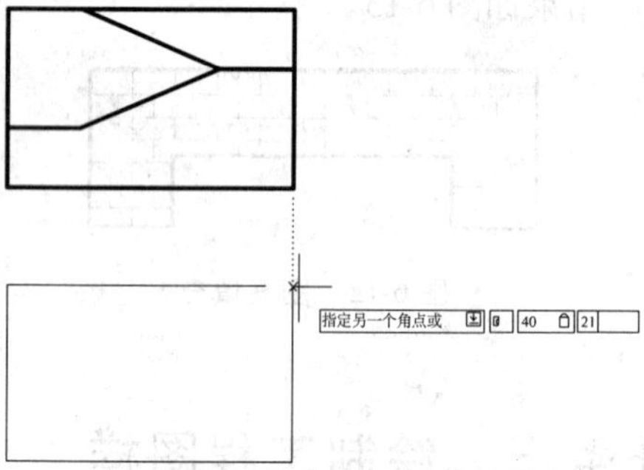

图 6-16　对象追踪作矩形

(4)在粗实线层作左视图。

①打开对象捕捉,打开对象追踪;

②用对象追踪,“矩形”命令绘制一个长 21、宽 24 的矩形,如图 6-17;

③用“分解”命令将矩形分解;

④用“偏移”命令分别向内偏移左右两条竖线,偏移距离均为 7;

⑤用“偏移”命令分别向内偏移上下两条水平线,偏移距离均为 8;

⑥用“修剪”命令将多余线修剪掉;

⑦由于斜坡在左视图中被挡,所以在虚线层将斜坡线改为虚线。

结果如图 6-18。

(5)给三视图标注尺寸。标注尺寸知识在项目八中介绍,标注过程略。如图 6-19。

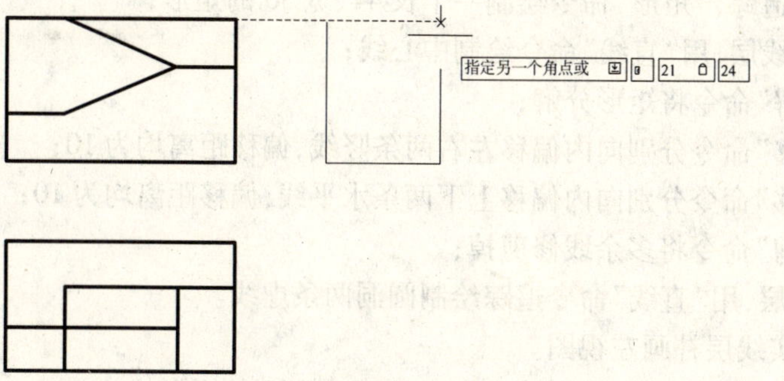

图 6-17　对象追踪作矩形

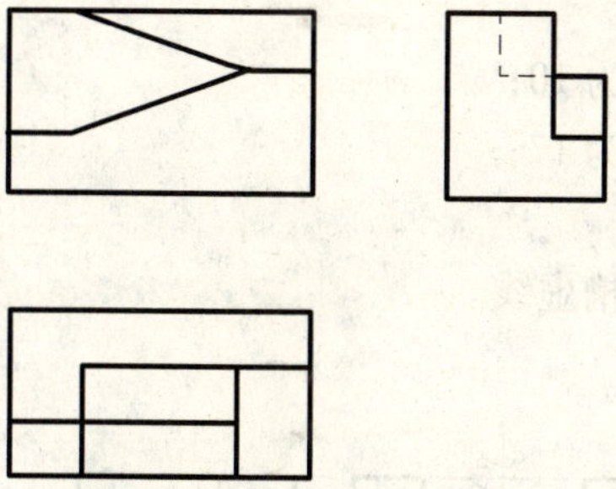

图 6-18　形体三视图

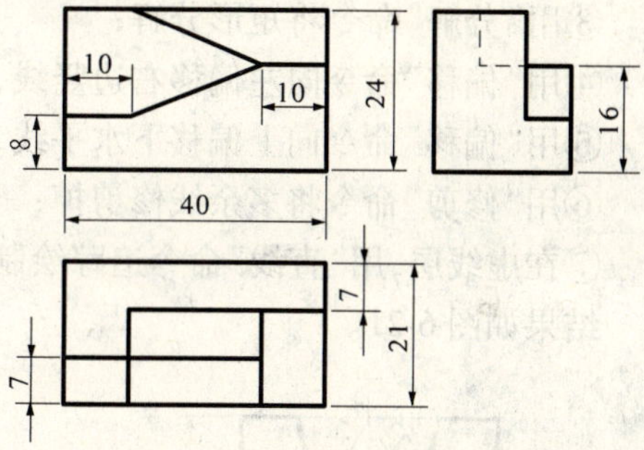

图 6-19　标注三视图

学生探究：

(1)在绘制正视图时，不用“矩形”、“偏移”命令，改为“直线”命令能否绘制？

(2)在绘制俯视图、左视图时，用追踪绘图有什么优点？

(3)练习绘制图 6-1 形体的三视图。

活动 2　已知两视图补画第三视图

例 2　抄绘两视图(如图 6-20)，并补绘第三视图。

作图步骤如下：

(1)设置“图层”和“绘图单位”(步骤略)。

(2)在粗实线层作正视图。

①用“矩形”命令绘制一个长 44 、宽 52 的矩形；

②用“分解”命令将矩形分解；

③在中心线层，用“直线”命令绘制中心线；

④用“偏移”命令向上偏移下水平线，偏移距离为 17；

⑤用“圆”命令绘制下部半径为 5、12 的圆；

⑥用“圆”命令绘制上部半径为 12、22 的圆；

⑦用“修剪”命令将多余线修剪掉。

(3)在粗实线层作俯视图。

①用对象追踪，“矩形”命令绘制一个长44、宽30的矩形；
②在中心线层，用“直线”命令绘制中心线；
③用“分解”命令将矩形分解；
④用“偏移”命令分别向内偏移左右两条竖线，偏移距离均为10；
⑤用“偏移”命令分别向内偏移上下两条水平线，偏移距离均为10；
⑥用“修剪”命令将多余线修剪掉；
⑦在虚线层，用“直线”命令追踪绘制圆洞两条虚线。
(4)在粗实线层补画左视图。
①用对象追踪，“矩形”命令绘制一个长30、宽52的矩形；
②在中心线层，用“直线”命令绘制圆洞中心线；
③用“分解”命令将矩形分解；
④用“偏移”命令向左偏移右边竖线，偏移距离为10；
⑤用“偏移”命令向上偏移下水平线，偏移距离为17；
⑥用“修剪”命令将多余线修剪掉；
⑦在虚线层，用“直线”命令追踪绘制圆洞和圆槽虚线。
结果如图6-21。

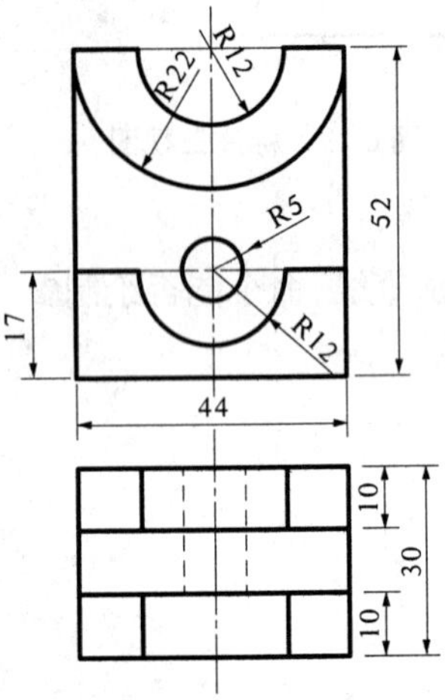

图6-20　已知两视图

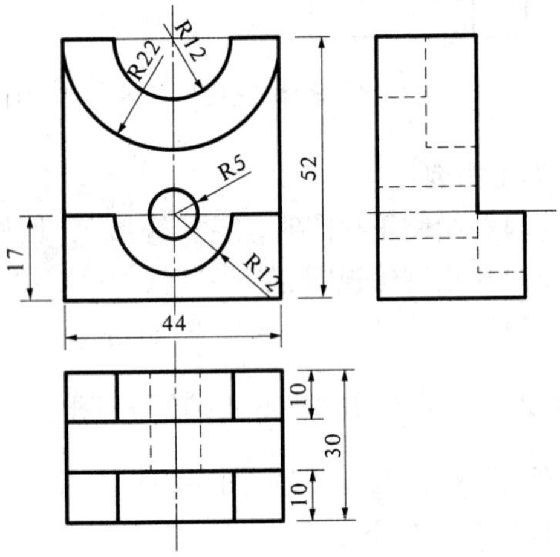

图6-21　补画左视图

学生探究：

(1)在绘制平面立体的视图时，常用“矩形”命令开始，在绘制回旋曲面体的视图时，常用“圆”命令开始。思考为什么要养成这样的绘图习惯？

(2)对比上述两例，研究它们在绘图时都有一个什么共同点？

活动3　绘制剖视图与断面图

绘制剖视图与断面图应注意以下内容。

3.1 剖视图的画法

(1)根据所给的视图,选择适当的剖切位置。

(2)画剖切后形体的视图。

(3)实体部分填充材料。

注意:在画剖视图时,剖视图的标注应该符合相关制图标准。

3.2 剖视图和断面图的区别

在画剖视图时,不仅要画出与剖切平面接触到的形状并填充,而且要画出剖切平面后面的可见形状。

在画断面图时,只画出与剖切平面接触到的物体的形状并填充。

例3 抄绘两视图,如图6-22,补画A—A剖视图。

作图步骤如下:

(1)设置"图层"和"绘图单位"(步骤略)。

(2)在中心线层作俯视图与正视图的基准线。如图6-23。

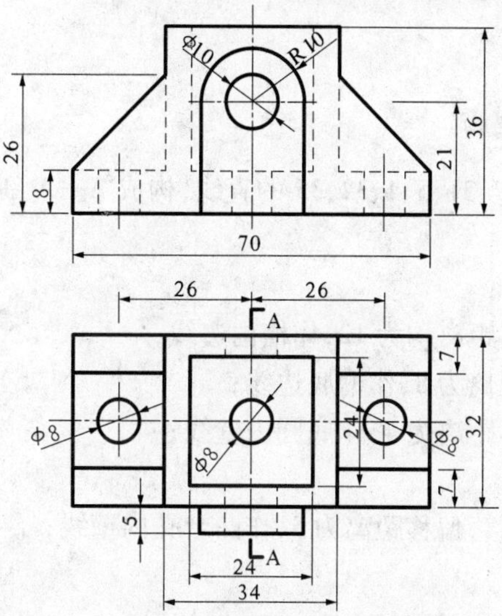

图6-22 已知两视图

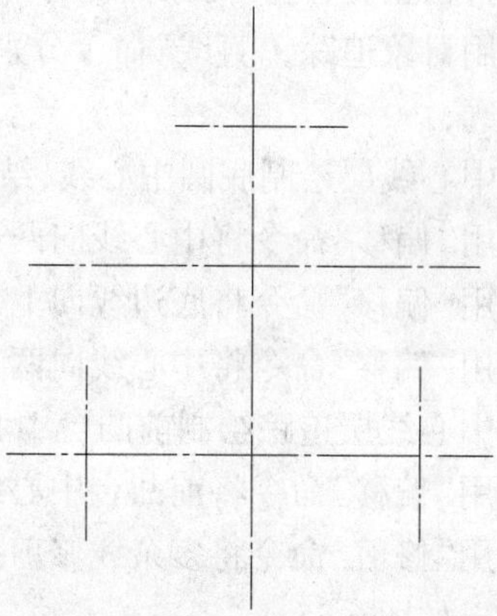

图6-23 绘图基准线

(3)在粗实线层作俯视图。

①用"矩形"命令绘制一个长70、宽32的矩形,矩形中心与绘图基准中心对齐,作外轮廓;

②用"分解"命令将矩形分解;

③用"偏移"命令向内偏移上下部水平线,偏移距离为7,作支撑板;

④用"矩形"命令绘制一个长34、宽32的矩形,矩形中心与绘图基准中心对齐,作中部槽外壁;

⑤用"正多边形"命令绘制,中心定位于基准交点,内接于圆,半径为24的正四边形,作中部槽内壁;

⑥用“修剪”命令将多余线修剪掉；

⑦用“直线”命令绘制一个长 20 、宽 5 的前部凸台，一边与主体边线对齐；

⑧用“圆”命令绘制三个直径为 8 的小圆，作三个底圆孔；

⑨在虚线层，用“直线”命令追踪绘制前凸台和槽后壁圆洞虚线。

(4) 在粗实线层作正视图。

①打开对象捕捉，打开对象追踪；

②用对象追踪，“直线”命令绘制一个长 70 的底线；

③用“直线”命令在底线左端向上绘制高为 8 的直线；

④用“偏移”命令将底线向上偏移 26，将中心线向左偏移 17；

⑤用“直线”命令连接左边外轮廓斜线；

⑥用“直线”命令作左边剩余外轮廓线；

⑦用“镜像”命令将左边外轮廓镜像至右边；

⑧用“圆”命令绘制上部半径为 10 的半圆和直径为 10 的圆；

⑨用“直线”命令作半圆切线；

⑩在虚线层，用“直线”命令追踪绘制内部虚线。

(5) 在粗实线层补作 A—A 剖视图。

①打开正交，打开对象捕捉，打开对象追踪；

②用对象追踪，“直线”命令分别绘制长为 37、31、5、4、32、35 的直线，构成 A—A 剖视图的轮廓；

③中心线层绘制底圆中心线，结果如图 6-24；

④用“偏移”命令将中心线向两边偏移，偏移距离均为 12，作槽内边线；

⑤用“偏移”命令将底边线向上偏移，偏移距离为 8，作槽底边线；

⑥用“偏移”命令将中心线向两边偏移，偏移距离为 4，作底圆内壁线；

⑦中心线层追踪绘制前凸台中心线；

⑧用“偏移”命令将前凸台中心线向上下偏移，偏移距离为 5，作凸台孔内壁线；

⑨用“修剪”命令将多余线修剪掉。

结果如图 6-25。

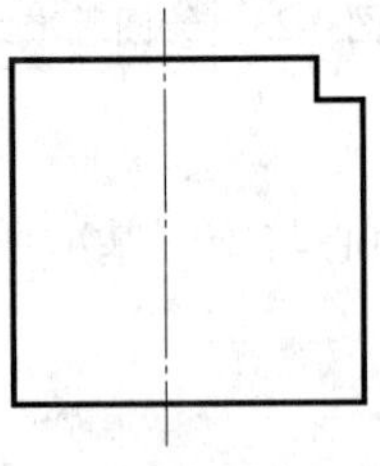

图 6-24　A—A 轮廓线

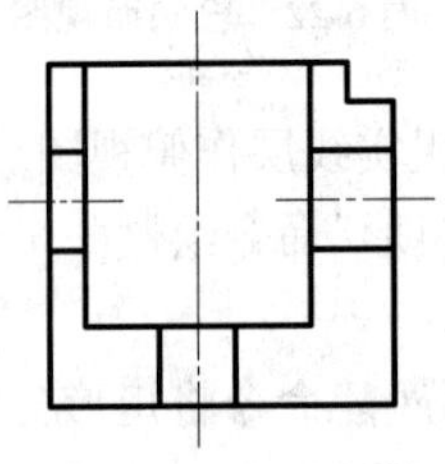

图 6-25　A—A 内外轮廓

(6) 填充剖面图案。

在剖面线层，填充 ANSI31，比例 1。

(7) 文字标注“A—A 剖视图”。

结果如图 6-26。

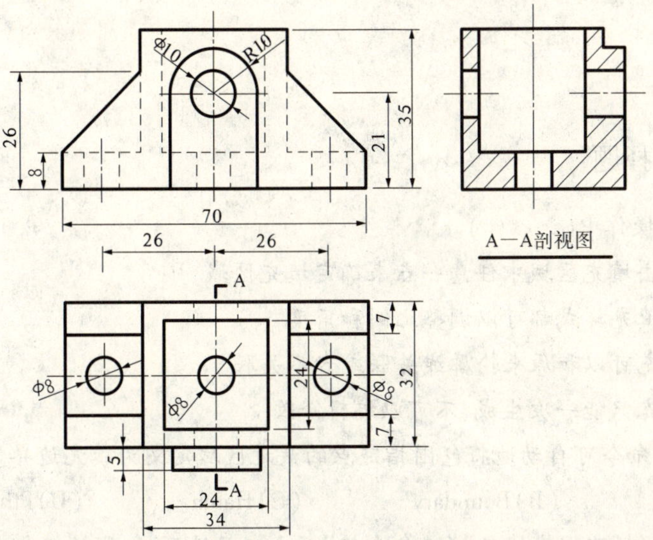

图 6-26　A—A 剖视图

例 4　已知两视图与 3—3 剖视图(如图 6-27),补绘 1—1、2—2 断面图。

作图步骤如下:

(1)设置“图层”和“绘图单位”(步骤略)。

(2)在粗实线层抄绘原图,过程就不再叙述了。

(3)用“复制”命令复制 3—3 剖视图,修剪两侧,中心线向两侧各偏移 6,上下翼厚度不变,即可修改为 1—1 断面图。

(4)同 1—1 断面图一样,修改即可得 2—2 断面图。

结果如图 6-28。

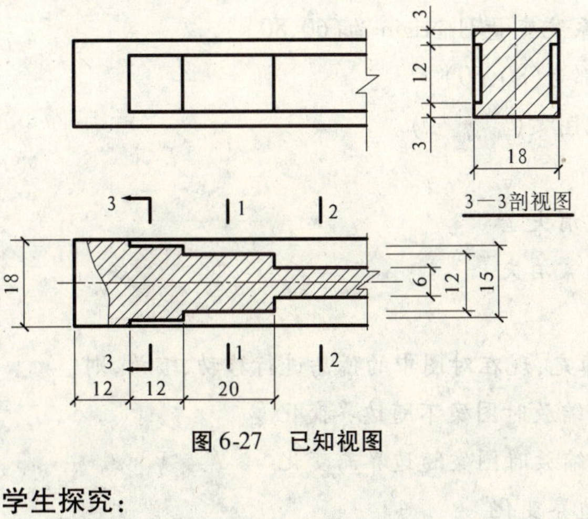

图 6-27　已知视图

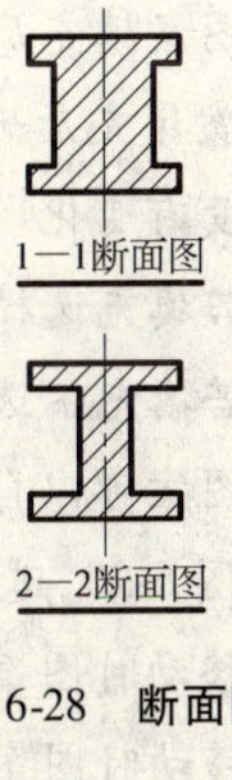

图 6-28　断面图

学生探究:

(1)比较上述两例,说出剖视图与断面图的实质性区别,是不是所有的断面图都不画出剖切面后的可见内容?

(2)图案填充在绘制剖视图与断面图中意义是什么?

项目练习

一、单项选择题

1. 图案填充操作中(　　)。

(A)只能单击填充区域中任意一点来确定填充区域

(B)所有的填充样式都可以调整比例和角度

(C)图案填充可以和原来轮廓线关联或者不关联

(D)图案填充只能一次生成,不可以编辑修改

2. (　　)命令可自动地将包围指定点的最近区域定义为填充边界。

(A)Bhatch　　(B)Boundary　　(C)Hatch　　(D)Pthatch

3. 设A板组包括“图案填充”和“命令组”两个工具选项板,B板组包含“机械”和“电力”两个工具选项板,并嵌套在A板组的下面,先设置A为当前板组,则显示(　　)。

(A)“图案填充”和“命令组”

(B)“图案填充”、“命令组”、“机械”和“电力”

(C)“机械”和“电力”

4. 在进行图案填充时,在“图案填充原点”中选择“指定的原点”、“单击以设定原点”后输入(80,60),并勾选“存储为默认原点”,则(　　)。

(A)图案填充原点为(0,0)

(B)图案填充原点为(60,80)

(C)图案填充原点为(80,60),系统变量Hporigin为(60,80)

(D)图案填充原点和系统变量都为(80,60)

5. 图案填充后删除边界,则填充图案(　　)。

(A)没有变化

(B)若填充选择“关联”,则图案消失

(C)若填充不选择“关联”,则图案消失

(D)图案可以自动生成边界

6. 如图6-29,进行了“关联”式填充,现在对图中的孤岛进行移动、缩放,则(　　)。

(A)移动时图案随边界而变化,缩放时图案不随边界变化

(B)移动时图案不随边界变化,缩放时图案随边界而变化

(C)移动和缩放时图案都不随边界变化

(D)移动和缩放时图案都随边界变化

7. 如图6-30所示的图形进行图案填充,现在编辑图案填充,重新创建边界,则文字周围(　　)。

(A)一定为矩形

(B)如果在生成过程中选择“多段线”,则文字周围有矩形

(C)如果在生成过程中选择“面域”,则文字周围有矩形

(D)剖面线穿过文字

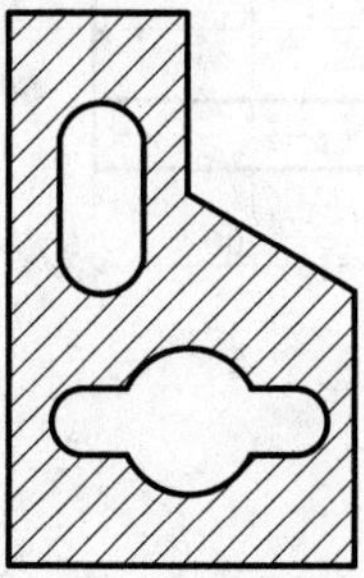

图 6-29　图案填充

图 6-30　图案填充边界

8. 在图案填充时勾选“保留边界”,则填充后(　　　)。

(A)填充图案和边界关联　　　(B)沿图案填充创建新的边界

(C)填充图案和边界没有关联　　　(D)以上说法都不对

二、作图题

1. 练习填充图 6-2 房屋立面图砖勒脚及外墙面渐变色(可以只做图案填充和渐变色练习,不强求按尺寸绘制建筑物)。

2. 已知形体,如图 6-31,绘制三视图。

3. 抄绘两视图,如图 6-32,并补画第三视图。

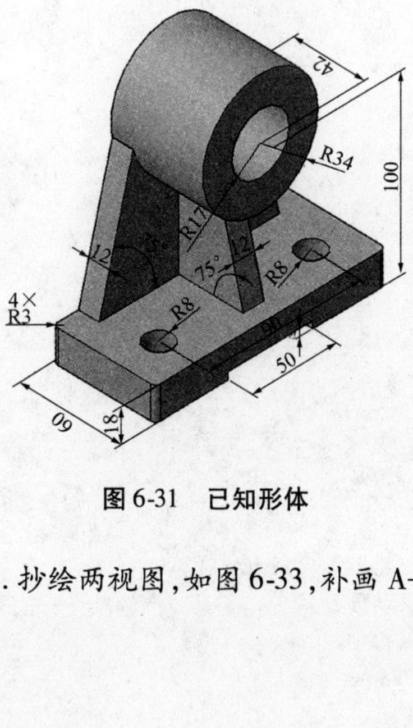

图 6-31　已知形体

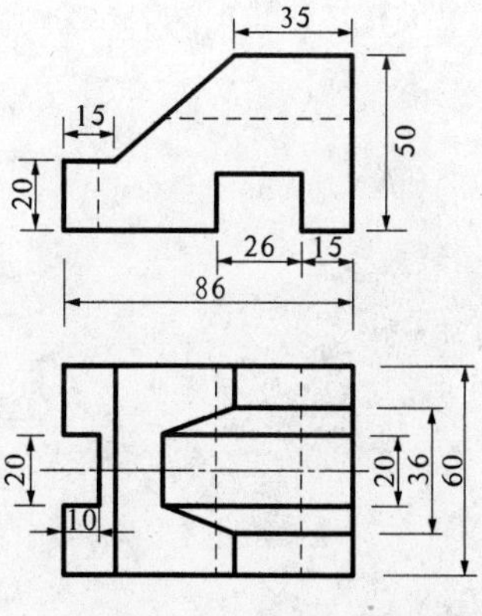

图 6-32　已知视图

4. 抄绘两视图,如图 6-33,补画 A—A 剖视图,材料为钢筋混凝土。

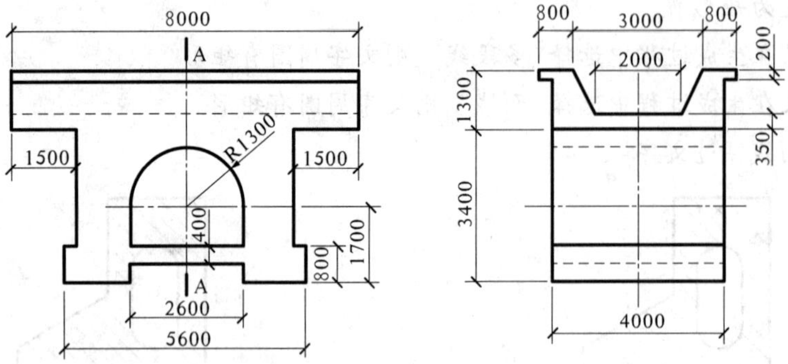

图 6-33　已知视图

5. 已知两视图，如图 6-34，补画 1—1、2—2 断面图。

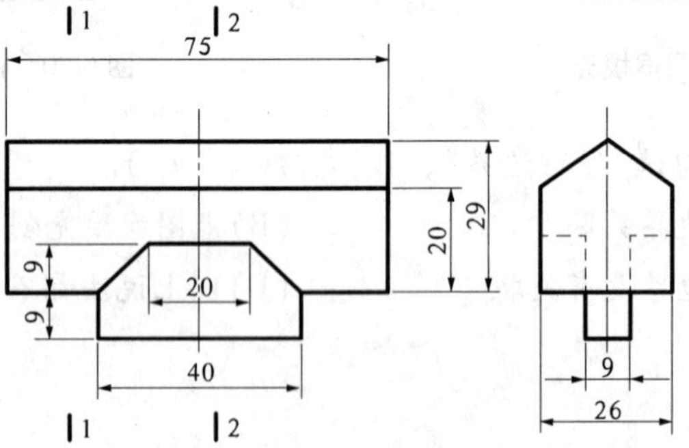

图 6-34　已知视图

项目七

标注文字与绘制表格

➤ 项目导入

在工程实际中，首页图常包含设计说明、材料做法等文字材料。有时构造做法表、门窗表、图纸目录也一起放在首页图里。用 CAD 绘制工程图样，熟练掌握文字标注与表格制作显得尤为重要。

图 7-1、图 7-2 是建筑首页图中常见的文字与表格。

设计总说明

工程概况

该工程为××煤矿厂区建筑物

单位工程：职工宿舍楼

建筑层楼：三层

1　自然条件、抗震设防及施工控制。

1.1　本工程抗震设防烈度为七度，设计地震分组为第一组，抗震设防类别为丙类，结构安全等级为二级，砌体部分施工质量等级为 B 级，钢筋混凝土结构环境类别为一类。

1.2　本工程设计使用年限：50 年。

1.3　工程地质与地基基础。

1.3.1　根据建设方提供的工程地质报告，建筑场地为三类，本工程基础采用混凝土垫层黏土砖条型基础，地面基础设计等级为丙级。

1.3.2　地下水对黏土砖和混凝土无腐蚀性。

3.2　砂浆：标高 ±0.000 以下为 M10 水泥砂浆，以上为 M7.5 混合砂浆。

3.3　混凝土强度等级：±0.000 以下为 C30，其余图中未标注的均为 C20。

3.4　钢筋：HPB235 - ϕ　HRB335 - ϕ 钢构件：国家标准型材。

3.5　预埋件锚筋采用 HPB235 或 HRB335 钢筋。

3.6　焊条：按相关专业的要求对不同的钢材采用不同的焊条。

4　混凝土构造做法。

4.1　本施工图是按《混凝土结构施工图平面整体表示方法制度规则和构造详图》(03G101 - 1)绘制。

4.2　本图构造做法(钢筋的锚固、搭接、保护层厚度等)均执行 03G101 - 1。

4.3　现浇梁跨度大于 4.000 m 时，模板应按跨度 3% 起拱，悬挑构件应按跨度 5% 起拱，且起拱高度应 ≥ 20 mm。

图 7-1　设计说明(局部)

门窗统计表

门窗号	洞口尺寸(mm)		选用图集及编号	数量	备注
	宽	高			
M1	900	2400	定做木门	54	
M2	700	2000	定做木门	3	
M3	1200	2400	定做木门	1	
C1	1500	1500	定做塑钢窗	63	
C2	1200	1500	定做塑钢窗	6	
C3	1500	1000	定做塑钢窗	3	

图 7-2　门窗统计表

➢ 项目说明

工程图样中，除有具体的图线和图例外，还有尺寸、文字、表格、符号等。对工程图样进行尺寸、文字、表格、符号等的标注，我们叫工程标注。

本项目只对文字和表格的标注方法进行介绍，后续章节介绍尺寸、符号等的标注。

➢ 项目主要任务

◇ 文字样式的设置

◇ 文字标注

◇ 表格样式设置

◇ 制作表格

任务一　设置文字样式

活动 1　标注一段文字

在 AutoCAD 默认情况下，标注一段文字，内容如图 7-3。

设计说明

(1)本工程为某学校学生宿舍，层数为 3 层，建筑面积为 1530 m^2。

(2)本工程设计室内地坪标高为 ±0.000，相当于绝对标高 386.00。

(3)本工程结构为一般砖混结构，内墙 240，外墙 370；横墙承重，预应力空心楼板。

……

图 7-3　一段文字

学生探究：

(1) 上述一段文字用的是长仿宋体字，而 CAD 默认的字体为宋体字，且为方体字，探究一下怎么将方体的宋体字转变成长仿宋体字？

(2) 上述一段文字的大小都是一样的，现在要求你把“设计说明”四个字改成 7 号字居中，其他为 5 号字顶头书写。

(3) 上述一段文字中出现了 1530 m^2，其中平方如何标注；正负 0.000 中，正负号如何标注。类似这样的符号还有哪些？

(4) 如果把上段文字改为单行文字标注，与多行文字标注对比，说出它们的优缺点。

活动 2　创建文字样式

工程图样中的文字一般有多种格式。在同一张图纸中标注多种格式的文字，首先要对文字样式进行设置。根据制图标准，文字有字体样式和大小之分。

创建文字样式的目的是创建新的文字样式或修改已命名的文字样式，并设置文字的当前样式。

在命令行中用键盘输入：“Style”；在下拉菜单中点击：格式→文字样式；在功能面板上选择：常用→注释→文字样式；在“文字”工具条上单击“文字样式”按钮：。系统会弹出如图 7-4 所示的“文字样式”对话框。

在 “文字样式”对话框中：

(1)“样式”区：上部列出已经建立的文字样式名，中间下拉列表指定所有样式或仅使用样式列表中的样式，下部为文字样式的预览。

(2)“字体”区：“字体名”列表，鼠标左键点击后，会有一个系统所有字体的列表，用户可以选择一种字体使用。

(3)“字体样式”：指定文字的格式，如斜体、粗体或常规格式。当用户使用大字体后，用于大字体文本。

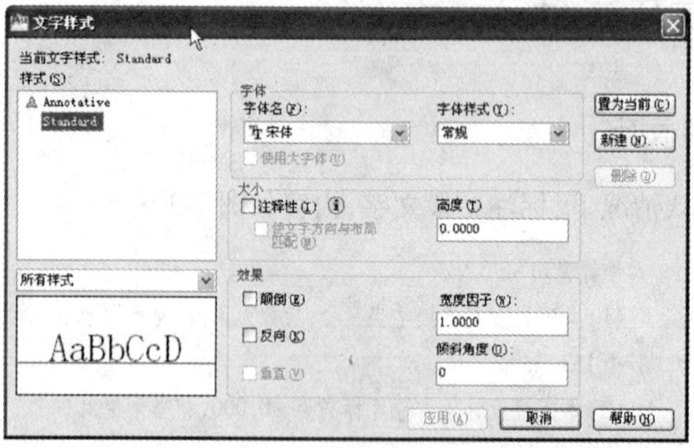

图 7-4 文字样式

(4)“大小”区:为文字设置高度大小。如果选中“注释性”,“高度”变为“图纸文字高度”。

(5)“效果”区:“颠倒”,选择该复选框后,字体会倒置过来。“反向”,选择该复选框后,字体的前后顺序会反过来。“垂直”,当字体名支持双向时“垂直”才可用。选择该复选框后,字体会垂直排列。“宽度因子”,用来设置文字的宽度比例。“倾斜角度”,输入负值时,字体向左边倾斜,反之,向右边倾斜。

(6)“置为当前”:把选定的文字字体样式用于当前文本。

(7)“新建”:建立新的文字样式。

(8)“删除”:删除指定的文字样式。

文字样式设置完成后,在“样式”区自动产生一个新的样式名。只需点击“应用”→“关闭”,样式文件自动保存。

在“样式”区中对某一文字样式单击右键,可以将该文字样式“置为当前”、“重命名”和“删除”。

注意:在绘图过程中,应根据制图国家标准规定来合理地设置字体的样式。另外,在设置字体样式的过程中,最好不要在“字体样式”对话框中设置字体的高度,而在注写字体时再单个设置。

练一练:

根据制图标准来设置一种工程常用字体(命名“工程用字”)和建筑常用文字(命名“建筑图用字”)的字体样式。

步骤如下:

(1)输入“Style”命令,回车,系统会弹出如图 7-4 对话框。

(2)单击“新建”按钮,系统弹出如图 7-5“新建文字样式”对话框。在该对话框中,新建一种文字样式名:工程用字。点击“确定”,系统弹出如图 7-6“文字样式”对话框。

图 7-5 新建文字样式

(3)在“字体名”的列表框中,选择“宋体”。

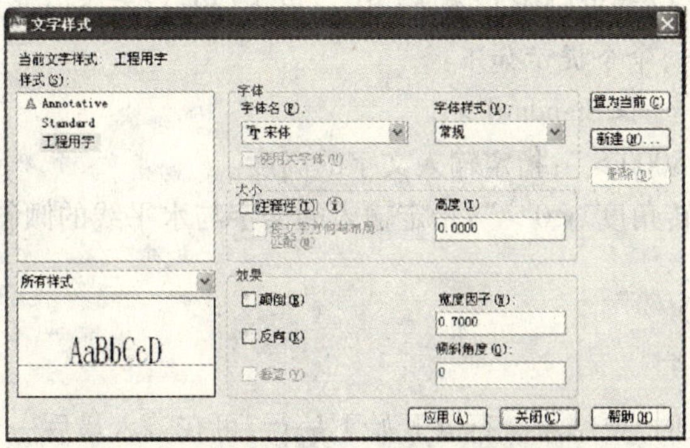

图 7-6 “工程用字”文字样式

(4)“宽度因子”:输入 0.7。其他的参数采用系统缺省值。

(5)点击“应用”按钮。

(6)点击“关闭”按钮,完成设置。

试一试:

依此方法设置其他文字样式,如“水利图用字”、“建筑图用字”等样式,设置过程同“工程用字”。

想一想:

(1)为什么不建议在设置文字样式时设置文字高度?

(2)在设置文字样式时,选择“注释性”,设置的文字样式会是什么样?

任务二 标注文字

活动 1 标注单行文字

在命令行中用键盘输入:“Text”;在下拉菜单中点击:绘图→文字→单行文字;在“文字”工具条上单击“文字样式”按钮 A ;在功能面板上选择:常用→注释→单行文字。光标变成十字,命令行开始提示单行标注,如下:

命令: _Text

当前文字样式: “工程用字” 文字高度: 2.5000 注释性: 否

指定文字的起点或 [对正(J)/样式(S)]:

指定高度 <2.5000>: 5 ↙

指定文字的旋转角度 <0>: ↙

参数说明:

“指定文字的起点”:指定文字输入的起点,系统缺省状态下,文字的起点是文字的左下角。可在屏幕上选择一点,作为输入文字的起点。

“对正(J)/样式(S)”:输入“J”后,回车,命令提示如下:

[对齐(A)/调整(F)/中心(C)/中间(M)/右(R)/左上(TL)/中上(TC)/右上(TR)/

左中(ML)/正中(MC)/右中(MR)/左下(BL)/中下(BC)/右下(BR)]：

输入“S”后，回车，命令提示如下：

输入样式名或［?］ < Standard >：

“指定高度 <2.5000 >”：指定输入文字的高度。

“指定文字的旋转角度 <0 >”：指定输入的文字与水平线的倾斜角度，正值向左边旋转，负值向右边旋转。

◇小贴士◇

用单行文字输入时，要结束一行并开始下一行，可在输入最后一个字符后按回车。要结束文字输入，可在“输入文字”提示下不输入任何字符，直接回车。

输入单行文字，每行文字是一个独立的对象。

输入单行文字时，符号“ ± ”输入“%%p”，符号“°”输入“%%d”，符号“ϕ”输入“%%c”。

试一试：

(1)如果在设置文字样式时，就把文字高度设置好，比如设置为5 ，再进行单行文字输入会是什么结果？

(2)如果采用“五笔”输入法，文字能否输入？

练一练：

用单行文字输入，输入下面“设计说明”(如图7-7)。

设计说明：

1. 该建筑为砖混结构，共六层，总高程17.000 m。

2. ±0.000 相当于高程361.00 m。

3. 室外坡道坡度 <4°。

4. 管道直径 ϕ75。

图7-7 单行文字标注

要求：每行字起头对齐，长仿宋体字，字高为5，倾斜0°。

活动2 标注多行文字

输入多行文字，用于将多个文字段落创建单个多行文字对象。

在命令行中用键盘输入：“Mtext”；在下拉菜单中点击：绘图→文字→多行文字；在“绘图”或“文字”工具条点击按钮：；在功能面板上选择：常用→注释→多行文字。命令行提示指定一个矩形区域，作为多行文字输入的范围。命令如下：

命令：_Mtext

当前文字样式：“工程用字” 文字高度：2.5 注释性：否

指定第一角点：

指定对角点或［高度(H)/对正(J)/行距(L)/旋转(R)/样式(S)/宽度(W)/栏(C)］：

当指定一个矩形文字区域后，功能区出现一个“文字编辑器”选项卡，即“多行文字编辑器”。如图 7-8。

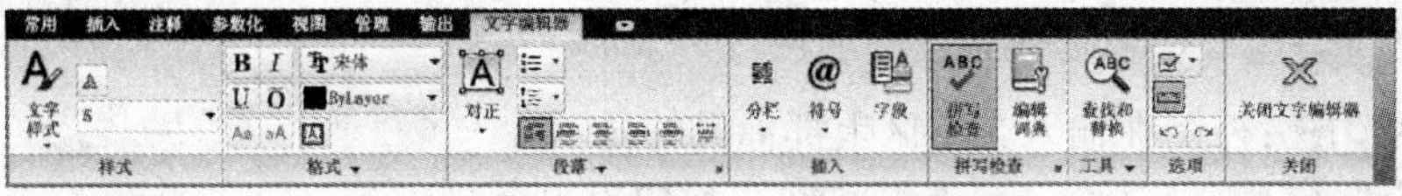

图 7-8　多行文字编辑器

在“文字编辑器”选项卡中：

(1)“样式”面板：对文字的样式进行选择重新设置。

(2)“格式”面板：文字颜色和文字格式进行重新设置。

(3)“段落”面板：对文字的段落进行编排。

(4)“插入”面板：插入符号、文字段落和列分栏。

(5)“拼写检查”面板：对输入的文字进行拼写检查。

(6)“工具”面板：从其他文件输入文本，对文字大小转换和对文字进行查找与替换。

(7)“选项”面板：对文字操作、文本标尺等操作。

(8)“关闭”面板：关闭文字编辑器。

如果转换成“AutoCAD 经典”，进行“Mtext”操作，系统弹出如图 7-9“文字格式”工具条，在绘图区弹出如图 7-10 文字编辑区。

图 7-9　“文字格式”工具条

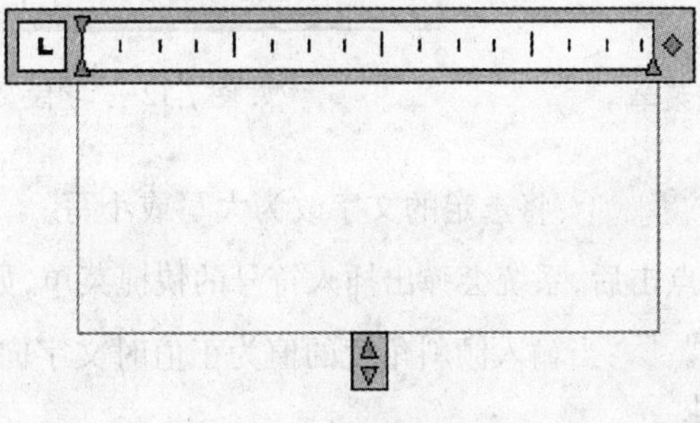

图 7-10　文字编辑区

各符号的具体含义如下。

2.1　“文字格式”工具条

“B”：表示粗体。

“*I*”：表示斜体。

“U”：将文字加下划线。

“上划线” ：将输入的文字加上划线。

“放弃”、“重做” ：放弃或重做操作。

"a/b" :分式按钮,用于不同分式形式的转换,转换时要先选择对象,然后再点击"分式"按钮。

"颜色" ByLayer :选择文字的颜色。

"标尺" :控制在输入文字区上部标尺的显示。

"确定":完成文字输入后,点击"确定"按钮退出命令。

"选项" :点击后显示"选项"快捷菜单。如图 7-11 所示。

"左对齐、居中对齐、右对齐" :设置段落文字的水平位置。

"分布、行距、编号" :分别设置文本分布、行距和对文本编号。

"插入字段" :字段是对当前图形说明的文字,字段值可进行更新。点击该按钮后,系统弹出"字段"对话框。如图 7-12。

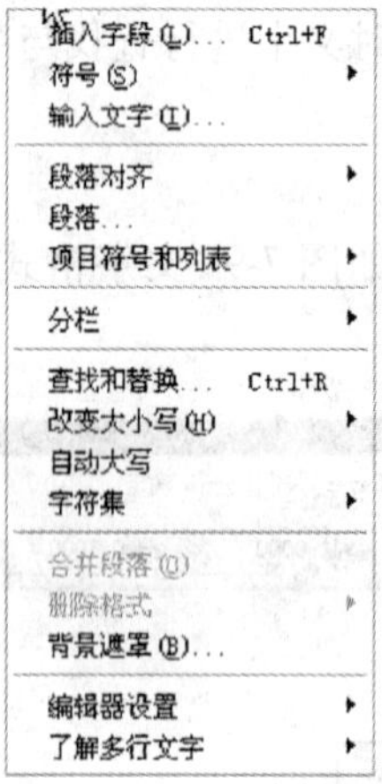

图 7-11 "选项"快捷菜单

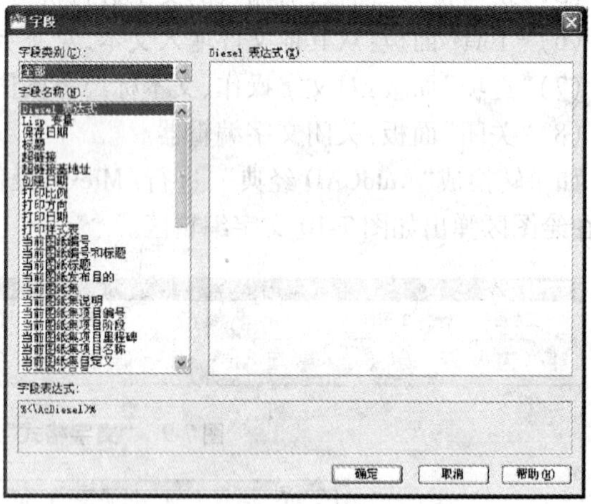

图 7-12 "字段"对话框

"全部大写、小写" Aa aA :将选定的文字改为大写或小写。

"符号" @ :左键点击后,系统会弹出插入符号的快捷菜单,如图 7-13。

"倾斜角度" 0/ 0.0000 :当输入倾斜角度的值为正值时文字向右倾斜,倾斜角度的值为负值时文字向左倾斜。

"追踪" a·b 1.0000 :设定字间距。

"宽度比例" 0.7000 :设定字符的宽度比例。

"栏数" :对文本分栏。

"多行文字对正" :多行文字的对正方式。

"段落" :多行文字的段落对齐调整。

2.2 文字编辑区

各部分功能如图 7-14 所示。

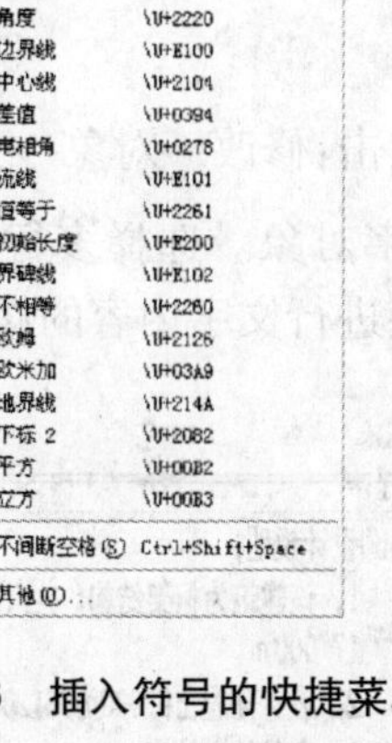

图 7-13　插入符号的快捷菜单

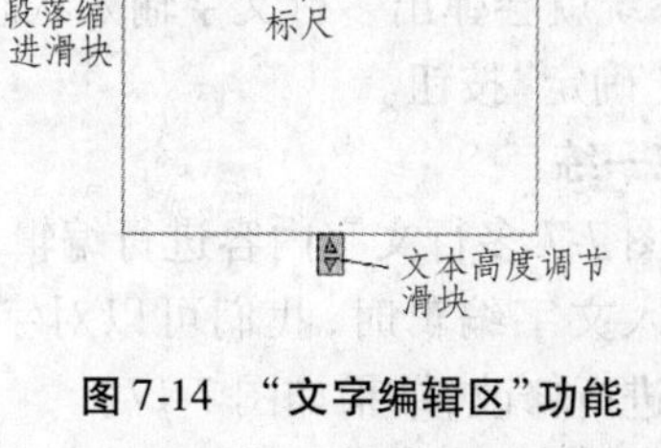

图 7-14　“文字编辑区”功能

[高度(H)/对正(J)/行距(L)/旋转(R)/样式(S)/宽度(W)/栏(C)]

“高度”:用于设置字体的高度。

“对正”:输入文字的对正方式。

“行距”:设置输入的文字每行的距离。

“旋转”:指定文字的旋转角度。

“样式”:指定文字的样式。

“宽度”:用于设置矩形框的宽度。

“栏”:文本分栏。

注意:当我们在文字编辑区单击右键时,系统会弹出如图 7-15 快捷菜单。用户可通过此菜单对文字编辑区的内容、属性等进行调整。

练一练:

用“Mtext”命令来输入如图 7-7“设计说明”。

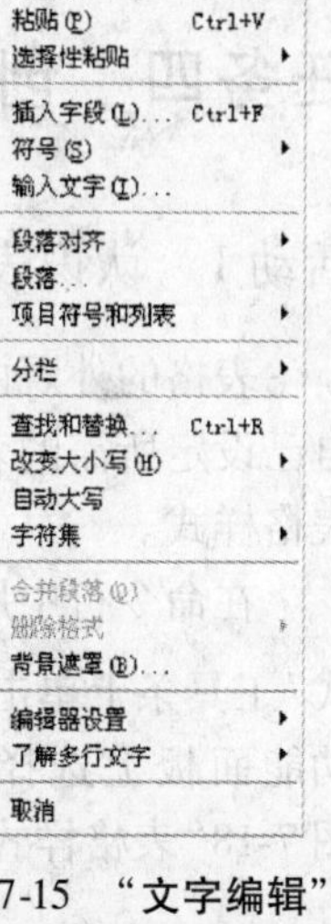

图 7-15　“文字编辑”快捷菜单

任务三　编辑文字标注

活动 1　编辑单行文字

在命令行中用键盘输入:“Ddedit”;在下拉菜单中点击:修改→对象→文字→编辑;在“文字”工具条点击按钮:。命令行提示选择注释对象或[放弃(U)]。如果选择的文字是用单文字输入的,则系统就将文字激活直接进行文字内容的修改,如图 7-16,修改完成后回车确认;如果选择的文字是用多行文字输入的,则系统就会弹出多行文字输入状态,在

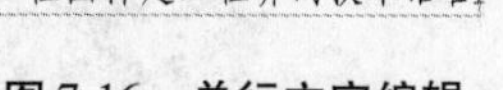

图 7-16　单行文字编辑

该状态下直接进行文字内容的修改。修改完成后点击“确定”按钮。

注意:对单行文字编辑时,只能对文字的内容进行编辑,而不能对文字的属性进行编辑。因此,我们在进行文字标注时,要进行周密考虑。如果我们标注的内容可能要进行属性的修改,如大小、字体等,那么我们在标注文字时就不要用单行文字标注。

活动 2　编辑多行文字

在命令行中用键盘输入:“Mtedit”; 在下拉菜单中点击:修改→对象→文字→编辑;在“文字”工具条点击按钮: 。命令行提示选择多行文字对象。选择多行输入的多行文字,则系统就会弹出多行文字输入状态,在该状态下直接进行文字内容的修改。修改完成后点击“确定”按钮。

练一练:

对图 7-7 多行文字内容进行编辑。

进入文字编辑时,我们可以对字号、字体、文字样式等进行修改,结果如图 7-17。

注意:在对单行或多行文字进行编辑时,也可以用鼠标左键连续双击修改对象的方法来启动命令。这种快捷方式在以后的绘图过程中要多加采用。

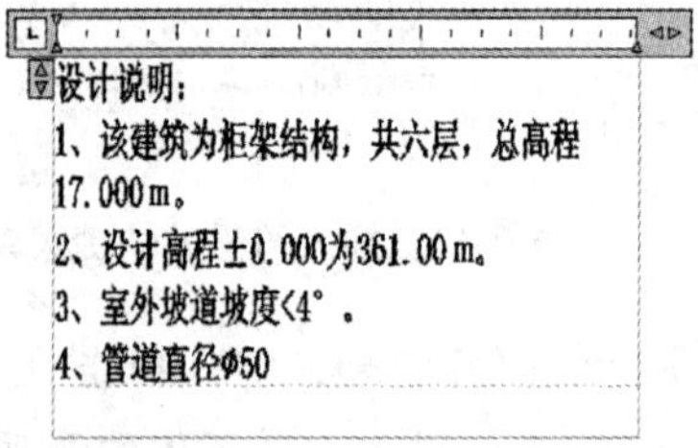

图 7-17　多行文字编辑

任务四　创建表格样式

活动 1　认识表格样式

表格的外观由表格样式控制。在工程图样中,不同的表格有不同的样式。我们可以自己设定所需的表格样式,也可以利用编辑表格的方式对表格进行修改,得到我们所需的表格样式。

在命令行中用键盘输入:“Tablestyle”;在下拉菜单中点击:格式→表格样式;在“样式”工具条上单击“表格样式”按钮: ;在功能面板上选择:常用→注释→表格样式;在功能面板上选择:注释→表格→表格样式。执行“Tablestyle”命令后,系统会弹出如图 7-18“表格样式”对话框。

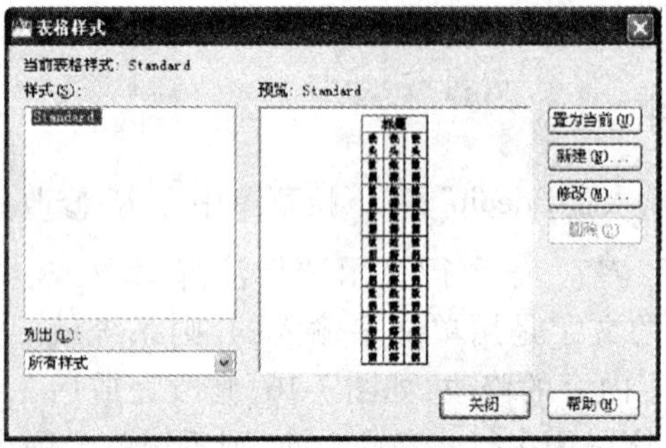

图 7-18　表格样式

在“表格样式”对话框中：

（1）“当前表格样式”：显示当前表格样式的名称。

（2）“样式”：创建的所有的表格样式名称列表。

（3）“列出”：控制在样式中的内容显示。包括两个选项：所有样式和正在使用的样式。

（4）“预览”：对所选定表格样式的预览。

（5）“置为当前”：将选定的表格样式设置为当前样式。

（6）“新建”：创建新的表格样式，点击后系统会弹出一个“创建新的表格样式”对话框，如图 7-19。在该对话框中可以输入新的表格样式名，选择一种样式作为基础样式。

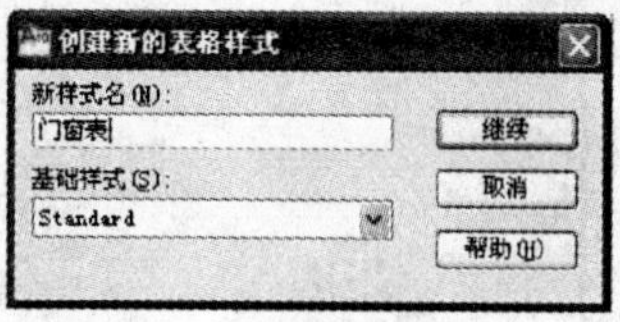

图 7-19　创建新的表格样式

在“创建新的表格样式”对话框中，点击“继续”按钮后，系统会弹出如图 7-20“新建表格样式”对话框，在该对话框中，有三个选项卡。各选项卡面板上的内容含义如下：

“起始表格”：单击，系统要求用户选择一个已有表格作为新建表格的格式。选择表格后，可以从指定表格复制表格内容和表格格式。

“常规”：表格的常规表达，有标题向上和向下两种方式。选择其中的一种，在下面的预览框中有相应的格式。

“单元样式”区：有标题、表头和数据三个选项。选择其中一个选项，如数据，可以对数据的常规、文字和边框进行修改。如图 7-21 数据的文字样式和图 7-22 数据的边框样式。

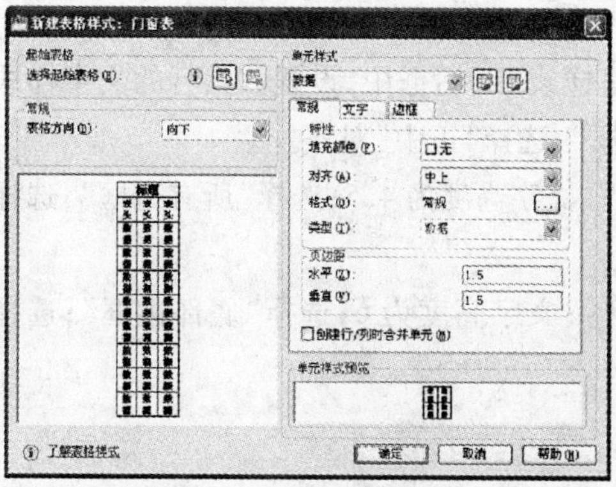

图 7-20　新建表格样式

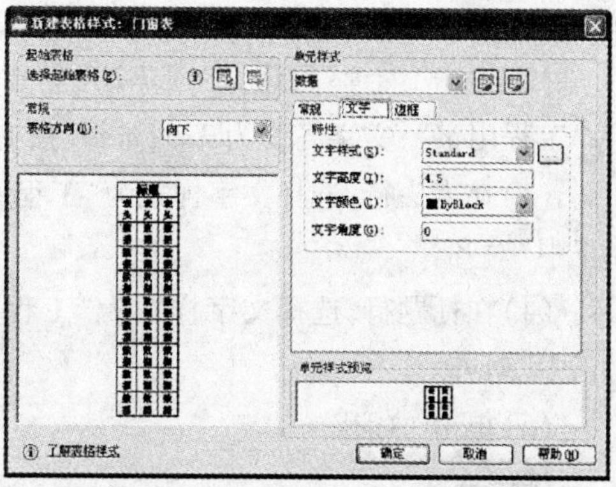

图 7-21　数据的文字样式

“单元样式预览”区：预览相应的单元样式。

“创建行/列时合并单元”：使用当前表格样式所创建的行或列合并成一个单元。

点击“单元样式”中的，创建新单元格样式。

点击“单元样式”中的 ，弹出如图 7-23 管理单元样式。

(7)“修改”：对选定的表格样式进行修改。“修改”的界面同“新建”的界面。

(8)“删除”：删除选定的表格样式。

注意：在图 7-18 表格样式中，第一行是标题行，由文字居中的合并单元行组成；第二行是表头行；其他行都是数据行。

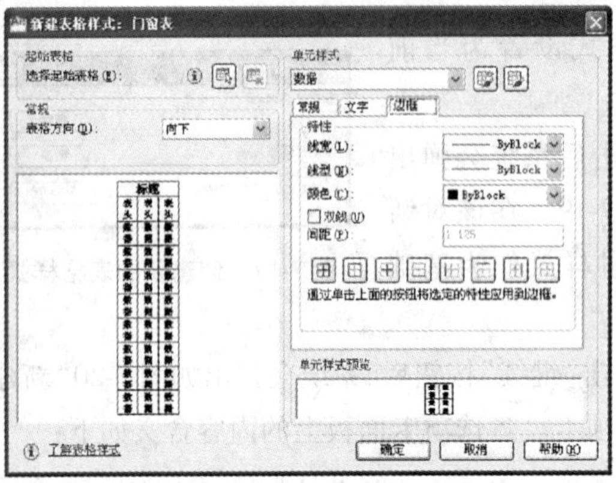

图 7-22　数据的边框样式

图 7-23　管理单元样式

活动 2　创建表格样式

下面我们创建一个“门窗统计表”的表格样式，步骤如下：

(1)执行“Tablestyle”命令，系统弹出如图 7-18“表格样式”对话框。在该对话框中点击“新建”按钮，在图 7-19“创建新的表格样式”对话框中，输入新样式名为“门窗统计表”。

(2)点击“继续”按钮，在图 7-20“新建表格样式”对话框中，设置数据行的文字样式为“工程用字”；文字高度为 3.5；选择“所有边框”；选择“正中”对齐。

(3)在表头行，选择文字样式为“工程用字”；文字高度为 4.5；选择“所有边框”；选择“正中”对齐。

(4)在标题行，选择文字样式为“工程用字”；文字高度为 6；选择“底部边框”；选择“正中”对齐。

(5)单击“关闭”。

练一练：

按照上述创建表格的方式，创建一个图纸目录表，要求设置：数据行的文字样式为“工程用字”，文字高度为 4.5，选择“所有边框”，选择“正中”对齐；在表头行，选择文字样式为“工程用字”，文字高度为 5，选择“所有边框”，选择“正中”对齐；在标题行，选择文字样式为“工程用字”，文字高度为 7，选择“底部边框”，选择“正中”对齐。

任务五　创建表格

活动1　插入表格

在命令行中用键盘输入:“Table”;在下拉菜单中点击:绘图→表格;在“绘图”工具条单击“表格”按钮:;在功能面板上选择:常用→注释→表格;在功能面板上选择:注释→表格→表格。执行“Tablestyle”命令后,系统弹出如图7-24“插入表格”对话框。

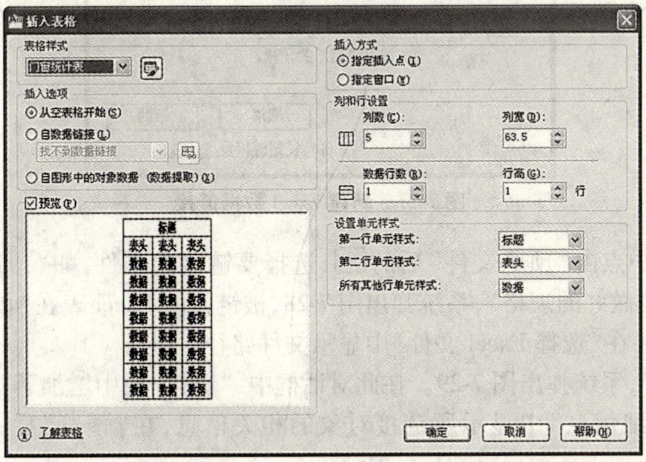

图7-24　插入表格

在“插入表格”对话框中:

(1)“表格样式设置”区。

“表格样式”:选择创建好的表格样式,如“门窗统计表”。

(2)“插入选项”区。

“从空表格开始”:在图形文件中插入一个空表格。

“自数据链接”:从外部电子表格中的数据创建表格。选择此选项,表格样式中的表格样式不起作用,呈灰色。点击,系统弹出如图7-25“选择数据链接”对话框。

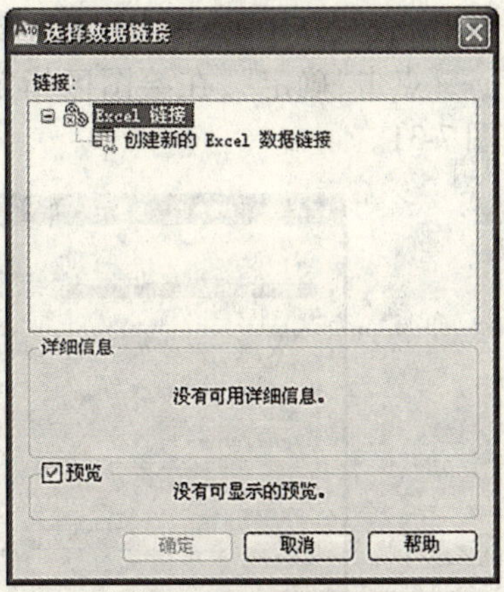

图7-25　选择数据链接

在此对话框中,可以选择外部Excel格式的数据。点击 创建新的 Excel 数据链接,系统弹出如图7-26“输入数据链接名称”对话框。在“名称”中输入Excel的文件名如“门窗表”,点击“确定”,系统弹出如图7-27“新建Excel数据链接”对话框。

图7-26　输入数据链接名称

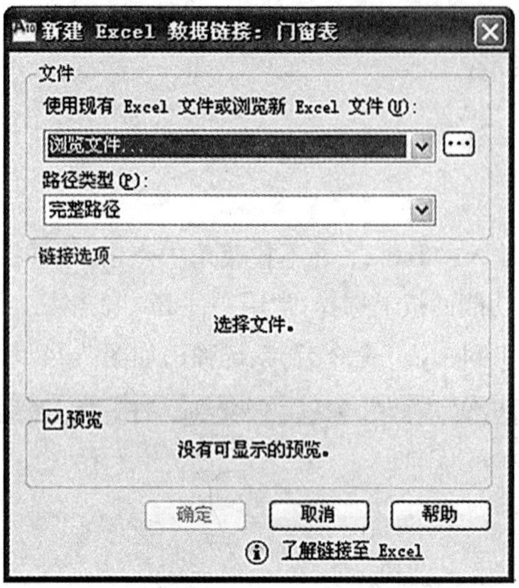

图 7-27　新建 Excel 数据链接

在图 7-27 中点击“预览文件”后的…，选择要链接的文件，如“门窗表”Excel 文件(事先用 Excel 表做好的表格)，系统弹出图 7-28，被链接的 Excel 表在“预览”中显示所链接的表格内容，并在“选择 Excel 文件”中显示文件路径。

点击“确定”，系统弹出图 7-29。在此对话框中，“链接”栏中增加了一个链接对象“门窗表”，并在“详细信息”中显示所链接对象的相关信息，在“预览”栏中显示被链接的Excel表格内容。

点击“确定”，系统弹出图 7-30。在此对话框中，“自数据链接”选项中出现刚增加的“门窗表”，在“预览”栏中显示被链接的 Excel 表格内容。

点击“确定”，在绘图区指定一个插入点，则在图形文件中插入一个门窗表格。如图 7-31。

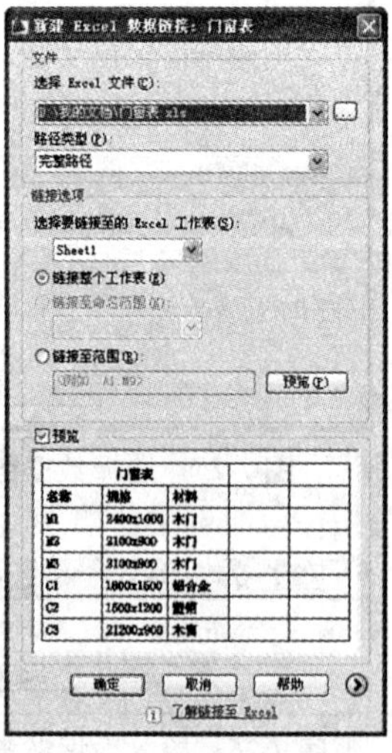

图 7-28　链接门窗表(一)

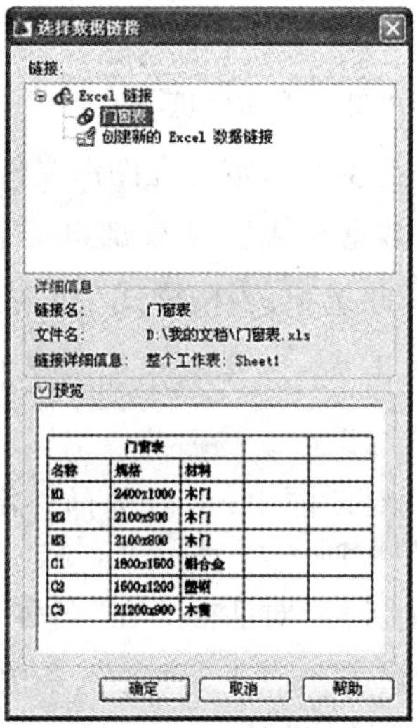

图 7-29　链接门窗表(二)

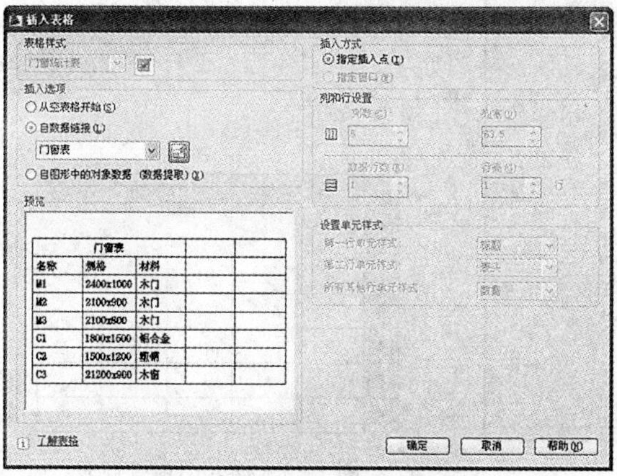

图 7-30　链接门窗表(三)

门窗表				
名称	规格	材料		
M1	2400×1000	木门		
M2	2100×900	木门		
M3	2100×800	木门		
C1	1800×1500	铝合金		
C2	1500×1200	塑钢		
C3	21200×900	木窗		

图 7-31　插入门窗表

“自图形中的对象数据”:从已知表格中提取数据。

(3)“插入方式”区。

“指定插入点”:在屏幕上指定或用键盘输入坐标来确定表格左上角的位置。

“指定窗口”:在屏幕上指定两个角点的方式(或用键盘输入坐标)来确定表格的大小,选择此项后,列宽和行高取决于表格的大小。

(4)“预览”:显示表格样式的样例。

(5)“列和行设置”区。

“列数、列宽、数据行数、行高”:分别设置列数、列宽度、行数和行高。

(6)“设置单元样式”区:设置表格的第一行、第二行和其他行内容是标题、表头还是数据。

注意:“插入表格”对话框设置好后,插入的表格是一个空表格,我们可以在表格的单元中添加内容。另外,行高是以文字的行数为基准而进行设置的,具体的行高值还要根据实际值进行换算。

练一练:

下面我们将前面创建的“门窗统计表”插入到图中,步骤如下:

(1)执行“Table”命令,系统弹出如图 7-32“插入表格”对话框,在该对话框中选择表格样式名为“门窗统计表”。

(2)选择“指定插入点”作为插入方式。

(3)在“列和行设置”区设置 5 列 4 行,列宽和行高分别为 15 和 1。

设置过程如图 7-32。

(4)点击“确定”按钮,在屏幕上指定插入点插入表格。

结果创建如图 7-33 一个空表格。

注意:创建完一个空表格后,系统继续要求输入文字。在输入文字前,还可以对表格进行编辑。输入文字时,采用 Tab 键或方向键进行单元格切换。

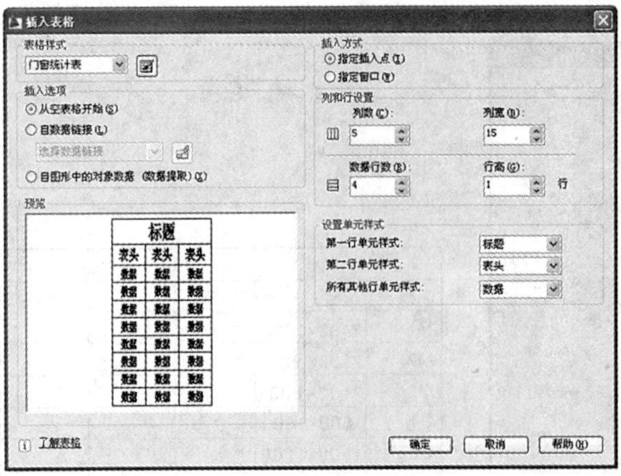

图 7-32　插入表格设置

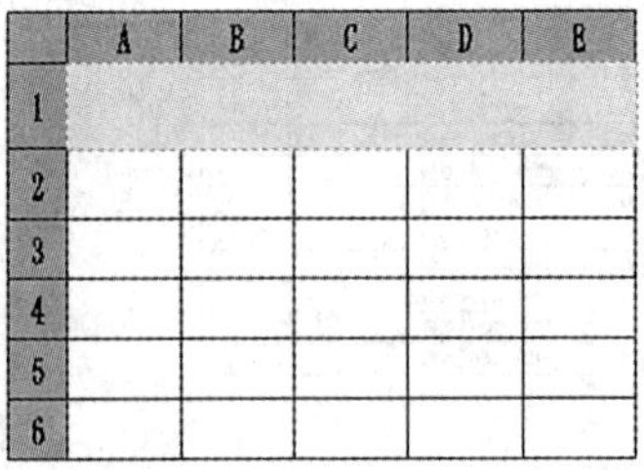

图 7-33　插入门窗统计表

活动 2　编辑表格

对插入的表格样式及内容进行修改，也是创建一个新表格的过程。

2.1　编辑表格单元

在要编辑的单元格中单击左键，系统在功能面板上弹出如图 7-34“表格”选项卡。

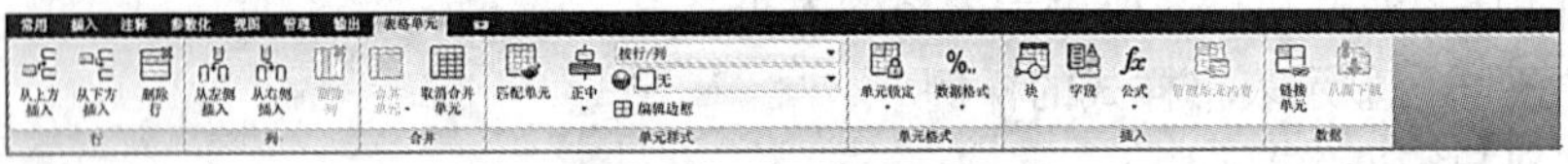

图 7-34　“表格”选项卡

在“表格”选项卡中：

(1)“行”面板：对表格的行进行插入与删除编辑。

(2)“列”面板：对表格的列进行插入与删除编辑。

(3)“合并”面板：对表格进行单元格合并与取消合并。

(4)“单元样式”面板：对选定的单元格进行匹配和对单元格的背景、表格内容及单元格边框进行修改。

(5)“单元格式”面板：对选定的单元格锁定与解锁，同时可改变单元格内内容的格式。

(6)“插入点”面板：对选定的单元格插入块、字段、计算公式和管理单元格内容。

(7)“数据”面板：向选定单元格链接数据或从源下载数据。

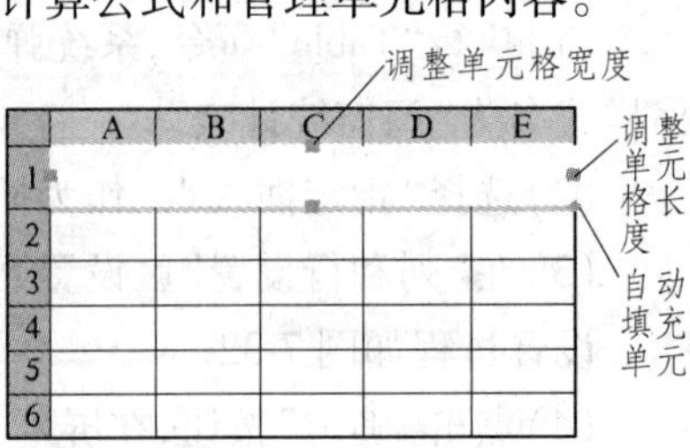

图 7-35　表格单元夹点编辑

在绘图区，表格处于夹点编辑状态，如图 7-35。在此状态下可以改变单元格的大小，并可以自动添加数据。同时，还可以对表格进行结构调整，如插入与删除行和列、合并单元格等。

知识延伸：

对插入的表格，在没有其他命令的状态下，整体选择，如图 7-36。通过单击夹点，拉伸改变表格高度或宽度，或整体移动表格。

注意:在表格夹点编辑状态,只能修改表格的外观,不能改变表格内部结构,如插入与删除行和列、合并单元格等。

2.2 编辑表格内容

在命令行中用键盘输入:“Tabledit”或在表格单元格中双击左键,系统在功能面板上弹出如图 7-8“文字编辑器”选项卡,即“多行文字编辑器”。在绘图区,表格处于编辑状态。

如果关掉功能区,进行“Tabledit”操作,系统弹出如图 7-9“文字格式”工具条。在绘图区,表格处于编辑状态。

在表格编辑状态,用户可根据需要对表格内容进行修改。

知识延伸:

当选择一个单元格后,单击鼠标右键,系统弹出如图 7-37“表格编辑”快捷菜单,用户可通过此快捷菜单对表格内容进行编辑和修改。

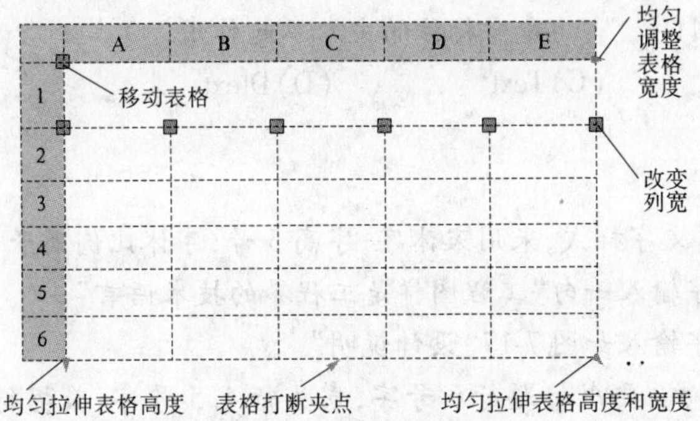

图 7-36 夹点编辑表格

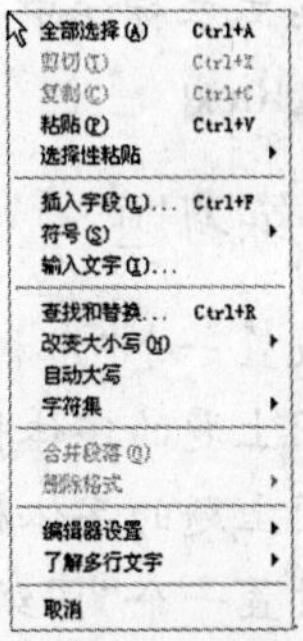

图 7-37 “表格编辑”快捷菜单

项目练习

一、单项选择题

1. 在文字输入过程中,输入“1/2”,在 AutoCAD 中运用(　　)命令过程中可以把此分数形式改为水平分数形式。

(A)单行文字　(B)对正文字　(C)多行文字　(D)文字样式

2. 多行文本标注命令是(　　)。

(A)Text　(B)Mtext　(C)Qtext　(D)Wtext

3. 在进行文字标注时,若要插入“度数”称号,则应输入(　　)。

(A)d%%　(B)%d　(C)d%　(D)%%d

4. 下面(　　)命令用于为图形标注多行文本、表格文本和下划线文本等特殊文字。

(A)Mtext　(B)Text　(C)Dtext　(D)Ddedit

5. 下面(　　)类字体是中文字体。

(A)gbenor. shx　(B)gbeitc. shx　(C)gbcbig. shx　(D)txt. shx

6. 在“文字样式”中将高度设为0,在该样式下标注尺寸,尺寸文本的高度为(　　)。

(A) 0　　(B)2.5

(C)默认是2.5(使用SI制样板文件)或0.2(使用英制样板文件)

(D)默认是0.2(使用SI制样板文件)或2.5(使用英制样板文件)

二、多项选择题

1. 创建文字样式可以利用以下(　　)方法。

(A)在命令输入窗中输入“Style”后按下Enter键,在打开的对话框中创建

(B)选择“格式”→“文字样式”命令后,在打开的对话框中创建

(C)直接在文字输入时创建　　(D)可以随时创建

2. “多行文字编辑器”对话框共有下面几个选项卡(　　)。

(A)样式　　(B)格式　　(C)段落　　(D)插入

3. 在文本标注中Find命令对用(　　)命令标注的文本不起作用。

(A)Rtext　　(B)Arctext　　(C)Text　　(D)Dtext

三、练习题

1. 设置一个“水利工程图用字”文字样式,采用宋体字,字高5号,字体比例因子0.7。

2. 用上题的字体样式,单行文字输入一句“工程图样是工程界的技术语言”。

3. 用上题的字体样式,多行文字输入如图7-17“设计说明”。

4. 设置一个“图纸目录”表格样式,要求标题行6号字,表头行4.5号字,数据行3.5号字。所有用“水利工程图用字”文字样式,所有边框。其他默认。

5. 创建一个“图纸目录”表格,要求3列,5行,列宽35,行高一行。内容如图7-38。

6. 对如图7-38“图纸目录”表格进行编辑,编辑后结果如图7-39。

图纸目录		
序号	图纸编号	图纸名称
1	建施一	建筑总平面图
2	建施二	建筑平面图
3	建施三	建筑立面图
4	结施一	基础图
5	结施二	楼层布置图

图7-38　图纸目录

<table>
<tr><th colspan="4">图纸目录</th></tr>
<tr><td>序号</td><td>类别</td><td>图纸编号</td><td>图纸名称</td></tr>
<tr><td>1</td><td rowspan="3">建施图</td><td>建施一</td><td>建筑总平面图</td></tr>
<tr><td>2</td><td>建施二</td><td>建筑平面图</td></tr>
<tr><td>3</td><td>建施三</td><td>建筑立面图</td></tr>
<tr><td>4</td><td rowspan="2">结施图</td><td>结施一</td><td>基础图</td></tr>
<tr><td>5</td><td>结施二</td><td>楼层布置图</td></tr>
</table>

图7-39　编辑图纸目录

项目八

对图形标注尺寸

➤ 项目导入

工程图样中，绘制基本图形固然十分重要，但绘制完了图形并不代表任务的完成，标注了尺寸，图形绘制才算是完整的。

如图 8-1 平面图形，在项目五中，我们已经分图层绘制了此图。在此，我们再设置一个图层——尺寸线层，对此图进行尺寸标注。

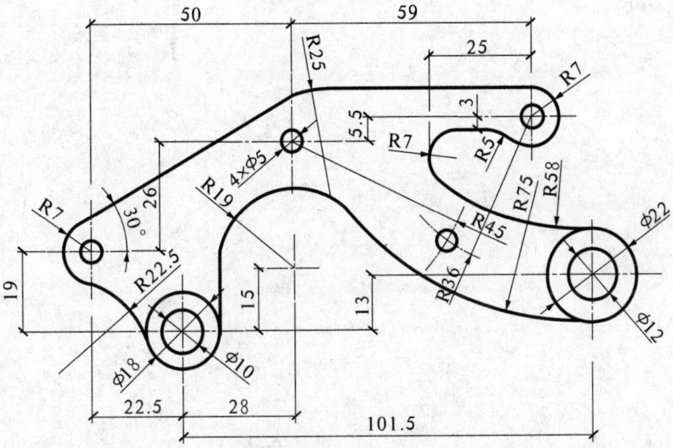

图 8-1　平面图形

➤ 项目说明

尺寸标注包括直线标注、圆弧标注、角度标注、坐标标注、公差标注等，但具体到某一图形时，并不是都要标注，要根据具体情况而定。如图 8-1，我们需要标注直径、半径、距离、角度四种尺寸。

有些时候，在同一张图纸上有多比例绘图，或者同一比例，尺寸样式也不一样。如图 8-1，线性尺寸起止符号是建筑标记，圆弧尺寸是箭头，这就需要对尺寸标注样式进行更改。

这些都是本项目要讲的内容。

➢ 项目主要任务

◇ 基本尺寸标注

1. 线性尺寸标注
2. 圆弧尺寸标注
3. 角度标注
4. 坐标标注
5. 公差标注
6. 其他标注

◇ 多重标注

1. 连续标注
2. 基线标注
3. 快速标注

◇ 创建标注样式

◇ 标注样式修改

任务一 标注基本尺寸

活动 1 研讨图 8-2 尺寸标注

如图 8-2 平面图形,对此图形的尺寸进行研究,回答下面问题。

这是一个包括多种标注形式的图形,有半径、直径、角度、距离等,同样是标注距离,还有不同类型。

学生探究:

(1)如图 8-2,除标注半径、直径、角度外,还有距离。距离尺寸属直线标注尺寸。

讨论:此图中的直线标注包括:________,________,________,________四种形式。

(2)和图 8-3 相对比,哪个图形标注有错误,哪些尺寸标注是错误的?

(3)如何实现图 8-3 中的 2 - R7 的标注样式?2 - R7 是什么意思?图中 $2\phi - 6$ 的样式对吗?$2 - \phi6$ 表示什么意思?

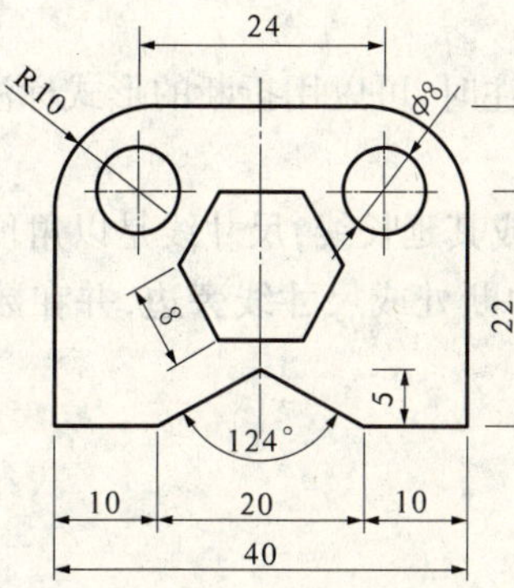

图 8-2 平面图形

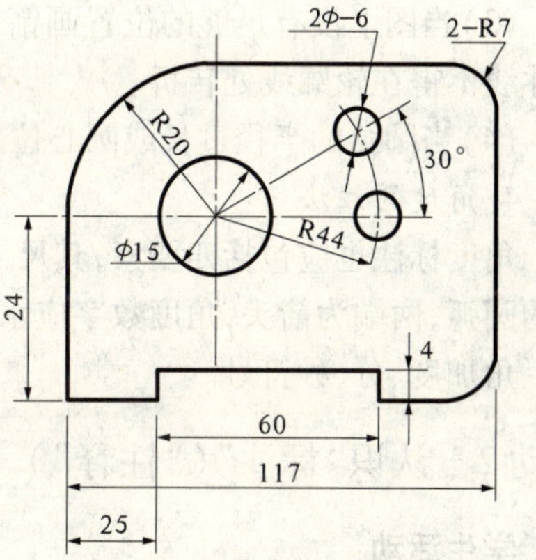

图 8-3 平面图形尺寸标注

◇ 小知识 ◇(来自《制图标准》,有调整)

1. 尺寸四要素

一个完整的尺寸应包括四个要素。

(1)尺寸界线。表示尺寸的范围。尺寸界线用细实线画出,一般应与被注轮廓垂直,其一端与轮廓线之间留有 2 ~ 3 mm 空隙。轮廓线、中心线可以作为尺寸界线。

(2)尺寸线。表示尺寸度量方向。尺寸线用细实线绘制,不能以图样中的任何其他线代替。尺寸线应平行于被注轮廓,两端与尺寸界线相接但不应超出。

(3)尺寸起止符号,也称尺寸线终端。表示尺寸的起、止。其形式为细而长的填黑箭头。必要时可用 45°中粗短划线表示,短划线长 2 ~ 3 mm。

(4)尺寸数字。表示物体的实际大小。单位为毫米(mm),与画图的比例及误差无关。

2. 线性尺寸的注法

(1)标注互相平行的尺寸时,应使小尺寸在里面,大尺寸在外面,两平行尺寸线之间的距离为 7 ~ 10 mm。

(2)当尺寸界线的距离较小时,可将部分尺寸要素(如箭头、尺寸数字)移至尺寸界线外侧。连续尺寸的中间部分无法画箭头时,可用小黑圆点代替箭头。

(3)线性尺寸的数字应按下述方向注写:水平尺寸数字写在尺寸线中部上方,字头朝上;竖直方向的尺寸数字写在尺寸线的左方,字头朝左;倾斜方向的尺寸数字顺尺寸线写在其上方,字头趋向上。30°范围内尽量不标注尺寸,若不可避免,可以引出标注。

3. 圆、圆弧的尺寸注法

(1)圆和大于半圆的圆弧应注直径尺寸,并在尺寸数字前加注符号“ϕ”或“D”(一般金属材料用“ϕ”,其他材料用“D”)。半圆及小于半圆的圆弧注半径尺寸,尺寸数字前加注符号“R”。标注球面直径或半径时,应在符号“ϕ”或“R”前再加注符号“S”。

(2)标注圆、圆弧的直径或半径尺寸时,通常以其轮廓线为尺寸界线。标注直径的尺寸线应通过圆心(但不得与中心线重合),两端箭头指向圆周。标注半径的尺寸线应自圆心引向圆弧,并在指向圆弧的一端画箭头。

(3)当图上没有足够的位置画箭头、注写尺寸数字时,可将其移至图外。但应注意,尺寸线不得在轮廓线处转折。

(4)当圆弧的半径过长或圆心位置在图纸内无法标注时,可以用折断的形式标注。

4. 角度的注法

角度标注也应包括四要素,其尺寸界线是角的两边或其延长线,尺寸线是以角顶为圆心的圆弧,两端为箭头,角度数字应水平书写在尺寸线中断处或尺寸线旁边,并在数字的右上角加度、分、秒符号。

活动 2　认识“标注”(“注释”)

学生活动:

在功能区,观察常用→注释和“注释”选项卡(如图 8-4),我们可以归纳,“注释”的内容有文字标注、尺寸标注、多重引线标注、表格标注、标注样式五大部分,除此之外,还有标记与注释缩放。这里只介绍尺寸标注。

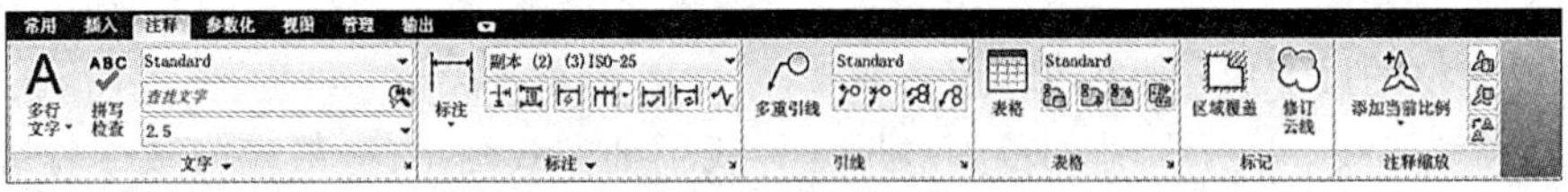

图 8-4　“注释”选项卡

在“二维草图与注释”工作空间下,显示菜单栏。在菜单栏中,选择:工具→工具栏→AutoCAD→标注,调出“标注”工具条,如图 8-5。

图 8-5　“标注”工具条

对比“注释”面板,我们可以将“标注”工具条分为基本标注、标注编辑和标注样式三部分。基本标注再细分,可以分为直线标注、圆弧标注、角度标注、坐标标注、多重标注、其他标注。

据此,填写表 8-1。

表 8-1 “注释”面板

类型		标注命令或样式	作用
文字标注		单行文字	
尺寸标注	直线标注		
	圆弧标注		
		弧长	
		圆心标记	
	角度标注		
	坐标标注		
	多重标注	快速标注	
	公差标注		
	其他标注		
		折弯线性	
引线标注			
表格			
标注编辑			
标注样式			
标记			
注释缩放			

活动3　标注基本尺寸

3.1　直线标注

1. 线性标注

1)功能

对指定的位置或对象的水平或垂直部分来创建标注。

2)命令的调用

在命令行中用键盘输入:“Dimlinear”;在下拉菜单中点击:标注→线性;在功能面板上选择:常用→注释→线性;在功能面板上选择:注释→标注→线性。

3)操作指导

(1)在命令行输入:Dimlinear。

命令:_Dimlinear

指定第一条延伸线原点或 <选择对象>:

指定第二条延伸线原点:

指定尺寸线位置或

[多行文字(M)/文字(T)/角度(A)/水平(H)/垂直(V)/旋转(R)]:

标注文字 =11.49

(2)按 Enter 键选择要标注的对象,或指定第一条或第二条尺寸延伸线的原点。

(3)在指定尺寸线位置之前,可以替代标注方向并编辑文字、文字角度或尺寸线角度:

①要旋转尺寸延伸线,请输入 R(旋转)。然后输入尺寸线角度。

②要编辑文字,请输入 M(多行文字)。在“多行文字编辑器”中修改文字。单击“确定”。

③在尖括号内编辑或覆盖尖括号(< >)将修改或删除程序计算的标注值。通过在括号前后添加文字可以在标注值前后附加文字。

④要旋转文字,请输入 A(角度)。然后输入文字角度。

(4)指定尺寸线的位置。

4)参数说明

“多行文字(M)”:输入 M 后回车,系统会弹出如图 8-6“多行文字编辑器”对话框,用户可在此对话框中输入尺寸数字。

“文字(T)”:选择 T 后,系统提示输入标注文字。

“角度(A)”:选择 A 后,系统提示输入标注文字与尺寸线倾斜的角度。

“水平(H)”:选择 H 后,系统取消默认,强制执行水平标注。

“垂直(V)”:系统强制执行垂直标注。

“旋转(R)”:选择 R 后,系统提示输入尺寸线的旋转角度。

图 8-6　多行文字编辑器

注意:线性标注只是测量两个点之间的距离,常用做标注水平方向和竖直方向的尺寸。

5)操作示例

标注三角形(如图 8-7)的底边和高的尺寸。

过程略,结果如图 8-8。

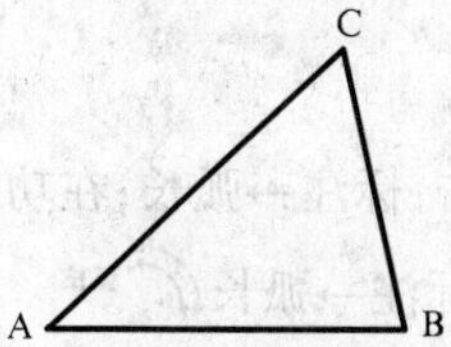

图 8-7　三角形

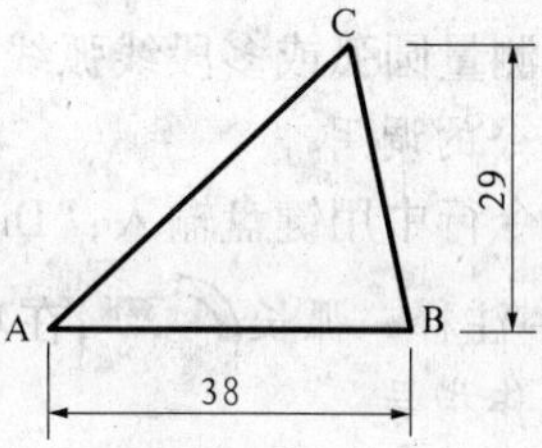

图 8-8　完成标注

2. 对齐标注

1)功能

创建与指定位置或对象平行的标注。在对齐标注中,尺寸线平行于尺寸延伸线原点连成的直线。

2)命令的调用

在命令行中用键盘输入:"Dimaligned";在下拉菜单中点击:标注→线性;在功能面板上选择:常用→注释→对齐;在功能面板上选择:注释→标注→对齐。

3)操作指导

命令:_Dimaligned

指定第一条尺寸界线原点或 <选择对象>:　(指定标注对象的起点,直接回车后,要求选择标注的对象)

指定第二条尺寸界线原点:　(指定标注对象的终点)

指定尺寸线位置或

[多行文字(M)/文字(T)/角度(A)]:

标注文字 =43

其操作过程和相关参数的含义与线性标注里的含义相同。

注意:对齐标注主要是在标注斜线时用到。

4)操作示例

对多边形(如图 8-9)的边长标注尺寸。

过程略,结果如图 8-10。

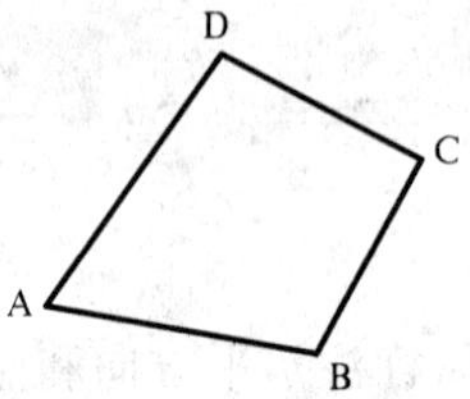

图 8-9　多边形

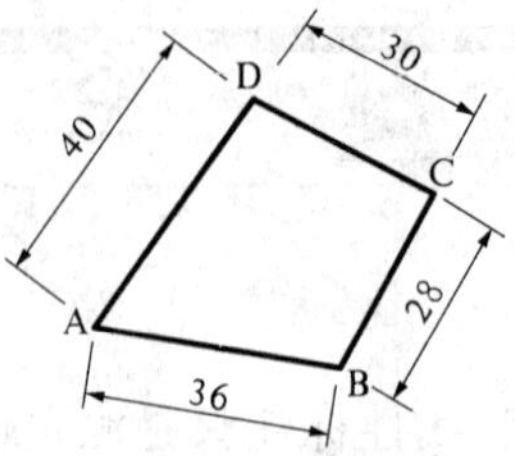

图 8-10　完成标注

3.2　圆弧线标注

1. 弧长标注

1)功能

用于测量圆弧或多段线弧线段上的距离。

2)命令的调用

在命令行中用键盘输入:“Dimarc”;在下拉菜单中点击:标注→弧长;在功能面板上选择:常用→注释→弧长 弧长;在功能面板上选择:注释→标注→弧长 弧长。

3)操作指导

(1)命令: _Dimarc

选择弧线段或多段线弧线段:　(选择圆弧)

指定弧长标注位置或[多行文字(M)/文字(T)/角度(A)/部分(P)/引线(L)]:

标注文字 =30

(2)选择圆弧或多段线弧线段。

(3)指定尺寸线的位置。

4)参数说明

“指定弧长标注位置”:确定弧长标注的位置。

“多行文字(M)”:输入 M 后回车,系统会弹出如图 8-6“多行文字编辑器”对话框,用户可在此对话框中输入尺寸数字。

“文字(T)”:输入 T 后回车,系统会提示输入标注文字。

“角度(A)”:输入 A 后回车,系统会提示输入标注文字旋转的角度。

“部分(P)”:只标注某段圆弧的一部分弧长。输入 P 后回车,命令行有如下的提示:

指定弧长标注位置或[多行文字(M)/文字(T)/角度(A)/部分(P)/引线(L)]:P↙

指定圆弧长度标注的第一个点:(指定从圆弧上的那个点开始标注)

指定圆弧长度标注的第二个点:(指定从圆弧上的那个点结束标注)

“引线(L)”:当标注大于 90°的圆弧(或弧线段)时确定是否加引线,所加的引线是指向所标注圆弧的圆心的。

注意:在标注弧长时,弧长符号位置的确定是通过标注样式——“符号和箭头”选项卡来进行控制的。

5)操作示例

对图 8-11 中的两段圆弧标注尺寸。

过程略,结果如图 8-12。

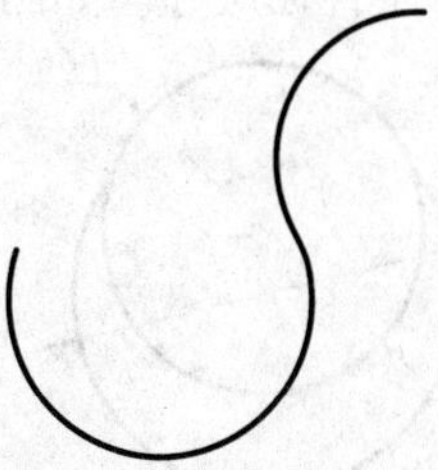

图 8-11　相切圆弧

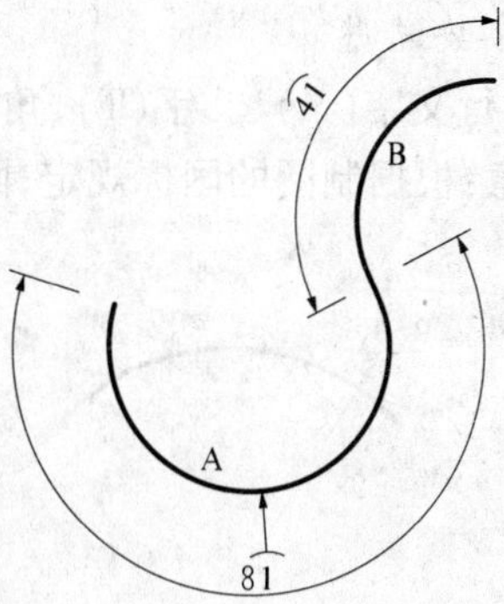

图 8-12　加引线与不加引线区别

2. 半径标注

1)功能

半径标注使可选的中心线或中心标记测量圆弧和圆的半径与直径。

2)命令的调用

在命令行中用键盘输入:"Dimradius";在下拉菜单中点击:标注→半径;在功能面板上选择:常用→注释→半径;在功能面板上选择:注释→标注→半径。

3)操作指导

命令: _Dimradius

选择圆弧或圆:(选择要标注的圆弧或圆)

标注文字 =12

指定尺寸线位置或[多行文字(M)/文字(T)/角度(A)]:(指定尺寸线的位置或执行后面的命令)

4)参数说明

"多行文字(M)、文字(T)、角度(A)":M、T、A 的含义与前述内容相同。

注意:根据制图国标规定,小于或等于半圆的圆弧应标注半径尺寸。如图 8-13。

3. 直径标注

1)功能

直径标注使可选的中心线或中心标记测量圆弧和圆的半径与直径。

2)命令的调用

在命令行中用键盘输入:"Dimdiameter";在下拉菜单中点击:标注→直径;在功能面板上选择:常用→注释→直径;在功能面板上选择:注释→标注→直径。

3)操作指导

命令: _Dimdiameter

选择圆弧或圆:(选择要标注的圆弧或圆)

标注文字 =66

指定尺寸线位置或[多行文字(M)/文字(T)/角度(A)]:　(指定尺寸线的位置或执行后面的命令)

4）参数说明

“多行文字（M）、文字（T）、角度（A）”：M、T、A 的含义与前述内容相同。

注意：根据制图的国标规定，圆或大于半圆的圆弧应标注直径尺寸。如图 8-14。

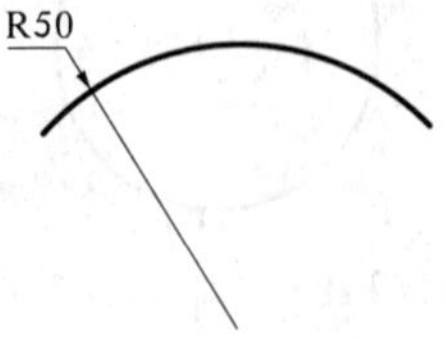

图 8-13　标注圆弧半径

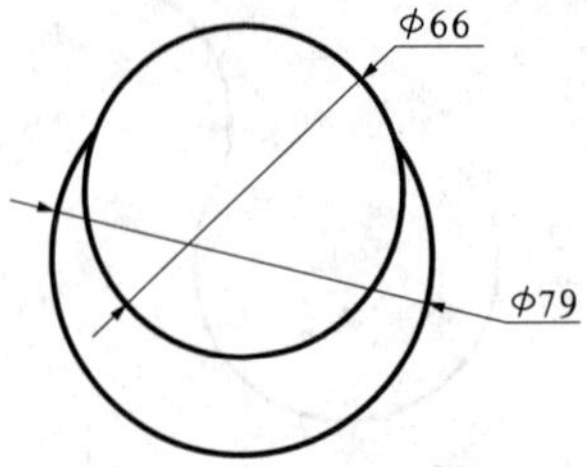

图 8-14　标注直径

4. 折弯标注

1）功能

当圆弧或圆的中心位于布局之外并且无法在其实际位置显示时，用折弯半径标注。在更方便的位置指定标注的原点，做中心位置替代。

2）命令的调用

在命令行中用键盘输入：“Dimjogged”；在下拉菜单中点击：标注→折弯；在“标注”工具条上单击：折弯。

3）操作指导

命令：_Dimjogged（选择要标注的圆弧或圆）

选择圆弧或圆：

指定图示中心位置：（选择要标注的圆弧或圆的中心点）

标注文字 = 907.08

指定尺寸线位置或 [多行文字（M）/文字（T）/角度（A）]：

指定折弯位置：（选择折弯位置）

4）参数说明

“多行文字（M）、文字（T）、角度（A）”：M、T、A 的含义与前述内容相同。

5. 圆心标记

1）功能

创建圆和圆弧的圆心标记或中心线。

2）命令的调用

在命令行中用键盘输入：“Dimcenter”；在下拉菜单中点击：标注→圆心标记；在功能面板上选择：注释→标注→圆心标记。

3）操作指导

命令：_Dimcenter

选择圆弧或圆：（选择要标注的圆弧或圆）

注意：圆心标记类型有三种，它们分别是：无、标记、直线。另外，还可以设置圆心标记的大小。实际应用时，要根据具体情况。

3.3　角度标注

1. 功能

角度标注是指测量两条直线或三个点之间的角度。要测量圆的两条半径之间的角度,可以选择此圆,然后指定角度端点。对于其他对象,需要选择对象然后指定标注位置。还可以通过指定角度顶点和端点标注角度。

2. 命令的调用

在命令行中用键盘输入:“Dimangular”;在下拉菜单中点击:标注→角度;在功能面板上选择:常用→注释→角度;在功能面板上选择:注释→标注→角度。

3. 操作指导

命令: _Dimangular

选择圆弧、圆、直线或 <指定顶点>:(选择要标注的圆弧、圆、直线或直接回车后执行 <指定顶点>的命令)

选择第二条直线:(选择要标注角的第二边)

指定标注弧线位置或[多行文字(M)/文字(T)/角度(A)]:(指定圆弧线的位置或执行后面的命令)

标注文字 =57

4. 参数说明

当我们选择“圆弧”时如图 8-15(a),系统会执行以下的命令过程:

命令: _Dimangular

选择圆弧、圆、直线或 <指定顶点>:(选择圆弧)

指定标注弧线位置或[多行文字(M)/文字(T)/角度(A)]:

标注文字 =116

当我们选择“圆”时如图 8-15(b),系统会执行以下的命令过程:

命令: _Dimangular

选择圆弧、圆、直线或 <指定顶点>:(选择圆上的第一个点)

指定角的第二个端点:(选择圆上的第二个点)

指定标注弧线位置或[多行文字(M)/文字(T)/角度(A)]:

标注文字 =90

当我们选择“直线”时如图 8-15(c),所要标注的是两直线夹角。命令过程如下:

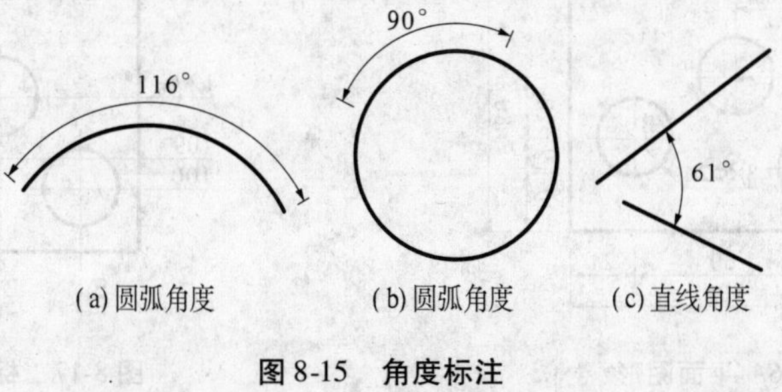

(a) 圆弧角度　　(b) 圆弧角度　　(c) 直线角度

图 8-15　角度标注

命令：_Dimangular

选择圆弧、圆、直线或 <指定顶点>：(选择直线夹角的第一条边)

选择第二条直线：(选择直线夹角的第二条边)

指定标注弧线位置或 [多行文字(M)/文字(T)/角度(A)]：

标注文字 =61

注意:在标注圆弧和圆的角度时实际上是标注它们两点之间的圆心角。根据制图标准的规定,角度数字应水平书写(字头始终向上)。

3.4 坐标标注

1. 功能

坐标标注是测量原点(称为基准)到特征部位(例如部件上的一个孔)的垂直距离。

2. 命令的调用

在命令行中用键盘输入:“Dimordinate”;在下拉菜单中点击:标注→坐标;在功能面板上选择:常用→注释→坐标;在功能面板上选择:注释→标注→坐标。

3. 操作指导

命令：_Dimordinate

指定点坐标：(选择要标注的点)

指定引线端点或 [X 基准(X)/Y 基准(Y)/多行文字(M)/文字(T)/角度(A)]：(指定引线的端点或执行后面的命令)

标注文字 = 906

4. 参数说明

“X 基准(X)”:输入 X 后回车,系统只标注点的 X 坐标。

“Y 基准(Y)”:输入 Y 后回车,系统只标注点的 Y 坐标。

“多行文字(M)”:输入 M 后回车,系统通过多行文字编辑器来标注内容。

“文字(T)”:通过单行文字来修改标注的内容。

“角度(A)”:确定标注文字的倾斜角度。

注意:坐标标注是以世界坐标系或用户坐标系的原点为基点来进行标注的。

5. 操作示例

对图 8-16 标注圆心 A、B、C 三点的坐标。

过程略,结果如图 8-17。

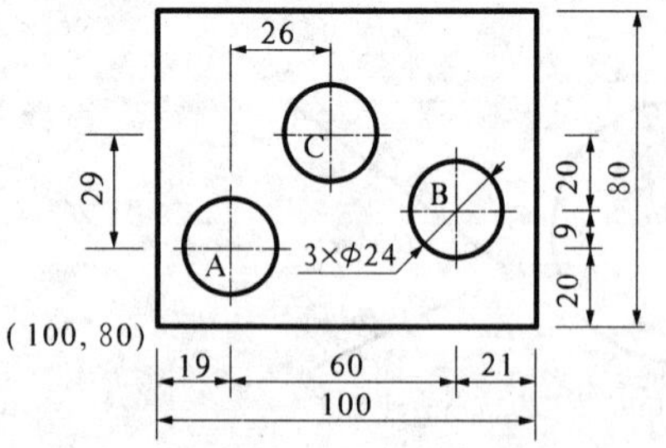

图 8-16 平面图形

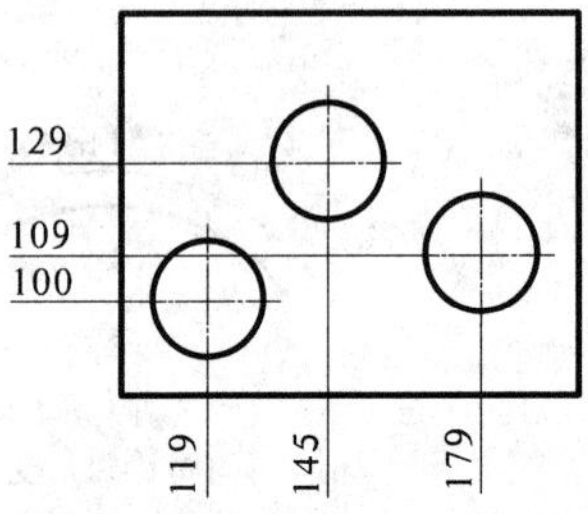

图 8-17 标注坐标

3.5 多重标注

1. 快速标注

1) 功能

从选定的对象快速创建一系列基线或连续标注，或者为一系列圆或圆弧创建标注。创建的线性标注可以是水平、垂直、对齐、旋转、基线或连续(链式)。

2) 命令的调用

在命令行中用键盘输入："Qdim"；在下拉菜单中点击：标注→快速标注；在功能面板上选择：注释→标注→快速标注。

3) 操作指导

命令：_Qdim

关联标注优先级 = 端点

选择要标注的几何图形：指定对角点：找到 10 个

选择要标注的几何图形：

指定尺寸线位置或

[连续(C)/并列(S)/基线(B)/坐标(O)/半径(R)/直径(D)/基准点(P)/编辑(E)/设置(T)]

<连续>：

4) 参数说明

"选择要标注的几何图形"：把要标注的图形部分或全部选择。

"指定尺寸线位置"：把尺寸线放置在合适的位置上。

"连续(C)"：连续性地标注尺寸即一个尺寸接着一个尺寸，自动对齐。

"并列(S)"：将所标注的尺寸有层次地排列，小的尺寸在里边，大的尺寸在外边。

"基线(B)"：所有的尺寸共用一条起点的尺寸界线。

"坐标(O)"：对所选的图形中的点标注坐标。

"半径(R)"：对所选的图形中的圆弧标注半径。

"直径(D)"：对所选的图形中的圆弧标注直径。

"基准点(P)"：指定标注的基准点。

"编辑(E)"：对标注的尺寸点进行编辑。

"设置(T)"：将尺寸界线原点设置为默认对象捕捉方式。

注意：如果在标注图形时不需要修改尺寸数字，则可以采用快速标注。

5) 操作示例

将图 8-18 中的三个圆进行快速标注。

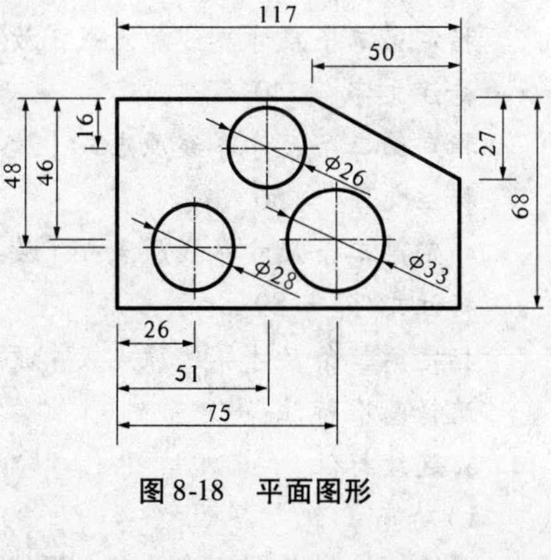

图 8-18　平面图形

2. 基线标注

1) 功能

基线标注是自同一基线处测量的多个标注。在创建基线标注之前,必须创建线性、对齐或角度等的基本标注。也可自当前任务的最近创建的标注中以增量方式创建基线标注。

2) 命令的调用

在命令行中用键盘输入:"Dimbaseline";在下拉菜单中点击:标注→基线标注;在功能面板上选择:注释→标注→基线标注。

3) 操作指导

命令: _Dimbaseline

选择基准标注:(在进行基线标注时,如果先标注了基准尺寸,则就不会出现此命令行)

指定第二条尺寸界线原点或 [放弃(U)/选择(S)] <选择>:

标注文字 =40

4) 操作示例

如图 8-19,进行基线标注。

首先标注 26 的线性尺寸。

命令: _Dimlinear

指定第一条尺寸界线原点或 <选择对象>:(选择 A 点)

指定第二条尺寸界线原点:(选择 B 点)

指定尺寸线位置或

[多行文字(M)/文字(T)/角度(A)/水平(H)/垂直(V)/旋转(R)]:

标注文字 =26

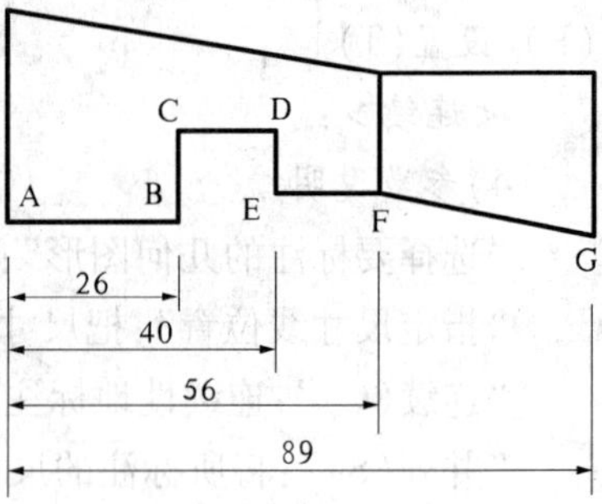

图 8-19 基线标注

然后用基线标注标注其他尺寸。

命令: _Dimbaseline

指定第二条尺寸界线原点或 [放弃(U)/选择(S)] <选择>:(选择 E 点)

标注文字 = 40

指定第二条尺寸界线原点或 [放弃(U)/选择(S)] <选择>:(选择 F 点)

标注文字 = 56

指定第二条尺寸界线原点或 [放弃(U)/选择(S)] <选择>:(选择 G 点)

标注文字 = 89

指定第二条尺寸界线原点或 [放弃(U)/选择(S)] <选择>:↙

选择基准标注:

3. 连续标注

1) 功能

连续标注是首尾相连的多个标注。在创建连续标注之前,必须创建线性、对齐或角度标注。也可自当前任务的最近创建的标注中以增量方式创建连续标注。

2)命令的调用

在命令行中用键盘输入:“Dimcontinue”;在下拉菜单中点击:标注→连续标注;在功能面板上选择:注释→标注→连续标注。

3)操作指导

命令: _Dimcontinue

选择连续标注:

指定第二条尺寸界线原点或[放弃(U)/选择(S)] <选择>:

标注文字 = 14

4)参数说明

“选择连续标注”:选择一个已经标注好的尺寸为基准尺寸。

“指定第二条尺寸界线原点”:选择第二个尺寸界线的起点。

“放弃(U)”:输入 U 然后回车,退出连续标注。

“选择(S)”:缺省情况下,系统继续选择下一条尺寸线的起点;输入 S,系统要求选择一个尺寸的尺寸界线作为连续标注的起始线。

5)操作示例

我们对图 8-19 进行连续标注。

首先标注 26 的线性尺寸。

然后用连续标注,标注其他尺寸。

命令: _Dimcontinue

指定第二条尺寸界线原点或[放弃(U)/选择(S)] <选择>:(选择 E 点)

标注文字 =14

指定第二条尺寸界线原点或[放弃(U)/选择(S)] <选择>:(选择 F 点)

标注文字 =16

指定第二条尺寸界线原点或[放弃(U)/选择(S)] <选择>:(选择 G 点)

标注文字 =33

指定第二条尺寸界线原点或[放弃(U)/选择(S)] <选择>:↙

选择连续标注:

结果如图 8-20。

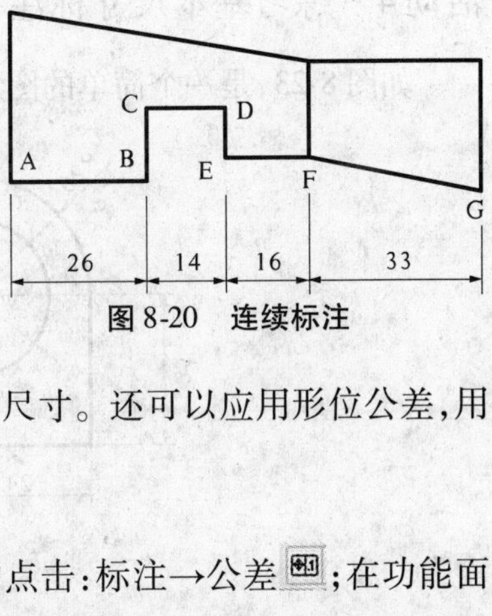

图 8-20 连续标注

3.6 公差标注

1. 功能

通过为标注文字附加公差的方式,直接将公差应用到标注中。标注的公差是指示标注的最大和最小允许尺寸。还可以应用形位公差,用于指示形状、轮廓、方向、位置以及跳动的极限偏差。

2. 命令的调用

在命令行中用键盘输入:“Tolerance”;在下拉菜单中点击:标注→公差;在功能面板上选择:注释→标注→公差。

3. 操作指导

输入“Tolerance”回车后，系统会弹出如图 8-21“形位公差”对话框。

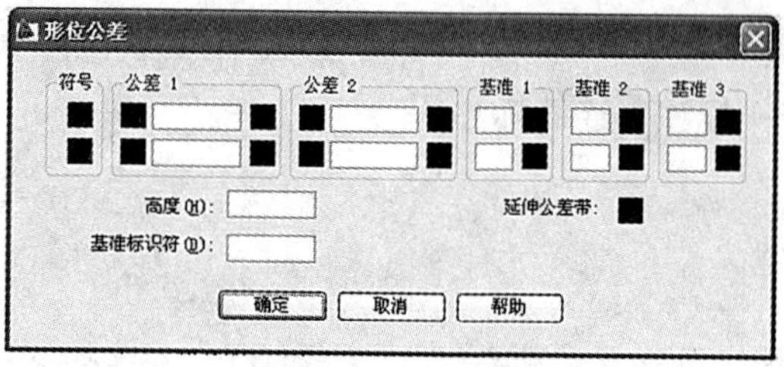

图 8-21　形位公差

4. 参数说明

在该对话框中，可以通过“符号”、“公差”、“基准”等下面的黑框或文本框来设置形位公差。

3.7　其他标注

AutoCAD 2010 还提供了等距标注、折断标注、折弯线性标注和引线标注，其标注要领这里不再详述。标注形式如图 8-22。

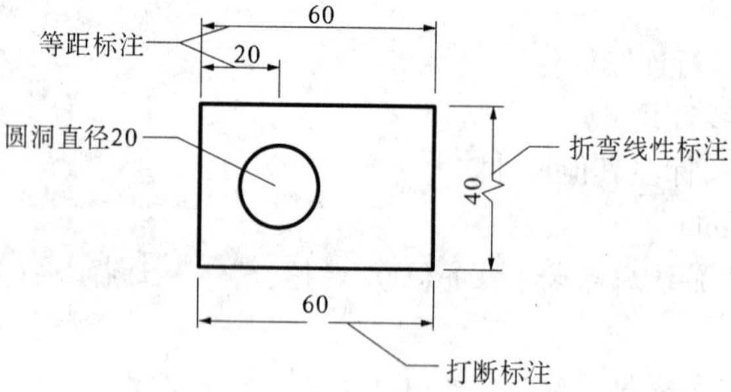

图 8-22　其他标注

活动 4　练习基本尺寸标注

如图 8-23，是一个简单的图形，同时也包括基本的尺寸标注。学生练习标注。

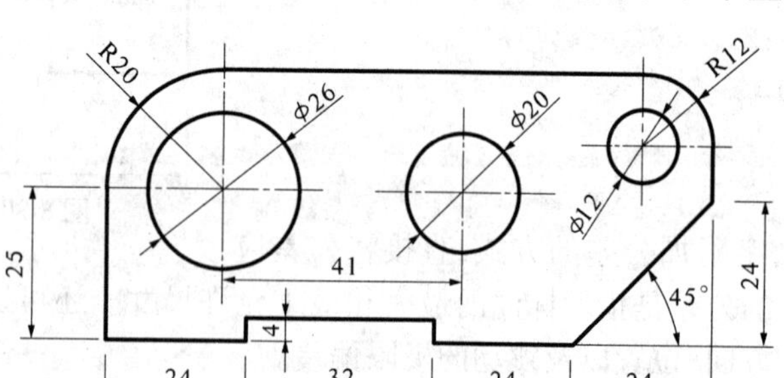

图 8-23　尺寸标注

任务二　设置尺寸标注样式

活动 1　认识尺寸标注样式

在同一张图纸上有时要设置多种标注样式。要想使工程图样中的尺寸标注得既准确又美观,首先应该会设置尺寸的标注样式。设置好标注样式后,选择相应的标注样式就可以进行尺寸标注。

在命令行中用键盘输入:“Dimstyle”或“Dimsty”;在下拉菜单中点击:格式→标注样式或标注→标注样式;在功能面板上选择:常用→注释→标注样式;在功能面板上选择:注释→标注→标注样式。执行“Dimstyle”的命令后,系统会弹出如图 8-24“标注样式管理器”对话框。

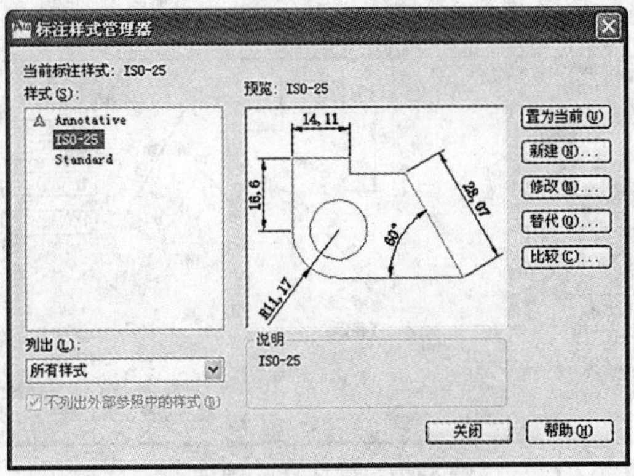

图 8-24　标注样式管理器

在“标注样式管理器”对话框中:

(1)“样式” 列表框:列出已经定义好的标注样式。

(2)“预览”:设置完成后的结果显示。

(3)“列出”:有两种可以选择,一种是“所有样式”;另一种是“正在使用的样式”。

(4)“说明”:说明使用的是哪一种标注样式。

(5)“置为当前”:将设置好的标注样式作为当前样式应用到图形中。

(6)“新建”:创建新的标注样式。

(7)“修改”:修改已创建的标注样式。

活动 2　创建尺寸标注样式

在图 8-24 中,单击 新建(N)... ,系统会弹出如图 8-25“创建新标注样式”对话框。在“创建新标注样式”对话框中,从“用于”列表中选择要应用于子样式的标注类型,单击“继续”。弹出“新建标注样式”对话框,从中选择相应的选项卡并进行标注子样式修改(修改内容及要求见下面“修改标注样式”),单击“确定”。在图 8-24 中,单击“关闭”将退出“标注样式管理器”对话框。

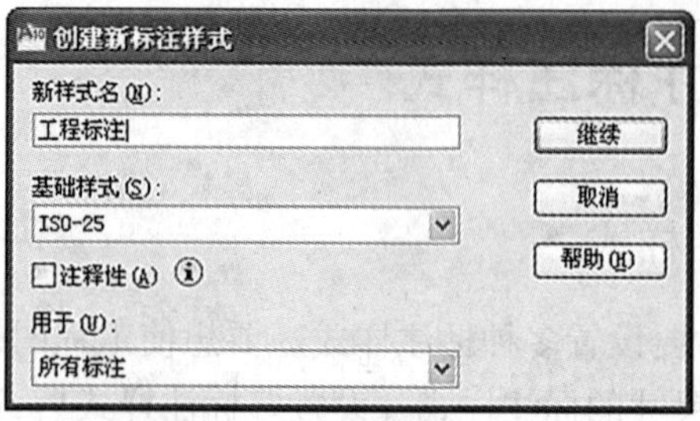

图 8-25　创建新标注样式

活动 3　修改尺寸标注样式

如图 8-26“标注样式管理器”对话框，修改上述建立的“工程标注”样式。

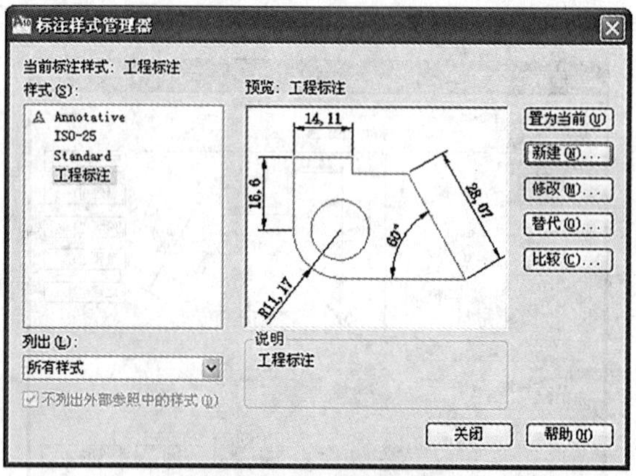

图 8-26　标注样式管理器

在图 8-26 中，点击 修改(M)... 按钮，出现如图 8-27 的“修改标注样式”对话框。对此，做如下修改。

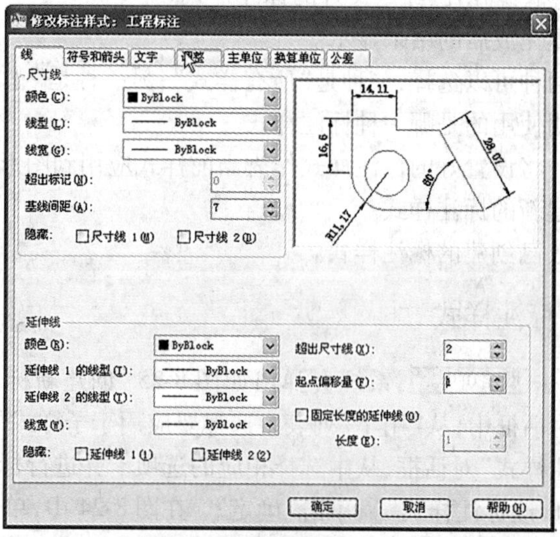

图 8-27　修改标注样式——线

3.1 “线”选项卡

“线”选项卡主要是对“尺寸线”和“延伸线”要素的设置，有二个选项区。

(1)“尺寸线”区有六项内容。

“颜色”：选择尺寸线的颜色。

“线型”：选择尺寸线的线型。

“线宽”：选择尺寸线的宽度。

“超出标记”：当尺寸线终端选用斜线时，尺寸线超出尺寸界线的数值。

“基线间距”：当采用基线标注时，两条尺寸线之间的距离。

“隐藏”：通过选择尺寸线 1 和尺寸线 2 的两个复选框来有选择地隐藏尺寸线。

(2)“延伸线”区有九项内容。

“颜色”：选择尺寸界线的颜色。

“延伸线 1 的线型”：选择延伸线 1 的线型。

“延伸线 2 的线型”：选择延伸线 2 的线型。

“线宽”：选择尺寸界线的线宽度。

“超出尺寸线”：尺寸界线超出尺寸线的长度。

“起点偏移量”：在进行尺寸标注时，标注的目标点与尺寸界线的距离。一般应取 2 ~ 3 mm。

“隐藏”：通过延伸线 1 的线型和延伸线 2 的线型这两个复选框的选择，来达到隐藏尺寸界线的目的。

“固定长度的延伸线”：定义延伸线从尺寸线开始到标注原点的总长度。选择此复选框后，可在其后的“长度”框后输入长度数值。

3.2 “符号和箭头”选项卡

“符号和箭头”选项卡主要是对“尺寸起止符号”要素的设置，如图 8-28，有二个选项区。

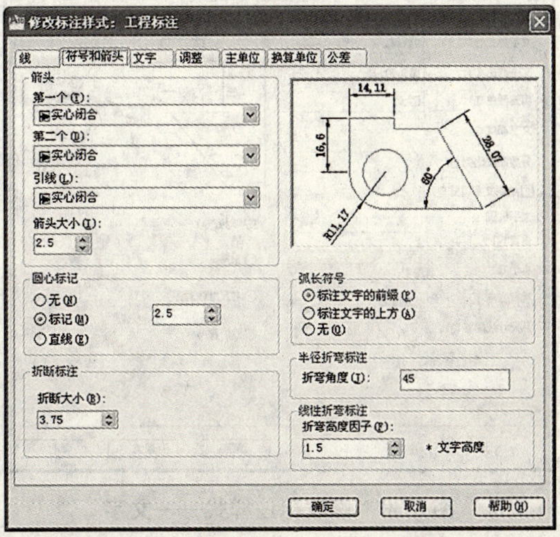

图 8-28　修改标注样式——符号和箭头

(1)“箭头”区有四项内容。

“第一个”、“第二个”:根据制图标准不同来选择尺寸线终端的形式。

“引线”:在用引线标注时引线的终端形式。

“箭头大小”:尺寸线或引线终端的大小。

(2)“圆心标记”区有四项内容。

“无”:选择此项后,系统将不创建对圆或圆弧的圆心标记或中心线。

“标记”:选择此项后,系统将创建对圆或圆弧的圆心标记或中心线。

“直线”:选择此项后,系统将创建圆或圆弧的中心线。

“大小”:设置圆心标记或中心线超出圆或圆弧外的大小。

(3)“折断标注”:“折断大小”是显示和设置用于折断标注的间距大小。

(4)“弧长符号”区有三项内容。

“标注文字的前缀”:选择此项后,系统将标注的弧长符号放在文字的前面。

“标注文字的上方”:选择此项后,系统将标注的弧长符号放在文字的上方。

“无”:选择此项后,系统在标注时不显示弧长符号。

(5)“半径折弯标注”:“折弯角度”是确定折弯半径标注中,尺寸线的横向线段的角度。如图 8-29。

(6)“线性折弯标注”:通过形成折弯的角度的两个顶点之间的距离确定折弯高度。

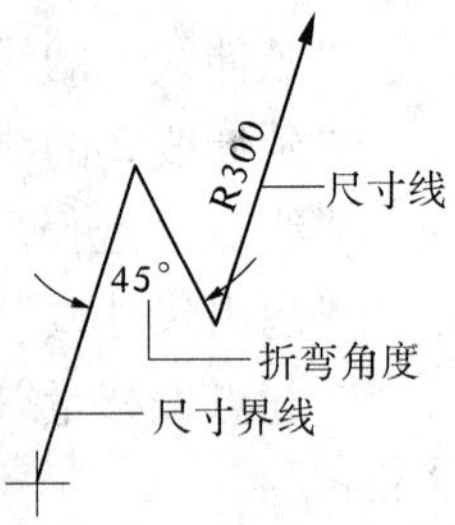

图 8-29 折弯角度

3.3 “文字”选项卡

“文字”选项卡主要是对“尺寸数字”要素的设置,如图 8-30。在“文字”选项卡上有三个选项区。

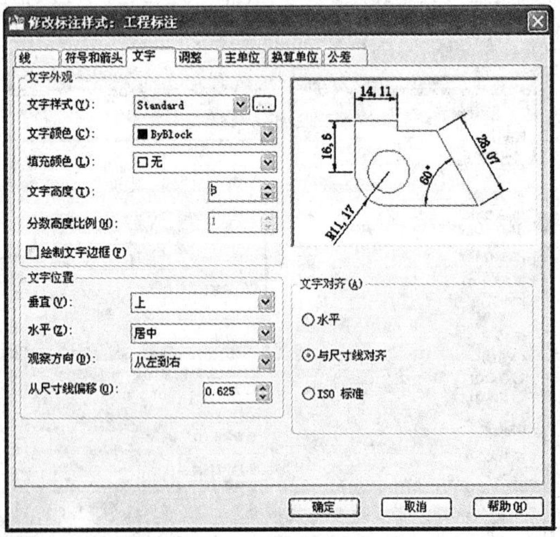

图 8-30 修改标注样式——文字

(1)“文字外观”区有六项内容。

"文字样式":选择标注数字的样式。

"文字颜色":选择标注数字的颜色。

"填充颜色":在标注时选择数字背景的颜色。

"文字高度":根据制图标准来确定数字的高度。

"分数高度比例":当"单位格式"为"分数"时,此项亮显。可以来设置数字的高度。该数值为一系数。

"绘制文字边框":选择此项时,标注的数字带一边框。

(2)"文字位置"区有三项内容。

"垂直":设置垂直于尺寸线的数字的位置。

"水平":设置沿尺寸线方向上的数字的位置。

"从尺寸线偏移":设置尺寸数字的底部离尺寸线的距离。

(3)"文字对齐"区有三项内容。

"水平":选择该项后,所有的尺寸数字字头始终向上。

"与尺寸线对齐":选择该项后,所有的尺寸数字与尺寸线都垂直。

"ISO 标准":选择该项后,凡是在尺寸界线内的文字均与尺寸线垂直,而在尺寸界线外的文字均水平排列。

3.4 "调整"选项卡

"调整"选项卡控制标注文字、箭头、引线和尺寸线的放置。

如图 8-31,在该选区中包括四个选区,即"调整选项"、"文字位置"、"标注特征比例"、"优化"。

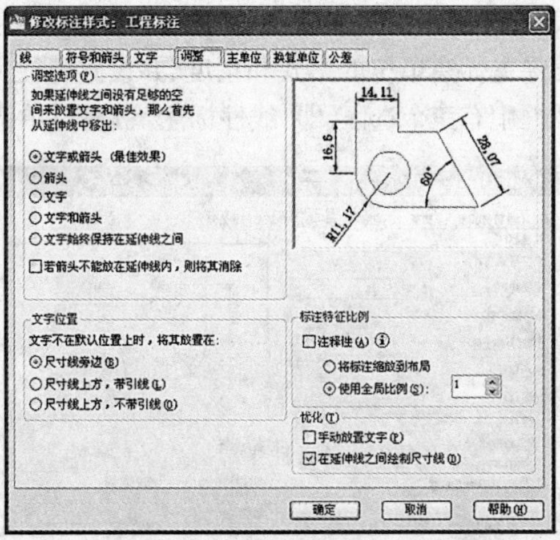

图 8-31 修改标注样式——调整

(1)"调整选项"区有六项内容,用于控制基于延伸线之间可用空间的文字和箭头的位置。

"文字和箭头(最佳效果)":选择该项时,尺寸数字和箭头按最佳的效果放置。

"箭头":选择该项时,当尺寸界线的范围内只能放下箭头时,则箭头放在尺寸界线内,尺寸数字放在尺寸界线外的引线上。

"文字":选择该项时,当尺寸界线的范围内只能放下尺寸数字时,则尺寸数字放在尺寸界线内,箭头放在尺寸界线外。

"文字和箭头":选择该项时,当尺寸界线的范围内既不能放下尺寸数字也不能放下箭头时,则尺寸数字和箭头均放在尺寸界线外。

"文字始终保持在延伸线之间":选择该项时,不管尺寸界线的范围内能不能放下尺寸数字,尺寸数字都始终保持在尺寸界线范围内。

"若箭头不能放在延伸线内,则将其消除":选择该项时,若延伸线范围内放不下尺寸数字和箭头,则将箭头消除掉。

(2)"文字位置"选项区有三个选项。

"尺寸线旁边":当尺寸数字不在默认位置时,将其放置在尺寸线的旁边。

"尺寸线上方,带引线":当尺寸数字不在缺省位置时,将其置于尺寸线的上方,加引线。

"尺寸线上方,不带引线":当尺寸数字不在缺省位置时,将其置于尺寸线的上方,不加引线。

(3)"标注特征比例"区有两项内容。

"将标注缩放到布局":按模型空间或图纸空间的缩放比例关系来标注尺寸。

"使用全局比例":尺寸标注的变量采用同一比例,但不更改标注的测量值。

(4)"优化"选项区有两项内容。

"手动放置文字":选择该项时,根据系统的提示来放置尺寸数字。

"在延伸线之间绘制尺寸线":选择该项时,不管延伸线之间的空间是否够用,系统都会在延伸线之间绘制尺寸线。

3.5 "主单位"选项卡

"主单位"选项卡设置主标注单位的格式和精度,并设置标注文字的前缀和后缀。

如图8-32,在该对话框中有三个选区,即"线性标注"、"测量单位比例"、"角度标注"。

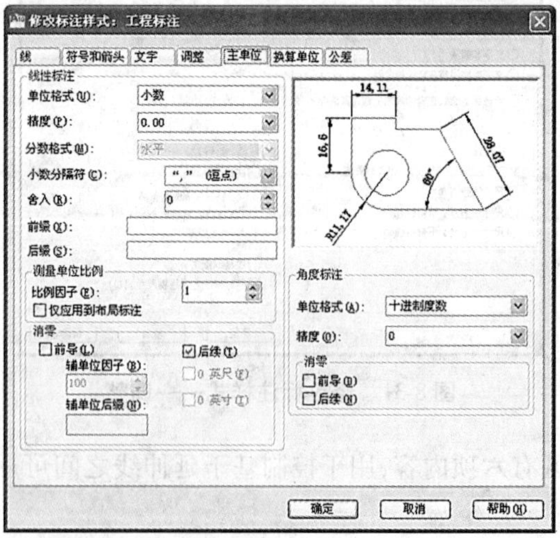

图8-32 修改标注样式——主单位

(1)"线性标注"选项区有七项内容。

"单位格式":根据绘图的需要来选择线性标注的单位格式。单位格式主要有小数、科学、建筑等。

"精度":设置尺寸数字小数点的位数。

"分数格式":当单位格式为分数时,设置尺寸分数的放置格式。

"小数分隔符":设置整数和小数之间的分隔符的形式。有句号、逗点等。

"舍入":设置线性标注中尺寸数字小数点后面的位数,进行四舍五入。

"前缀"、"后缀":在尺寸数字的前面或后面加上特殊符号。

(2)"测量单位比例"选区有三项内容:

"比例因子":根据绘图比例的变化来选择合适的比例因子。例如绘图比例为1:100,则在比例因子选项中输入100。

"仅应用到布局标注":控制是否把比例因子仅应用到布局标注中。

"消零":通过选择前导或后续来达到在尺寸数字的前面或后面是否显示零。

(3)"角度标注"区有三项内容。

"单位格式":根据绘图需要来设置角度的单位格式。角度的单位格式有十进制度数、弧度等。

"精度":设置角度数字小数点的位数。

"消零":通过选择前导或后缀来达到在角度数字的前面或后面是否显示零。

3.6 "换算单位"选项卡

如图8-33,在该对话框中,通过对换算单位、位置、消零等项的设置,来达到两种单位换算的目的。我们在今后的实际绘图中用到该选项卡比较少,这里就不一一叙述了。

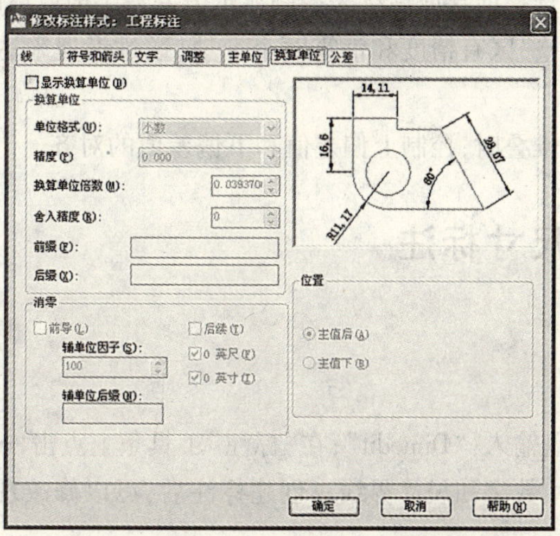

图8-33　修改标注样式——换算单位

3.7 "公差"选项卡

如图8-34,在该对话框中,包括"公差格式"、"换算单位公差"、"公差对齐"和"消零"等选区。

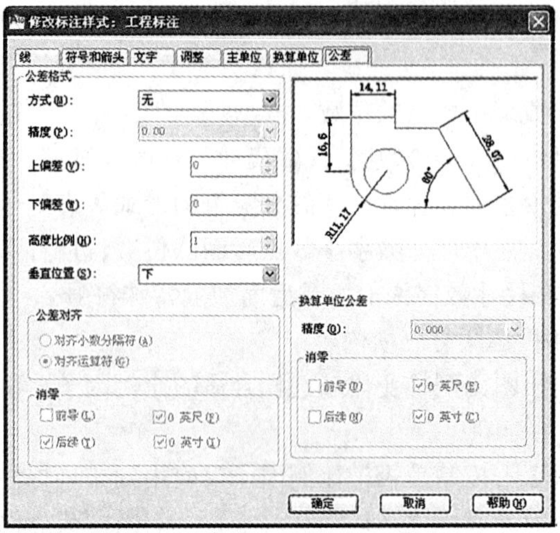

图 8-34　修改标注样式——公差

(1)“公差格式”区有以下内容。

“方式”:通过下拉列表来选择公差标注的方式。

“精度”:设置公差数值的小数点后面的位数。

“上偏差”、“下偏差”:设置公差的上、下的偏差值。

“高度比例”:设置公差标注时公差数字的高度。

“垂直位置”:用来设置公差数字和尺寸数字的对齐方式。

(2)“消零”:通过选择前导或后续来控制显示公差数字前或后的零。

(3)“换算单位公差”区有精度和消零两个选项,通过设置来达到不同单位的公差互相换算的目的。

(4)“公差对齐”:堆叠时,控制上偏差值和下偏差值的对齐。

任务三　编辑尺寸标注

活动 1　编辑标注

在命令行中用键盘输入:“Dimedit”;在“标注”工具条上点击。

可以编辑标注尺寸数字和尺寸界线。创建标注后,可以修改现有标注文字的方向或者创建新文字。

1.1　操作指导

命令：_Dimedit

输入标注编辑类型［默认(H)/新建(N)/旋转(R)/倾斜(O)］<默认>:↙

选择对象：找到 1 个

选择对象：↙

1.2 参数说明

“默认(H)”:执行该项命令时,系统将所选择的标注回撤到未编辑前的状态。

“新建(N)”:输入 N 后回车,系统弹出“多行文字编辑器”对话框来修改所选择标注的文字。

“旋转(R)”:将所选择标注的文字旋转指定的角度。

“倾斜(O)”:将所选择标注的尺寸界线倾斜一定的角度。

活动 2 编辑标注文字

在命令行中用键盘输入:“Dimtedit”;在“标注”工具条上点击。

可以移动和旋转标注文字并重新定位尺寸线。创建标注后,可以修改现有标注文字的位置或者方向。

2.1 操作指导

命令: _Dimtedit

选择标注: (选择要修改的标注)

指定标注文字的新位置或 [左(L)/右(R)/中心(C)/默认(H)/角度(A)]:

2.2 参数说明

“指定标注文字的新位置”:指定标注文字的新位置。

“左(L)”:将标注文字向尺寸线的左边移动。

“右(R)”:将标注文字向尺寸线的右边移动。

“中心(C)”:将标注文字向尺寸线的中间移动。

“默认(H)”:将所选择的标注文字回撤到未编辑前的状态。

“角度(A)”:将标注文字旋转指定的角度。

活动 3 更新标注

在命令行中用键盘输入:“Dimstyle”;在“标注”工具条上点击。

创建和修改标注样式,达到更改设置控制标注的外观。

3.1 操作指导

命令: _Dimstyle

当前标注样式: ISO-25 注释性: 否

输入标注样式选项

[注释性(AN)/保存(S)/恢复(R)/状态(ST)/变量(V)/应用(A)/?] <恢复>: _A

选择对象: 找到 1 个

选择对象

3.2 参数说明

“注释性(AN)”:选择标注对象是否具有注释性。

“保存(S)”:将新的标注样式的当前设置进行保存。

“恢复(R)”:将标注系统变量恢复为选定注样式的设置。

“状态(ST)”:显示标注样式的设置参数的当前值。

“变量(V)”:列出标注样式的参数变量值,但不能修改此变量值。

“应用(A)”:将新的标注样式应用到选定的标注对象中。

“?”:列出标注样式。

项目练习

一、单项选择题

1. 执行(　　)命令,可打开“标注样式管理器”对话框,在其中可对标注样式进行设置。

(A)Dimradius　(B)Dimstyle　(C)Dimdiameter　(D)Dimlinear

2. 下面(　　)命令用于标注在同一方向上连续的线性尺寸或角度尺寸。

(A)Dimbaseline　(B)Dimcontinue　(C)Qleader　(D)Qdim

3. (　　)命令用于创建平行于所选对象或平行于两尺寸界线原点连线的直线型尺寸。

(A)对齐标注　(B)快速标注　(C)连续标注　(D)线性标注

4. 当图形中只有两个端点时,不能执行“快速标注”命令过程中的(　　)选项。

(A)编辑中的添加　(B)编辑中指定要删除的标注点

(C)连续　(D)相交

5. 下列不属于基本标注类型的标注是(　　)。

(A)对齐标注　(B)基线标注　(C)快速标注　(D)线性标注

6. 如果在一个线性标注数值前面添加直径符号,则应用(　　)命令。

(A)%%C　(B)%%O　(C)%%D　(D)%%%

7. 下面(　　)命令用于测量并标注被测对象之间的夹角。

(A)Dimangular　(B)Angular　(C)Qdim　(D)Dimradius

8. 快速标注的命令是(　　)。

(A)Qdimline　(B)Qdim　(C)Qleader　(D)Dim

9. 半径尺寸标注的标注文字的默认前缀是(　　)。

(A)D　(B)R　(C)Rad　(D)Radius

10. 如果要标注倾斜直线的长度,应该选用下面(　　)命令。

(A)Dimlinear　(B)Dimaligned　(C)Dimordinate　(D)Qdim

二、多项选择题

1. 尺寸标注的编辑有(　　)。

(A)倾斜尺寸标注　　(B)对齐文本　　(C)自动编辑　　(D)标注更新

2. 绘制一个线性尺寸标注,必须(　　)。

(A)确定尺寸线的位置　　(B)确定第二条尺寸界线的原点

(C)确定第一条尺寸界限的原点　　(D)确定箭头的方向

3. AutoCAD 中包括的尺寸标注类型有(　　)。

(A)Ancular(角度)　　(B)Diameter(直径)

(C)Linear(线性)　　(D)Radius(半径)

4. 设置尺寸标注样式有以下方法(　　)。

(A)选择"格式"→"标注样式"选项

(B)在命令行中输入"Ddim"命令后按下 Enter 键

(C)点击"标注"工具栏上的"标注样式"图标按钮

(D)在命令行中输入"Style"命令后按下 Enter 键

5. 在"标注样式"对话框的"圆心标记类型"选项中,所供用户选择的选项包含(　　)选项。

(A)标记　　(B)无　　(C)圆弧　　(D)直线

6. Dimlinear(线性标注)命令允许绘制(　　)方向以及(　　)方向的尺寸标注。

(A)垂直　　(B)对齐　　(C)水平　　(D)圆弧

7. 执行 Dimradius 或 Dimdiameter 命令的系统提示相同,如果用户采用系统测量值,则 AutoCAD 能在测量数值前自动添加(　　)符号。

(A)D　　(B)R　　(C)ϕ　　(D)%

三、作图题

1. 用 1∶1 的比例绘制图 8-35 的平面图形,并进行尺寸标注。

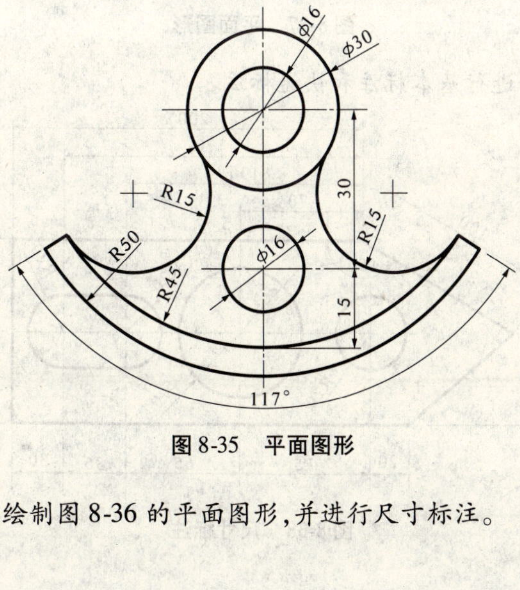

图 8-35　平面图形

2. 用 1∶1 的比例绘制图 8-36 的平面图形,并进行尺寸标注。

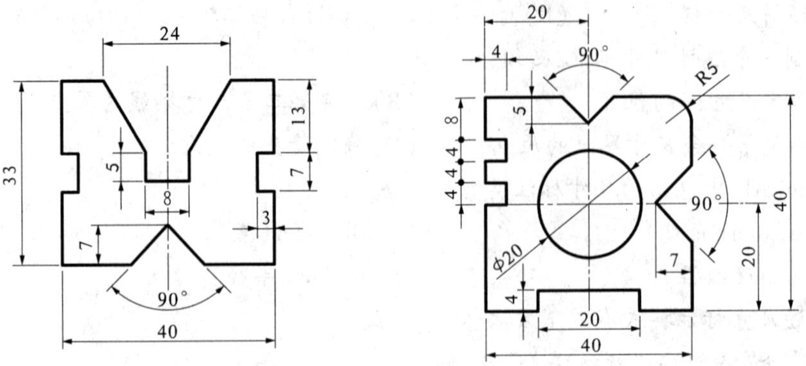

(a)　　　　　　　　(b)

图 8-36　平面图形

3. 用 1∶5 的比例绘制图 8-37 的平面图形,并进行标注尺寸。

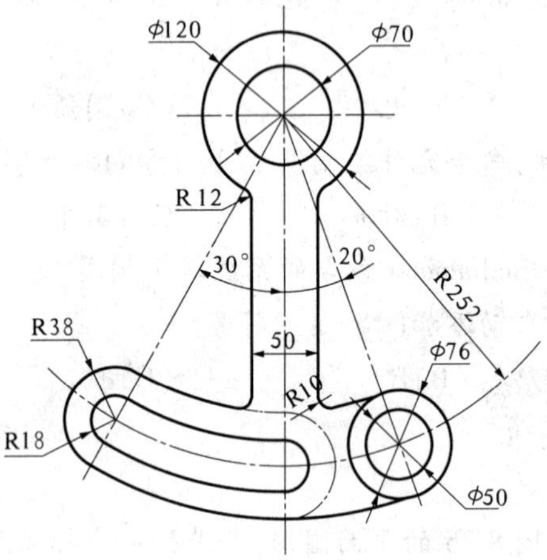

图 8-37　平面图形

4. 绘制图 8-38,并进行基本标注和快速标注。

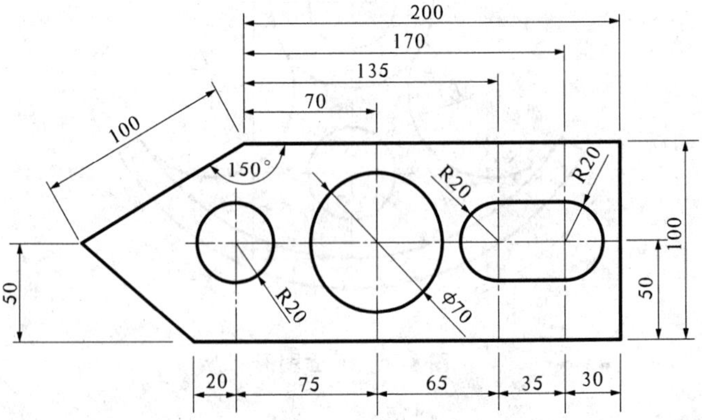

图 8-38　尺寸标注

5. 分比例绘制图 8-39，并进行尺寸标注。

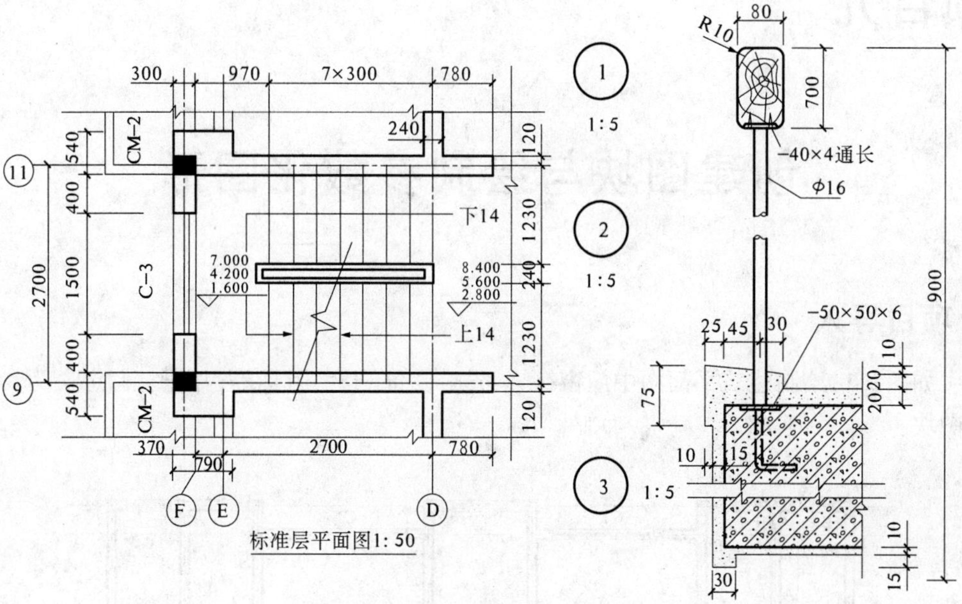

图 8-39　尺寸标注

6. 按 1∶100 比例绘制图 8-40，并进行尺寸标注。

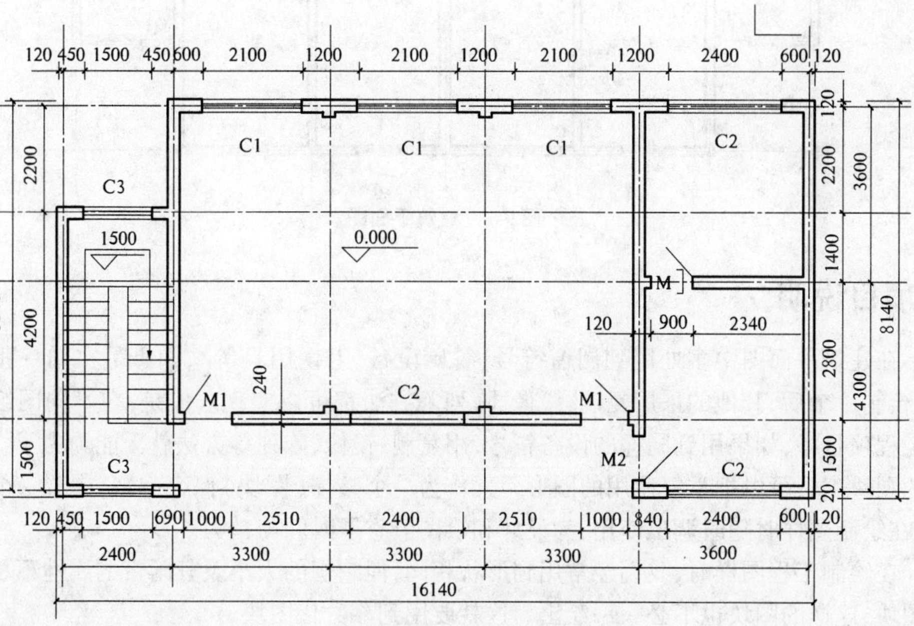

图 8-40　尺寸标注

项目九

创建图块与绘制参数化图形

➤ 项目导入

如图 9-1，绘制建筑平面图中门窗符号、餐厨设备、卫生用具等，并把它们定义为参数化图块。

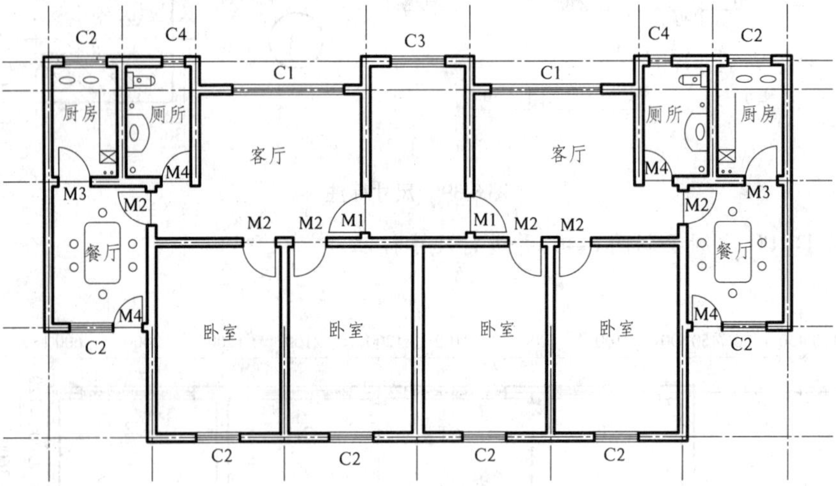

图 9-1　建筑平面图

➤ 项目说明

在建筑平面图中多处用到门窗符号、餐厨设备、卫生用具等。如果是在同一张图纸上，绘制一个后，其他的采用复制、镜像、阵列等方法都可以实现。但是，在不同图纸或不同工程项目中，如果用到同样的设备符号，用复制、镜像、阵列等方法就无能为力了。CAD 中的图块工具可以把重复使用的图形元素作为一个整体（图块）保存起来，构造一个图块库，在绘制图样时随时调出使用，为设计和绘图节省了时间与精力。

在绘制工程图样时，我们经常用到形状相同，但它们的大小及其附带的属性不尽相同的图块，这样的图块也不必一一绘出。这就要用到参数化图块。

对于参数化图块，就是向新的或现有的块定义添加动态行为（参数和动作），使参数、动作和几何图形共同作用，达到动态编辑的目的。

我们可以在图形中的对象与块参照中的对象，某个块参照中的对象与其他块参照中的对象（而非同一个块参照中的对象），外部参照的插入点与对象或块（而非外部参照中的所有对象)之间应用约束,使之关联和限制(约束)。通过约束,可以在设计或进行更改时强制执行要求。这就是参数化图形。

在本项目中,我们主要学习常量图块和变量图块的创建与插入,对于动态图块和参数化图形只做一般性了解。

➢ 项目主要任务

◇ 创建与插入图块
◇ 创建与编辑块属性
◇ 动态图块
◇ 参数化图形

任务一　创建与插入常量图块

活动1　创建图块

创建常量图块的方法有两种：一种是创建图块（Block）；另一种是创建并保存图块（Wblock）。

1.1　**创建图块**（Block）

1. 功能

把若干个图形元素作为一个整体保存起来，在用到时再插入到图形中去。

2. 命令的调用

在命令行中输入："Block"；在下拉菜单中点击：绘图→块→创建；在"绘图"工具条上单击"创建块"按钮：；在功能面板上选择：常用→块→创建；在功能面板上选择：插入→块→创建。

3. 操作指导

执行"Block"命令后，系统会弹出如图9-2"块定义"对话框。

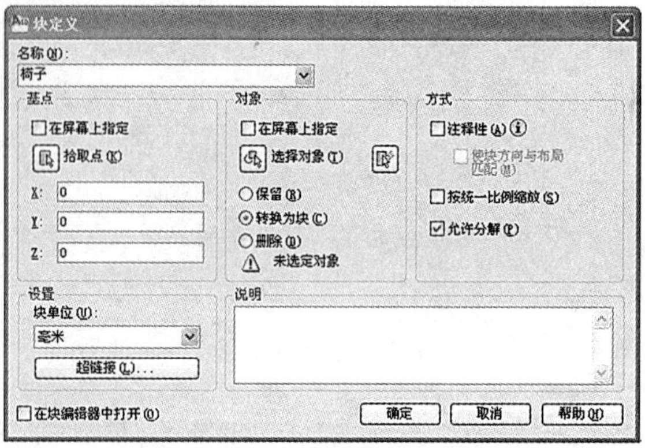

图9-2　块定义

在该对话框中，常用的选项含义介绍如下：

（1）"名称"：输入新创建块的名称。

（2）"基点"：当我们点击"拾取点"按钮时，系统会回到操作屏幕上，提示让我们选择插入点，完成后，系统又回到对话框中，在X、Y、Z的空白框内显示插入点的坐标。

（3）"对象"：包括"选择对象"、"保留"、"转化为块"、"删除"等选项。

"选择对象"：点击此按钮后，系统会回到操作屏幕上，提示让我们选择将要转化为块的图形元素，完毕后回车，系统又回到对话框中。

"保留"：将转化为块的图形保留在原图形中。

"转化为块"：将选择的图形转化为块。

"删除"：将转化为块的图形从原图形中删去。

（4）"设置"：选择图块插入的单位。

(5)“方式”:包括“注释性”、“按统一比例缩放”、“允许分解”。

“注释性”:按注释性比例进行插入。

“按统一比例缩放”:通过点选来确定在插入图块时是否按统一比例缩放。

“允许分解”:指定插入图块时是否分解。

(6)“说明”:与块有关系的说明。

注意:用这种方式形成的图块只能在当前图形文件中使用,而在其他文件中是不能使用的。

练一练:

绘制图9-3,并将其定义为“椅子”图块。

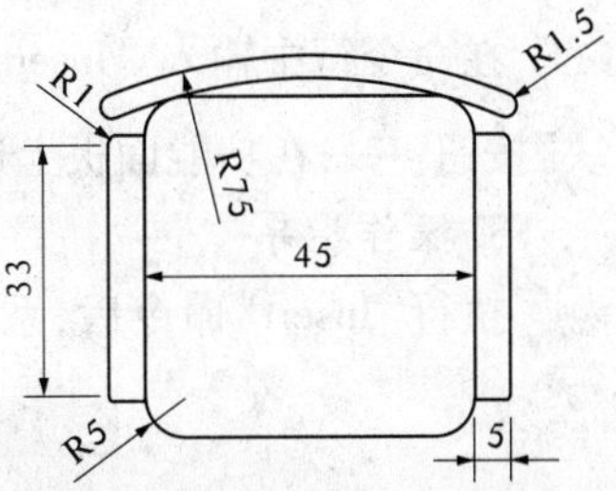

图9-3　椅子

1.2　写图块(Wblock)

1. 功能

把若干个图形元素创建成一个图块,然后以图形文件的形式保存起来。

2. 命令的调用

在命令行中输入 “Wblock” ,然后回车。

3. 操作指导

执行“Wblock”命令后,系统会弹出如图9-4“写块”对话框。

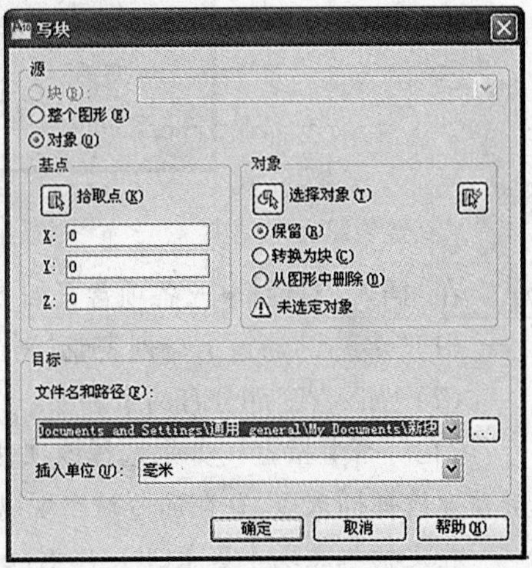

图9-4　写块

在该对话框中:

(1)“源”部分包括三个选项:“块”、“整个图形”、“对象”。

“块”:当文件中已经定义有图块时,该项亮显,用户可以通过下拉列表来选择图块。

“整个图形”:把整个图形作为一个图块来定义。

“对象”:把图形中的某一部分定义为一个图块。

(2)“基点”和“对象”部分的选项含义与“块定义”中相同。

(3)“目标”部分包括“文件名”、“位置”、“插入单位”。

“文件名”:输入新定义块的名称(包含文件路径)。

“位置”:新定义的图块保存的位置。可以通过其后的按钮选择保存路径。

“插入单位”:插入新定义图块时的单位。

注意:用这种方式形成的图块以文件名的形式保存在某个文件夹中,可以在其他图形文件中使用。

想一想:

创建图块与写图块各有什么优缺点?

活动2　插入图块

创建后的图块在插入到图形中时，可以改变图块的比例、旋转角度、插入位置等。

2.1　利用“Insert”插入块

1. 功能

指定要插入的块和定义插入块的位置。

2. 命令的调用

在命令行中输入 “Insert”；在下拉菜单中点击：插入→块；在“绘图”工具条上单击“插入块”按钮：；在功能面板上选择：常用→块→插入；在功能面板上选择：插入→块→插入。

3. 操作指导

执行“Insert”命令后，系统会弹出如图 9-5“插入”对话框。

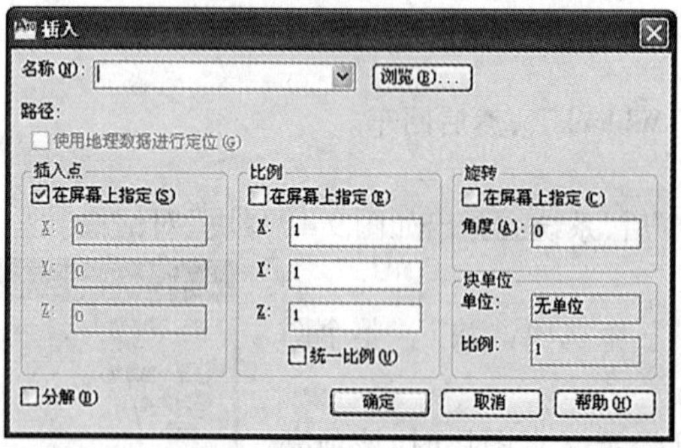

图 9-5　插入

在“插入”对话框中，各项含义如下：

（1）“名称”：通过下拉列表或“浏览”按钮来选择所要插入的图块名。

（2）“插入点”部分有两个选项。

“在屏幕上指定”：如果选择该项，则“X、Y、Z”均不亮显。系统回到屏幕中，让用户在屏幕上选择插入点，并在命令行出现以下的命令过程：

指定插入点或［基点(B)/比例(S)/X/Y/Z/旋转(R)/预览比例(PS)/PX/PY/PZ/预览旋转(PR)］：

如果不选择 “在屏幕上指定”，则“X、Y、Z”均亮显。用户可以通过输入 X、Y、Z 的坐标来确定插入点。

（3）“比例”部分有三个选项。

“屏幕上指定”：选择该项后，其他的四项均不亮显。要求用户在命令行中输入缩放的比例。

如果不选择 “在屏幕上指定”，则“X、Y、Z”均亮显。用户可以通过输入在 X、Y、Z 方向上的比例来确定插入图块的大小。

“统一比例”：选择该项后，系统要求 X、Y、Z 方向上的比例使用相同的值。

（4）“旋转”部分有两个选项：一个是“在屏幕上指定”，另一个是“角度”。用户可以通过这两种方法来确定插入图块旋转的角度。

(5)“块单位”:显示块单位和比例。

(6)“分解”:在图形中插入的图块为一个整体,选择该项后,图块就会被分解成若干个元素,相当于“分解”命令。

注意:在输入“X、Y、Z”方向上的缩放比例时,若 X 为负值,则插入的图块将沿着 Y 轴进行镜像;若 Y 为负值,则插入的图块将沿着 X 轴进行镜像。另外,我们在用该对话框插入图块时,插入的点一般是在屏幕上指定的,其他的选项可以直接在命令行中输入完成。

2.2　以矩形阵列的形式插入图块

1. 功能

在矩形阵列中插入一个块的多个引用。

2. 命令的调用

在命令行中用键盘输入:“Minsert”。

3. 操作指导

将图 9-6 创建成块,并阵列插入。

命令: _Minsert

输入块名或 [?] <窗户>:↙

单位: 毫米　转换: 1.0000

指定插入点或 [基点(B)/比例(S)/X/Y/Z/旋转(R)]:

输入 X 比例因子,指定对角点,或 [角点(C)/XYZ(XYZ)] <1>:↙

输入 Y 比例因子或 <使用 X 比例因子>:↙

指定旋转角度 <0>:↙

输入行数 (---) <1>: 2↙

输入列数 (|||) <1>: 3↙

输入行间距或指定单位单元 (---): 20↙

指定列间距 (|||): 30↙

结果如图 9-7。

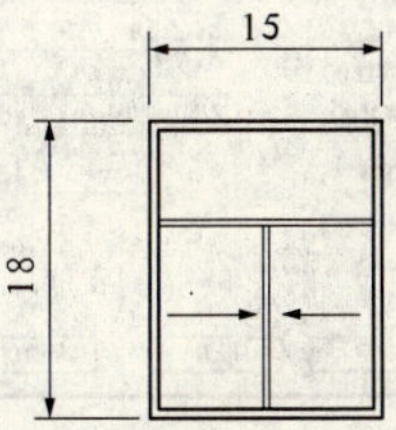

图 9-6　窗图块

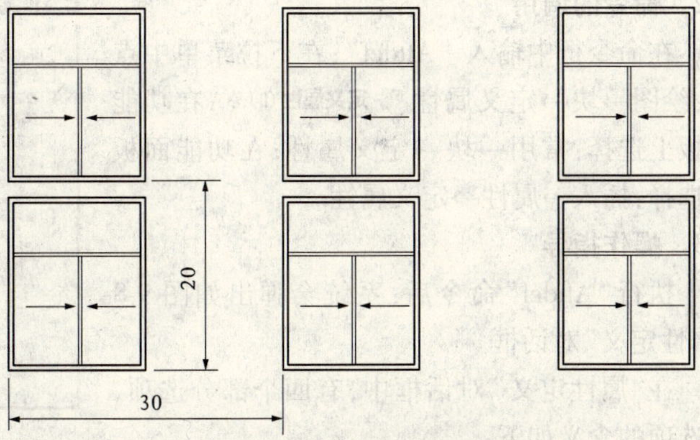

图 9-7　Minsert 命令插入图块

参数说明：

“输入块名或［?］”:输入已经创建好的图块名或输入“?”来查询图块。

“指定插入点”:在屏幕上指定插入图块的基点。

“比例(S)”:指定插入图块时图形在X、Y、Z轴上统一的比例因子。

“X”：指定插入图块时图形在X轴上的比例因子。

“Y”：指定插入图块时图形在Y轴上的比例因子。

“Z”：指定插入图块时图形在Z轴上的比例因子

“旋转(R)”：指定插入图块时图形旋转的角度。

“输入行数（---）＜1＞”:指定矩形阵列的行数。

“输入列数（|||）＜1＞”:指定矩形阵列的列数。

“输入行间距或指定单位单元（---）”:指定矩形阵列的行间距。

“指定列间距（|||）”：指定矩形阵列的列间距。

注意：在用“Minsert”插入图块时，所插入的图块不能被分解。

◇ 小技巧◇

在使用定数等分或定距等分“点”操作时，命令行提示你输入图块。如果你输入相应图块名，则会按等数或等距插入图块。

任务二　创建与编辑图块属性

活动1　创建图块属性

创建图块时，在图块上附属一些文字说明以及其他信息，以便我们在插入图块时，连同图块和属性一起插入到图形中。附属到图块上的文字说明以及其他信息叫块属性。

1.1　功能

给图块赋予文字信息。

1.2　命令的调用

在命令行中输入“Attdef”;在下拉菜单中点击:绘图→块→定义属性 定义属性(D)…;在功能面板上选择:常用→块→定义属性;在功能面板上选择:插入→属性→定义属性。

1.3　操作指导

执行“Attdef”命令后，系统会弹出如图9-8“属性定义”对话框。

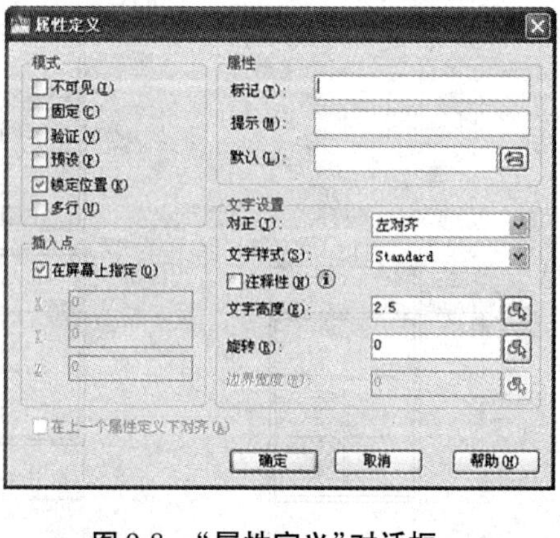

图9-8　“属性定义”对话框

在“属性定义”对话框中，有四个部分选项，各选项的含义如下：

“模式”:可以通过“不可见”、“固定”、“验证”、“预设”、“锁定位置”、“多行”六个可选的模式选项来选择图块的模式。

“属性”:有“标记”、“提示”、“默认”三个属性输入框,通过输入一些数据来确定图块的属性。

“插入点”部分:“在屏幕上指定”,如果选择该项,则“X、Y、Z”均不亮显,系统回到屏幕中,让用户在屏幕上选择插入点;如果不选择“在屏幕上指定”,则“X、Y、Z”均亮显,用户可以通过输入X、Y、Z的坐标来确定插入点。

“文字设置”:通过“对正”、“文字样式”、“文字高度”、“旋转”等选项的选择,来设置定义属性文字的特征。

注意:图块的属性是图块固有的特性,常用在形状相同而性质不同的图形中,如标高、标题栏、轴线编号等。

1.4 操作示例

给高程符号赋予属性,并写成块,插入到图形中。

(1)绘制高程符号。

(2)给高程符号赋予属性。

①执行“Attder”命令,弹出“属性定义”对话框。在该对话框的“标记”栏后输入“高程”;在“提示”栏后输入“请输入高程值”;在“默认”栏后输入%%p0.000(±0.000)。

②在“对齐”栏后输入“左对齐”,在“高度”栏后输入“3.5”,其他默认。

过程如图9-9。

③点击“确定”按钮,在屏幕上放置文字的位置。

(3)将标高符号与标高属性一同生成图块。

(4)在图形中插入高程符号。

看一看:

执行插入“高程”图块后,系统在命令行提示什么?直接按回车键,会出现什么?

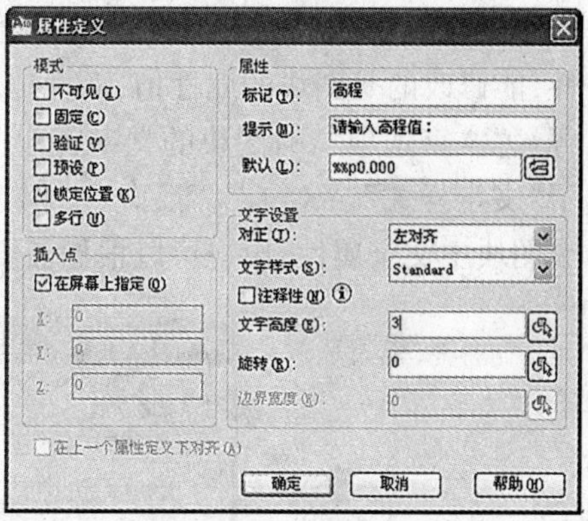

图9-9 高程属性定义

活动2 编辑图块属性

用“Ddedit”命令可以对应用到图形中的图块的属性进行修改编辑。

2.1 功能

编辑带有属性图块的属性信息。

2.2 命令的调用

在命令行中输入“Ddedit”;在功能面板选择:常用→块→编辑属性;在功能面板上选择:插入→属性→编辑属性。

2.3 操作指导

命令：_Ddedit

选择注释对象或［放弃(U)］：

参数说明：

在“选择注释对象”后，系统弹出如图 9-10“增强属性编辑器”对话框。

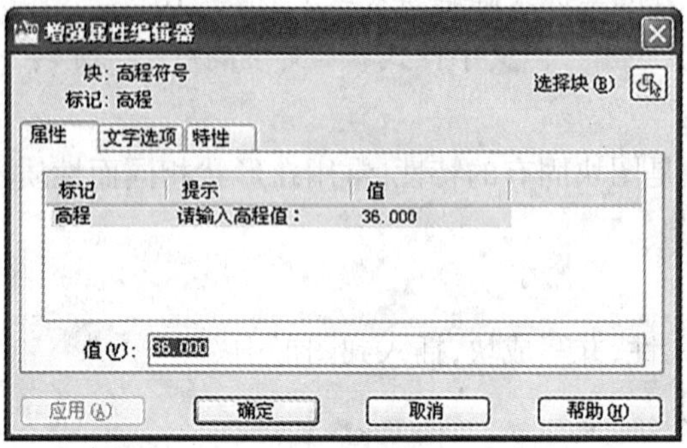

图 9-10 增强属性编辑器

在此对话框中有“属性”、“文字选项”和“特性”。

“属性”：对图块的变量属性进行修改。分别列出了“标记”、“提示”和“值”几个属性，能修改的是图块的属性值，而标记和提示则不能修改。

“文字选项”：对图块的文字属性进行修改。如图 9-11。在“文字选项”中，分别列出了“文字样式”、“对正”、“反向”、“倒置”、“高度”、“宽度因子”、“旋转”和“倾斜角度”几个图块中文字属性，用户可以根据需要对这几个文字显示方式属性值进行修改。

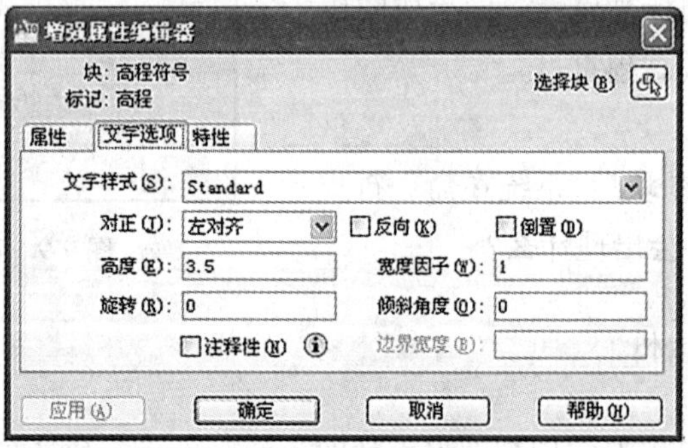

图 9-11 文字选项

“特性”：对图块属性中的特征属性进行修改。如图 9-12。在“特性”中，分别列出了“图层”、“颜色”、“线型”、“线宽”和“打印样式”几个属性，用户可以根据需要对属性所在图层、颜色、线型、线宽等进行修改。

学生探究：

CAD 还提供了“Attedit”编辑、“Eattedit”编辑、“Battman”编辑，它们各自对哪种图块进行编辑？各自编辑了图块的什么属性？

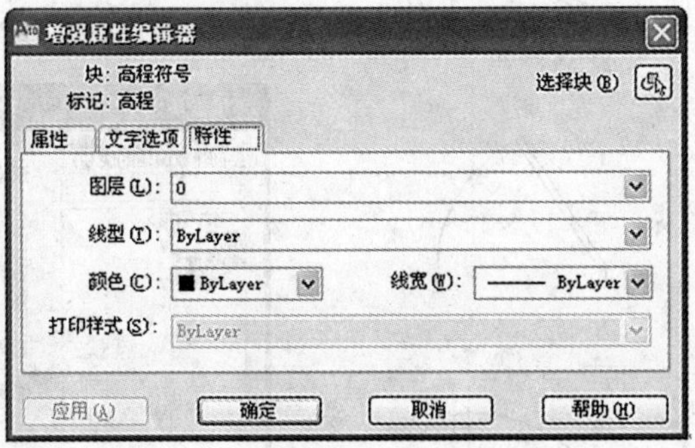

图 9-12　特性

任务三　创建动态图块

活动 1　认识块编辑器

块编辑器是专门用于创建块定义并添加动态行为的编写区域。通过块编辑器可以快速访问块编写工具。

动态块与块定义相比具有灵活性和智能性。通过自定义夹点或自定义特性来操作，可以根据需要在位调整块参照，而不用搜索另一个块以插入或重定义现有的块。在操作时可以轻松地更改图形中的动态块参照。

如图 9-13，如果在图形中插入一个门块参照，则在编辑图形时可能需要更改门的大小。如果该块是动态的，并且定义为可调整大小，那么只需拖动自定义夹点或在“特性”选项板中指定不同的尺寸就可以修改门的大小。也可以按需要修改门的开角。该门块还可能包含对齐夹点，使用对齐夹点可以轻松地将门块参照与图形中的其他几何图形对齐。

1.1　打开块编辑器

打开块编辑器，可以使用块编辑器上下文选项卡或块编辑器编辑动态行为，可以将动态行为添加到当前图形中现有的块定义，也可以使用块编辑器创建新的块定义。

在命令提示下，输入：“Bedit”；依次单击：工具(T)→ 块编辑器(B)；在功能面板上选择：插入→块→块编辑器。

执行上述操作，系统弹出如图 9-14 对话框。

在“编辑块定义”对话框中执行以下操作：

(1)从列表中选择一个块定义。

(2)如果想把打开的块定义为当前图形，请选择“<当前图形>”。

(3)单击“确定”。

或利用快捷菜单：在选定的块上单击鼠标右键，单击“块编辑器”。

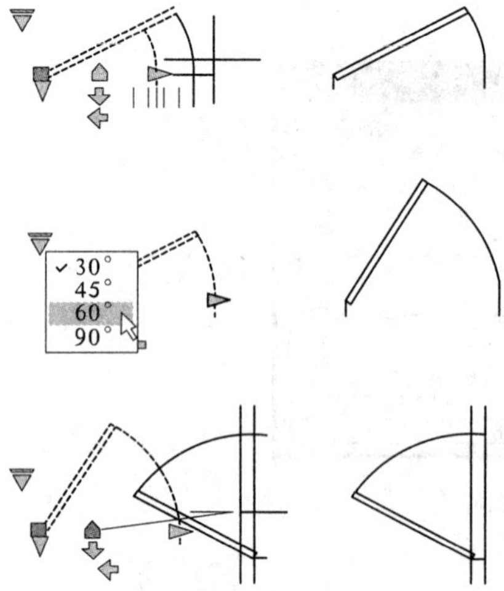

图 9-13　门参照块图

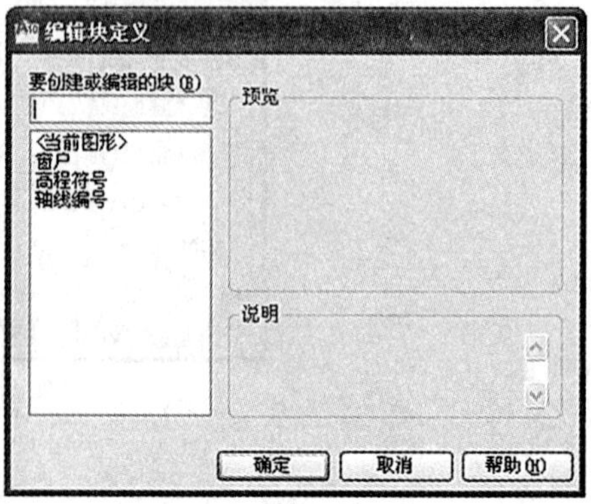

图 9-14　编辑块定义

1. 在块编辑器中创建新的块定义

(1)依次单击工具(T)→ 块编辑器(B);或在命令提示下,输入“Bedit”。

(2)在“编辑块定义”对话框中输入新的块定义的名称。单击“确定”。

(3)依次单击“块编辑器”选项卡→“打开/保存”面板→“保存块”。

注意:此操作将保存块定义,即使用户未在块编辑器的绘图区域中添加任何对象。

2. 将工具选项板上的块在块编辑器中打开的步骤

(1)如果尚未打开“工具选项板”窗口,请依次单击“视图”选项卡→“选项板”面板→“工具选项板”;或“工具”下拉菜单→“选项板”面板→“工具选项板”。

(2)在某个块图标上单击鼠标右键。

(3)单击“块编辑器”。

注意:工具选项板上的块可位于其他图形中。包含块定义的图形将在块编辑器中打开。

3. 将“设计中心”窗口中的块在块编辑器中打开的步骤

(1)依次单击“视图”选项卡→“选项板”面板→“设计中心”;或“工具”下拉菜单→“选项板”面板→“设计中心”。

(2)在某个块图标上单击鼠标右键。

(3)单击“块编辑器”。

4. 在块编辑器中打开保存为块(非动态)的图形文件

(1)依次单击“文件”→“打开”。

(2)打开保存为块的图形文件。

(3)依次单击工具(T)→块编辑器(B);或在命令提示下,输入“Bedit”。

(4)在“编辑块定义”对话框中,选择“<当前图形>”,单击“确定”。

5. 在块编辑器中打开保存为动态块的图形文件

(1)依次单击“文件”→“打开”。

(2)打开保存为动态块的图形文件。

将显示一条警告,说明图形文件中包含编写元素。

(3)在警告对话框中,单击“是”,在块编辑器中打开该图形。

1.2 认识块编辑器

1. 块编辑器中的绘图区域

块编辑器包含一个绘图区域。在该区域中,用户可以像在程序的主绘图区域中一样绘制和编辑几何图形。

当功能区处于活动状态时,选项卡上出现“块编辑器”选项卡(如图9-15);当功能区未处于活动状态时,将显示一个专用工具条(如图9-16)。

图9-15 “块编辑器”选项卡

图9-16 工具条

可以在“块编辑器”选项卡或块编辑器中选择任意参数、夹点、动作或几何对象,在“特性”选项板中查看其特性。在块编辑器中选定对象后,“特性”选项板中显示的坐标值将反映块定义空间。

使用块编辑器上下文选项卡或块编辑器时,应显示命令行。命令行几乎提示创建动态块的所有方面。

2. 块编辑器中的 UCS

块编辑器的绘图区域中会显示出一个 UCS 图标。UCS 图标的原点定义了块的基点。用户可以通过相对 UCS 图标原点移动几何图形或通过添加基点参数来更改块的基点。

在块编辑器中 UCS 命令被禁用。用户可以在块编辑器中打开一个现有的三维块定义,并将参数指定给该块。但是,这些参数将会忽略块空间中的所有 Z 坐标值。因此,无法沿 Z 轴编辑块参照。另外,尽管用户可以创建包含实体对象的动态块,并可以向其中添加移动、旋转和缩放等动作,但无法在动态块参照中执行实体编辑功能(例如拉伸实体、在实体内移动孔等)。

3. 块编辑器中的块编写选项板

如图9-17,块编辑器包含一个具有以下四个选项卡的块编写选项板:“约束”、“参数集”、“动作”、“参数”。

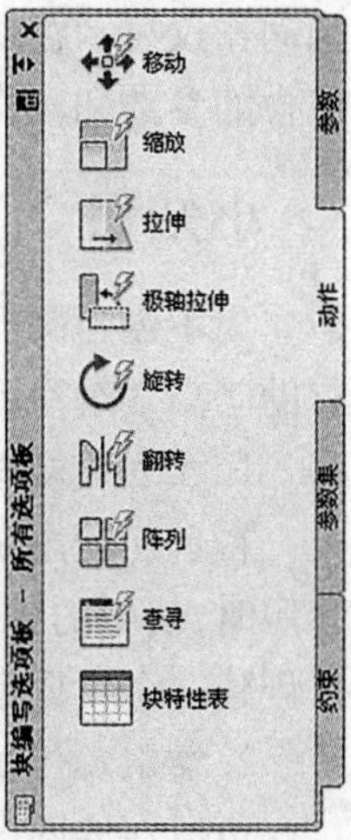

图9-17 “块编写选项板”窗口

“块编写选项板”窗口只能显示在块编辑器中。使用这些选项板向动态块定义添加参数和动作。

活动2 创建动态图块

(1)在命令行提示下输入:“Bedit”;依次单击:工具(T)→块编辑器(B);在功能面板

上选择:插入→块→块编辑器,打开“编辑块定义”对话框。在“编辑块定义”对话框中执行以下操作之一:

①从列表中选择一个块定义。

②如果希望将当前图形保存为动态块,请选择“ <当前图形> ”。

③在“要创建或编辑的块”下输入新的块定义的名称。

(2)单击“确定”,在块编辑器中根据需要添加或编辑几何图形。执行以下操作之一:

①按照命令提示,从“块编写选项板”的“参数集”选项卡中添加一个或多个参数集。双击黄色警示图标,然后按照命令提示将动作与几何图形的选择集关联。

②按照命令提示,从“块编写选项板”的“参数”选项卡中添加一个或多个参数。按照命令提示,从“动作”选项卡中添加一个或多个动作。

(3)依次单击“块编辑器”选项卡 →“打开/保存”面板 →“保存块”;或在命令提示下输入:“Bsave”。

(4)单击“关闭块编辑器”。

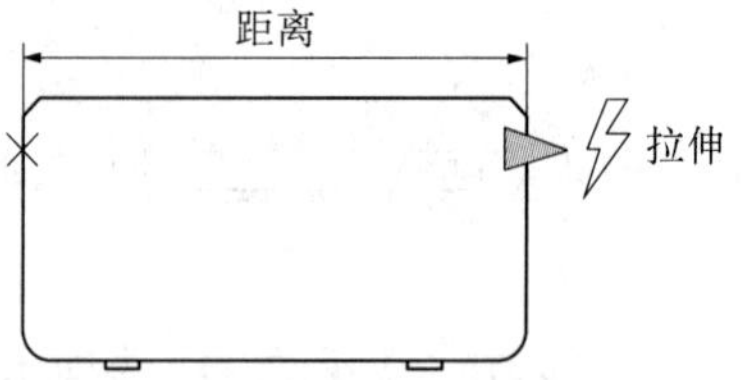

图 9-18　书桌块

通过在块编辑器中向块添加参数和动作,可以向新的或现有的块定义添加动态行为。如图 9-18,块编辑器内显示了一个书桌块。该块包含一个标有“距离”的线性参数,其显示方式与标注类似,还包含一个拉伸动作,该动作显示有一个闪电和一个“拉伸”标签。

要使图块成为动态块,必须至少添加一个参数。然后添加一个动作并将该动作与参数相关联。添加到块定义中的参数和动作类型定义了块参照在图形中的作用方式。参数和动作仅显示在块编辑器中。将动态块参照插入到图形中时,将不会显示动态块定义中包含的参数和动作。

◇ 小知识 ◇

为了创建高质量的动态块,以便达到预期效果,建议按照下列过程进行操作。此过程有助于高效编写动态块。

1. 在创建动态块之前规划动态块的内容

在创建动态块之前,应当了解其外观以及在图形中的使用方式,确定当操作动态块参照时,块中的哪些对象会更改或移动。另外,还要确定这些对象将如何更改。例如,可以创建一个可调整大小的动态块。

2. 绘制几何图形

可以在绘图区域、块编辑器上下文选项卡或块编辑器中为动态块绘制几何图形。也可以使用图形中的现有几何图形或现有的块定义。

3. 了解块元素如何共同作用

在向块定义中添加参数和动作之前,应了解它们相互之间以及它们与块中的几何图形的相关性。在向块定义添加动作时,需要将动作与参数以及几何图形的选择集相关联。

例如,要创建一个包含若干对象的动态块。其中一些对象关联了拉伸动作。同时还希望所有对象围绕同一基点旋转。在这种情况下,应当在添加其他所有参数和动作之后添加旋转动作。如果旋转动作并非与块定义中的其他所有对象(几何图形、参数和动作)相关联,那么块参照的某些部分可能不会旋转,或者操作该块参照时可能会造成意外结果。

4. 添加参数

按照命令提示向动态块定义中添加适当的参数。注意使用块编写选项板的“参数集”选项卡可以同时添加参数和关联动作。

5. 添加动作

向动态块定义中添加适当的动作。按照命令提示进行操作,确保将动作与正确的参数和几何图形相关联。

6. 定义动态块参照的操作方式

可以指定在图形中操作动态块参照的方式。可以通过自定义夹点和自定义特性来操作动态块参照。在创建动态块定义时,用户将定义显示哪些夹点以及如何通过这些夹点来编辑动态块参照。另外,还指定了是否在“特性”选项板中显示块的自定义特性,以及是否可以通过该选项板或自定义夹点来更改这些特性。

任务四　绘制参数化图形

参数化图形包含两层意思,一是在绘图过程中进行参数化设计,二是对绘制完成的图形进行参数化编辑,是一项用于具有约束的设计技术。

活动 1　认识约束

1.1　学生研讨

图 9-19 是运用了约束的平面图形,回答下面问题。

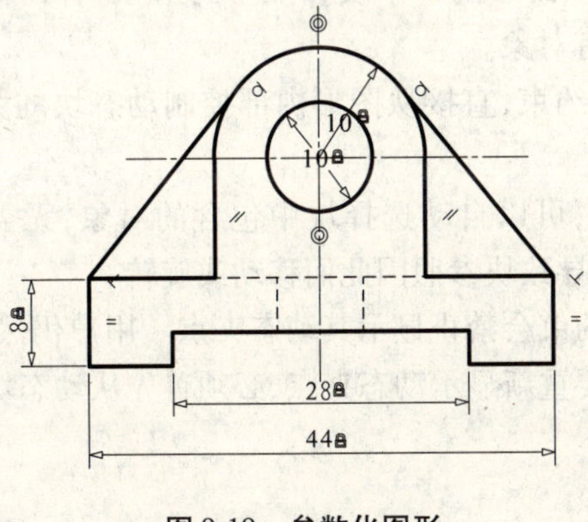

图 9-19　参数化图形

(1)本图运用了__________,__________两种约束形式。

(2)在本图中,运用了__________,__________,__________三种标注约束。

(3)在本图中,运用了________,________,________,________,________五种几何约束。

1.2　约束概述

约束是应用于二维几何图形的关联和限制。

约束有两种常用的类型。

几何约束:控制对象相对于彼此的关系;

标注约束:控制对象的距离、长度、角度和半径值。

使用约束进行设计,就是通过约束图形中的几何图形来保持设计规范和要求。在工程设计阶段,通过约束,可以在试验各种设计或进行更改时强制执行要求。对对象所做的更改可能会自动调整其他对象,并将更改限制为距离和角度值。

创建或更改设计时,图形会处于以下三种状态之一。

未约束:未将约束应用于任何几何图形。

欠约束:将某些约束应用于几何图形。

完全约束:将所有相关几何约束和标注约束应用于几何图形。完全约束的一组对象还需要包括至少一个固定约束,以锁定几何图形的位置。

因此,有两种方法可以通过约束进行设计:

(1)在欠约束图形中进行操作,同时进行更改。方法是:使用编辑命令和夹点的组合,添加或更改约束。

(2)先创建一个图形,并对其进行完全约束,然后以独占方式对设计进行控制。方法是:释放并替换几何约束,更改标注约束中的值。

最佳经验建议,首先在设计中应用几何约束以确定设计的形状,然后应用标注约束以确定对象的大小。

可以在以下对象之间应用约束:图形中的对象与块参照中的对象;某个块参照中的对象与其他块参照中的对象(而非同一个块参照中的对象);外部参照的插入点与对象或块,而非外部参照中的所有对象。

可以在块定义中使用约束,直接从图形内部控制动态块的大小和形状,从而生成动态块。

对块参照应用约束时,可以自动选择块中包含的对象,无需按 Ctrl 键选择子对象。向块参照添加约束可能会导致块参照因此而移动或旋转。

注意:对动态块应用约束会禁止显示其动态夹点。用户仍然可以使用"特性"选项板更改动态块中的值,但是要重新显示动态夹点,必须首先从动态块中删除约束。

活动 2　运用约束

在功能面板上,"参数化"选项卡有几何、标注和管理三个面板,如图 9-20。

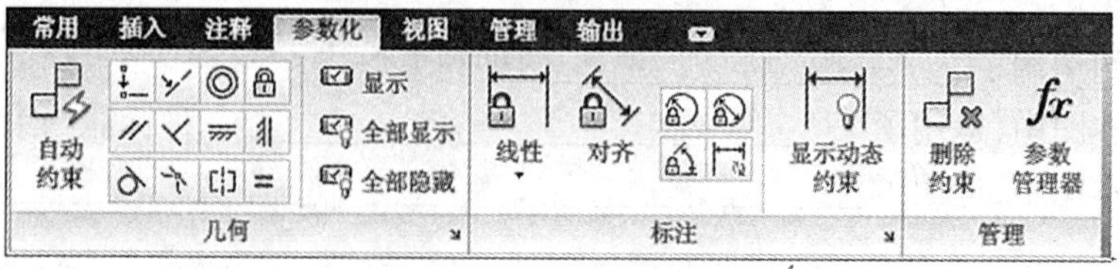

图 9-20　"参数化"选项卡

同理,调出“参数化”工具条(如图 9-21)及在主菜单中“参数”下拉菜单(如图 9-22)均可对图形进行约束。

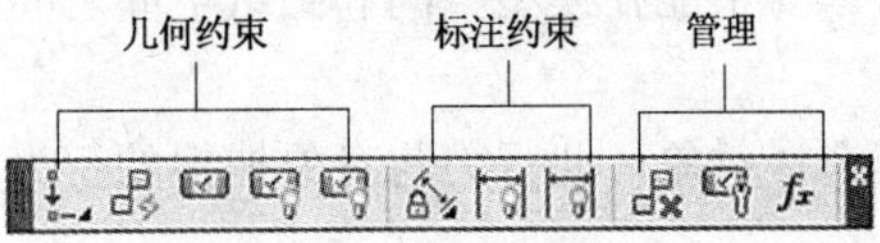

图 9-21 “参数化”工具条

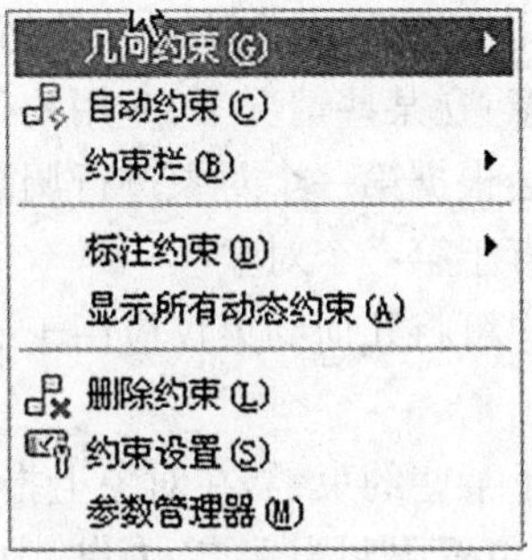

图 9-22 “参数”下拉菜单

2.1 运用与删除几何约束

几何约束可将几何对象关联在一起,或者指定固定的位置或角度。

在“几何约束”面板中,各按钮的功能如图 9-23。

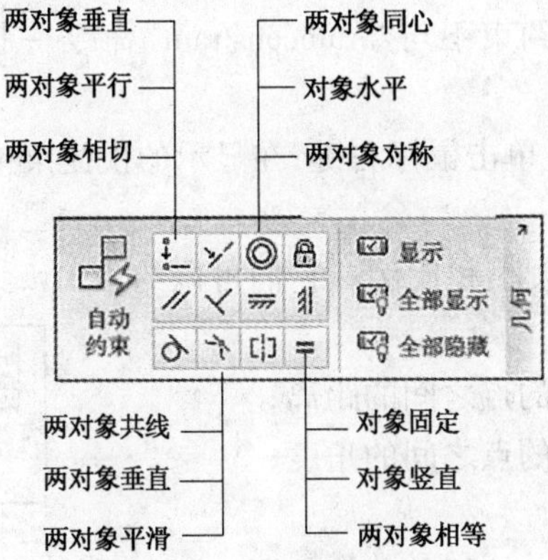

图 9-23 “几何约束”面板

如图 9-24,图形运用了几何约束:两耳图形同心、对称,两耳边线平行、与圆弧相切等。运用几何约束时,会出现两种情况:

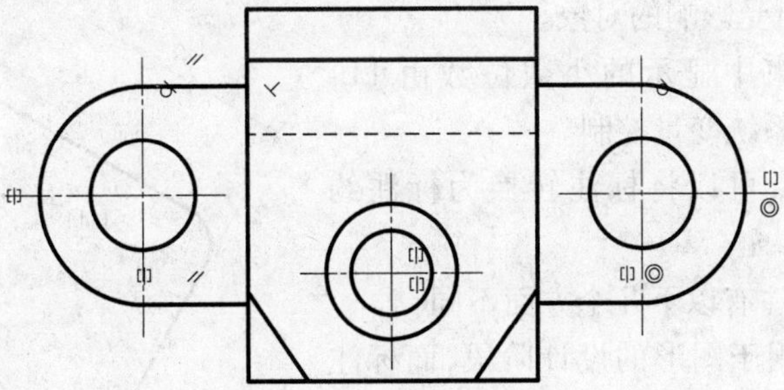

图 9-24 “几何约束”运用

(1)用户选择的对象将自动调整为符合指定约束。

（2）默认情况下，灰色约束图标显示在受约束的对象旁边，且将光标移至受约束的对象上时，将随光标显示一个小型蓝色轮廓。

应用约束后，只允许对该几何图形进行不违反此类约束的更改。

注意：在某些情况下，应用约束时选择两个对象的顺序十分重要。通常，所选的第二个对象会根据第一个对象进行调整。例如，应用垂直约束时，用户选择的第二个对象将调整为垂直于第一个对象。

用户可将几何约束仅应用于二维几何图形对象。不能在模型空间和图纸空间之间约束对象。

对于某些约束，需在对象上指定约束点，而非选择对象。此行为与对象捕捉的行为类似，但是位置限制为端点、中点、中心点以及插入点。

例如，重合约束可以将某条直线的端点的位置限制到另一条直线的端点。

固定约束关联对象上的约束点，或将对象本身与相对于世界坐标系的固定位置关联。

通常建议为重要几何特征指定固定约束。此操作会锁定该点或对象的位置，使得用户在对设计进行更改时无需重新定位几何图形。

固定对象时，同时还会固定直线的角度或圆弧和圆的中心。

注意：相等约束或固定约束不与“Autoconstrain”命令一起使用。必须单独应用上述约束。

在图形中的约束图标上单击鼠标右键，在显示的快捷菜单中“删除”约束。

2.2 运用标注约束

标注约束控制设计的大小和比例。它们可以约束以下内容：

（1）对象之间或对象上的点之间的距离；

（2）对象之间或对象上的点之间的角度；

（3）圆弧和圆的大小。

在“标注约束”面板中，各按钮的功能如图9-25。

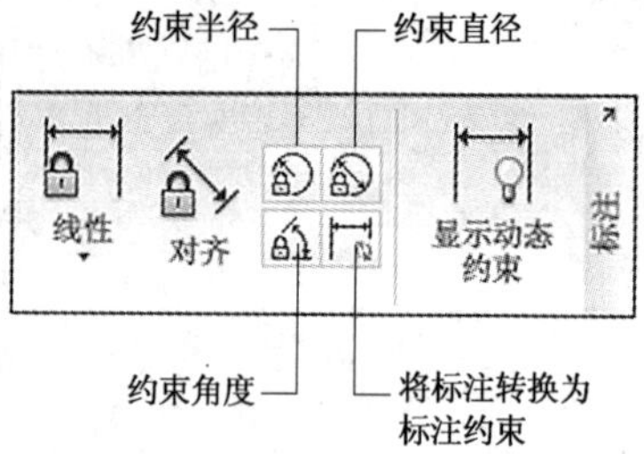

图9-25 “标注约束”面板

如图9-26，图形运用了标注约束，包括对齐约束、角度约束和半径约束。

如果更改标注约束的值，会计算对象上的所有约束，并自动更新受影响的对象。

注意：标注约束中显示的小数位数由LUPREC和AUPREC系统变量控制。

通过标注转换，可以将标注转换为标注约束。

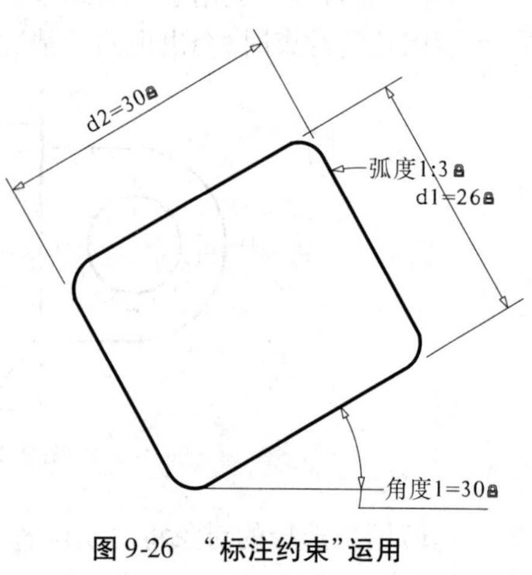

图9-26 “标注约束”运用

标注约束与标注有以下几个方面不同：

（1）标注约束用于图形的设计阶段，而标注通常在文档阶段进行创建；

（2）标注约束驱动对象的大小或角度，而标注由对象驱动；

(3)默认情况下,标注约束并不是对象,只是以一种标注样式显示,在缩放操作过程中保持大小相同,且不能打印。如果需要打印标注约束或使用标注样式,可以将标注约束的形式从动态更改为注释性。

将标注约束应用于对象时,会自动创建一个约束变量,以保留约束值。

◇小知识◇

1. 标注约束的形式

(1)动态约束;

(2)注释性约束;

(3)参照约束。

默认情况下,标注约束是动态的。它们对于常规参数化图形和设计任务来说非常理想。

2. 标注约束的转换

需要控制动态约束的标注样式,或者需要打印标注约束时,使用"特性"选项板可以将动态约束更改为注释性约束。

注释性约束在缩小或放大时大小发生变化;随图层单独显示;使用当前标注样式显示;提供与标注上的夹点具有类似功能的夹点功能;打印图形或显示时需要运用注释约束。

参照约束是一种从动标注约束(动态或注释性),它并不控制关联的几何图形,但是会将类似的测量报告给标注对象。

如图 9-27,图中的宽度受直径约束 dia1 和线性约束 d1 约束。参照约束 d2 会显示总宽度,但不对其进行约束。参照约束中的文字信息始终显示在括号中。

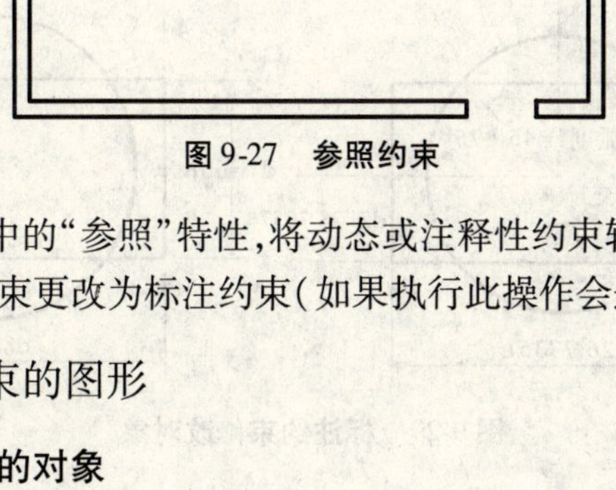

图 9-27　参照约束

可在"特性"选项板中的"参照"特性,将动态或注释性约束转换为参照约束。

注意:无法将参照约束更改为标注约束(如果执行此操作会过约束几何图形)。

活动 3　修改运用约束的图形

3.1　修改运用几何约束的对象

可以通过以下方法编辑受约束的几何对象:使用夹点、编辑命令、释放或应用几何约束。

1. 使用夹点修改受约束对象

如图9-28,对象被约束为与某个圆保持相切,用户可以旋转该直线,并可以更改其长度和端点,但是该直线或其延长线会保持与该圆相切。

如果不是圆而是圆弧,则该直线或其延长线会保持与该圆弧或其延长线相切。

修改欠约束对象最终产生的结果取决于已应用的约束以及涉及的对象类型。例如,如果尚未应用半径约束,则会修改圆的半径,而不修改直线的切点。

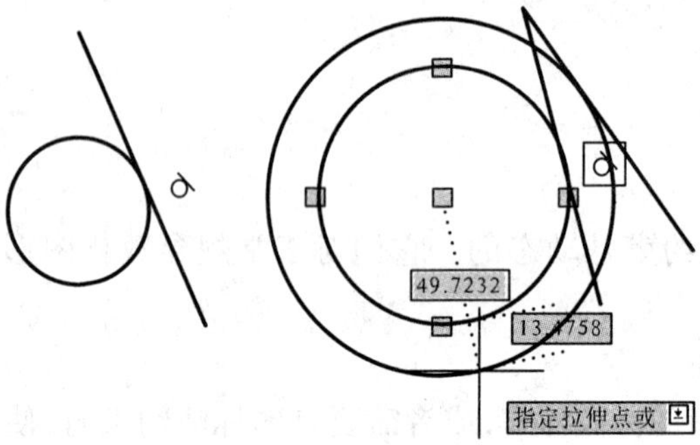

图9-28　夹点编辑几何约束

2. 编辑命令修改受约束对象

可以使用编辑命令(例如 Move、Copy、Rotate 和 Scale)修改受约束的几何图形。结果会保留应用于对象的约束。

注意:某些情况下,Trim、Extend、Break 和 Join 命令可以删除约束。

3.2　修改运用标注约束的对象

运用标注约束修改对象,可以通过更改约束值、使用夹点操作标注约束,或更改与标注约束关联的用户变量或表达式,实现控制对象的长度、距离和角度,达到控制几何图形的目的。

如图9-29,改变矩形长和宽及圆的半径,可以更改矩形和圆的大小;改变圆到矩形中心的约束,可以使圆在矩形中居中。

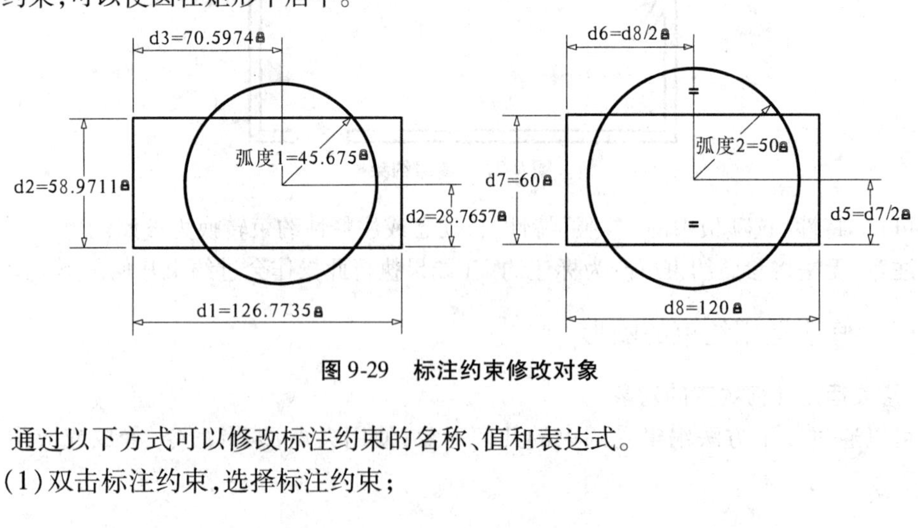

图9-29　标注约束修改对象

通过以下方式可以修改标注约束的名称、值和表达式。

(1)双击标注约束,选择标注约束;

(2)打开“特性”选项板并选择标注约束；

(3)打开参数管理器,从列表或图形中选择标注约束；

(4)将“快捷特性”选项板自定义为显示多种约束特性。

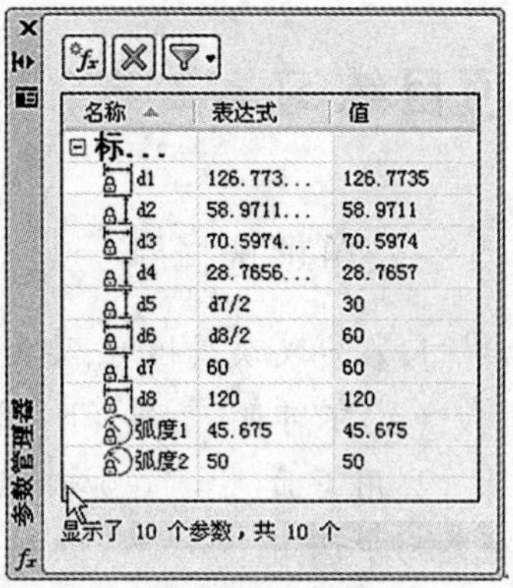

图 9-30　参数管理器

3.3　使用参数管理器

打开参数管理器,我们可以看到,在参数管理器有“名称”、“表达式”、“值”。如图 9-30。

参数管理器显示标注约束(动态约束和注释性约束)、参照约束和用户变量。可以从参数管理器轻松创建、修改和删除参数。

任务五　学习相关知识

我们还可以在“参数化”选项卡的“几何”面板或“标注”面板中打开“约束设置”,如图 9-31 ~ 图 9-33。在“约束设置”对话框里对几何约束、标注约束和自动约束进行管理。

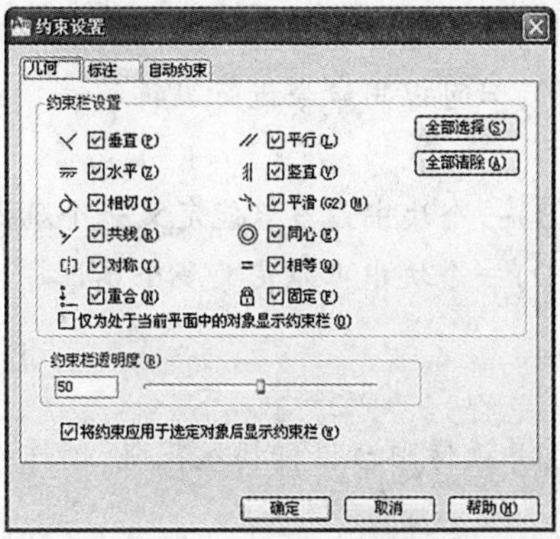

图 9-31　几何约束

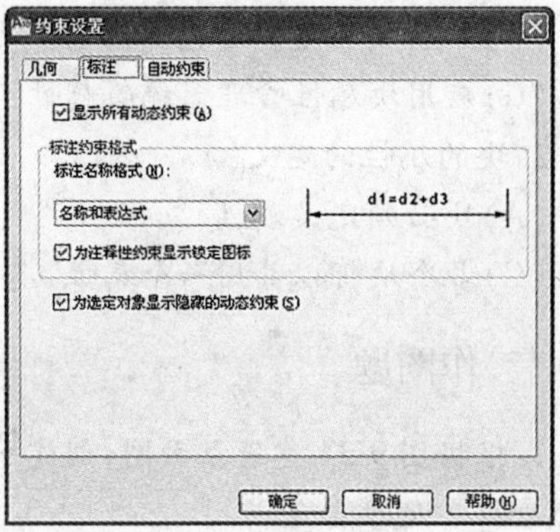

图 9-32　标注约束

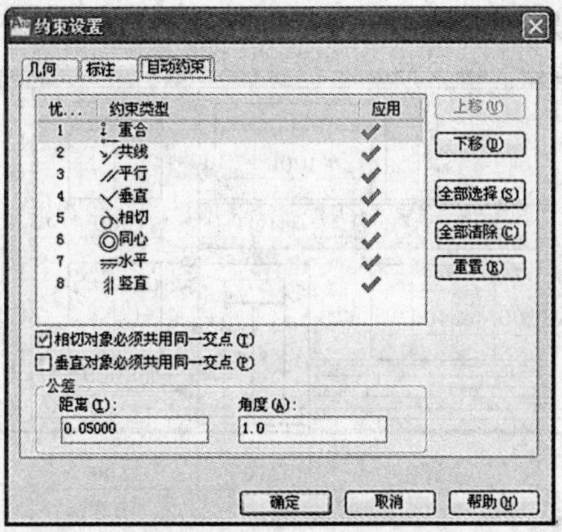

图 9-33　自动约束

项目练习

一、单项选择题

1. 在定义块属性时，要使属性为定值，可选择(　　)模式。

(A)不可见　　(B)固定　　(C)验证　　(D)预置

2. 用下面(　　)命令可以创建图块，且只能在当前图形文件中调用，而不能在其他图形中调用。

(A)Block　　(B)Wblock　　(C)Explode　　(D)Mblock

3. 在创建块时，在"块定义"对话框中必须确定的要素为(　　)。

(A)块名、基点、对象　　(B)块名、基点、属性

(C)基点、对象、属性　　(D)块名、基点、对象、属性

二、多项选择题

1. 编辑块属性的途径有(　　)。

(A)单击属性定义进行属性编辑　　(B)双击包含属性的块进行属性编辑

(C)应用块属性管理器编辑属性　　(D)只可以用命令进行编辑属性

2. 块的属性的定义(　　)。

(A)块必须定义属性　　(B)一个块中最多只能定义一个属性

(C)多个块可以共用一个属性　　(D)一个块中可以定义多个属性

三、作图题

1. 根据图9-34建筑立面图，创建一个花瓶图块，并模仿阳台栏杆插入花瓶，制作一个阳台栏杆。尺寸自定。

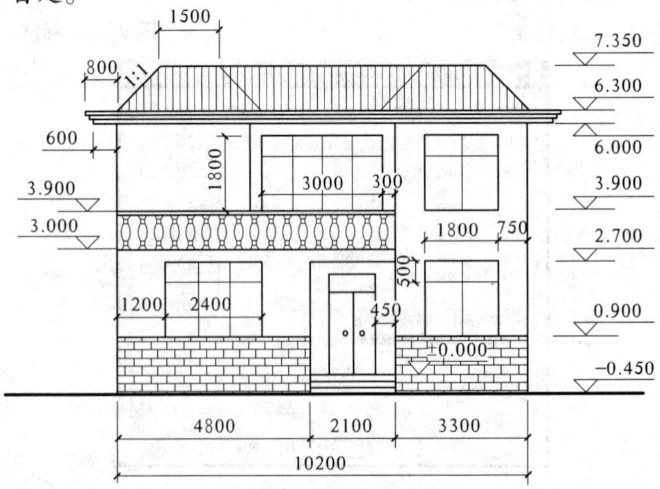

图9-34　创建花瓶图块

2. 根据图 9-34 建筑立面图，创建一个带有属性的建筑标高符号，并按图示位置标注标高。

3. 根据图 9-35 水渠平面图与断面图，创建一个带有属性的平面标高和立面标高符号，并按图中给定的标高值对水渠平面图与断面图标注高程。

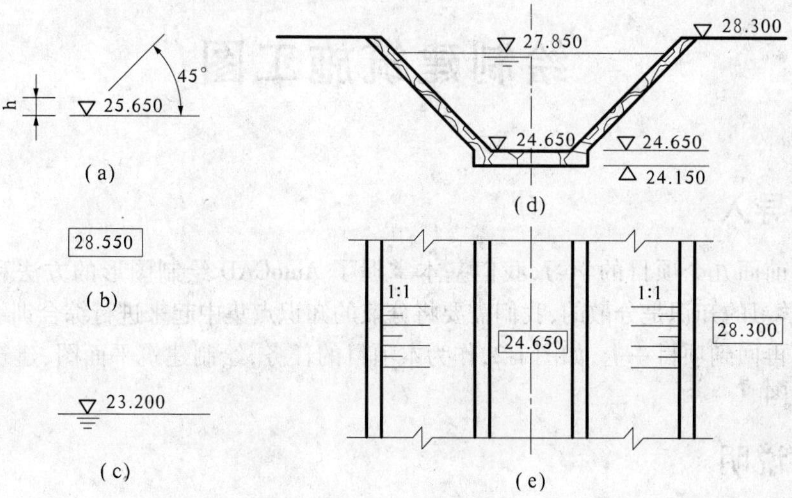

图 9-35　创建标高图块

项目十

绘制建筑施工图

➤ 项目导入

通过前面九个项目的学习，我们基本掌握了 AutoCAD 绘制图形的方法和技巧。但是，前面学习的知识是分散的，我们需要将分散的知识点集中起来进行综合训练。

我们再回到项目一上，如图 1-2，作为本项目的任务，绘制建筑平面图、建筑立面图和建筑剖面图。

➤ 项目说明

本项目的教学内容为 AutoCAD 知识的综合运用。

对于没有安排 AutoCAD 课程综合练习的学校，本项目可以作为学生自己测试练习之用；如果安排有 AutoCAD 课程综合练习的学校，本项目可以作为综合练习的题目来练习。

本项目以建筑施工图为例，其他专业的学生可以从中找出有利于本专业学习的内容，练习的题目可以参考附图。其实，无论哪个专业所运用的 AutoCAD 的知识都是一样的，只不过是在具体操作时，增加本专业的内容而已。

本项目的内容，可以作为教师在综合练习之前的辅导材料，也可作为学生自学练习来用。

➤ 项目主要任务

◇ 回顾建筑制图的相关知识

◇ 明确综合练习的任务

◇ 综合练习辅导

任务一　再回首

活动1　重回项目一

学生活动：

重新回到项目一，再一次阅读任务三，回答下面问题。

(1)房屋施工图一般由______、______、______、______、______组成。

(2)建筑图的图线从线宽上可分为______、______、______、______。

(3)平面图中横向轴线的编号，应用______从______至______顺序编号；竖向轴线的编号，应用______从______至______顺序编号。

(4)定位轴线编号圆用______线绘制，直径______ mm，详图可增至______ mm。

(5)索引符号圆用______线绘制，直径______ mm，详图符号圆用______线绘制，直径______ mm。

(6)指北针的圆用______线绘制，直径宜为______ mm。

(7)建筑外墙尺寸应注三道尺寸，最靠近图形的一道是______；第二道是______；最外一道是______。

(8)室外地平线用______线表示；外轮廓线用______线表示；在外轮廓线之内的凹进或凸出墙面轮廓线，以及门窗洞、雨篷、阳台、台阶、平台、遮阳板等建筑设施或构配件的轮廓线用______线表示；一些较小的构配件和细部的轮廓线，表示立面上凹进或凸出的一些次要构造或装修线，如雨水管，墙面上的引条线、勒脚、图例线等用______线表示。

(9)在建筑剖面图中，______、______、______、______、______、______等处应标注标高。

活动2　重识项目

重读图1-2，我们发现用AutoCAD绘制这项任务并不难。

首先，建筑平面图看似内容复杂，其实两单元房间平面布置是相同的，所以不用两单元平面图都画，只需画一单元内容即可。再分析，一个单元的一梯两户呈对称分布，且结构也是相同的。看来，平面图形只需绘制一个单元的一户，其他的用“镜像”命令完成。当然，镜像后的楼梯间还是要重新补上的，关键还要找准镜像时的镜像线。尺寸也要先标注，镜像后，对重复、不当的尺寸标注进行修改。

其次，立面图也有规律可循。五层立面图，每一层结构相同，虽然左右分别为南北立面图，只要画出一层立面图(包括南北面)，其他四层可以用“阵列”或“复制”命令即可完成。阵列后，屋顶结构，关键是檐口要补画完整。

最后，对应建筑立面图画建筑剖面图。此处重点在画楼梯剖面，难点在楼梯踏步。计算好踢高与踏宽，画出一层两跑梯段，其余复制完成。

任务二　工作前的准备

活动1　重识任务

《建筑工程制图》综合练习要求学生在学完制图标准、几何作图、投影规律、房屋建筑图的基本知识之后，帮助学生综合运用所学知识，进一步建立空间概念，熟悉专业术语，提高空间思维能力，模拟解决工程问题。计算机绘图是在手工绘图的基础之上，运用《工程制图》的知识，将工程图样展示出来，达到由手工绘图向计算机绘图的转变。

1.1　目的与内容

1. 目的

(1)熟练掌握制图标准。

(2)熟练掌握投影规律及投影作图的表达。

(3)熟悉房屋建筑图的表达方法。

(4)掌握房屋建筑图的尺寸标注。

(5)掌握房屋建筑图绘制步骤与方法。

(6)能够处理建筑工程的细部表达。

(7)掌握计算机绘图的基本方法与技巧。

(8)掌握计算机绘图在绘制建筑图中的具体运用。

2. 内容

在手工绘图的基础上，运用计算机绘图的方法在2号图纸上抄绘建筑平面图、建筑立面图和建筑剖面图。

1.2　复习内容

(1)《建筑工程制图》中的制图标准。

(2)投影作图的基本知识。

(3)房屋建筑图的表达方法。

(4)房屋建筑图的绘制方法与绘图步骤。

(5)计算机绘图的基本操作。

(6)计算机绘图在绘制工程图中的具体运用与技巧。

1.3　时间安排

根据各自学校的具体情况，自行确定。

1.4　图面质量要求

作图准确，布置匀称，投影正确，绘图环境设置符合要求，字体、尺寸标注符合规范。

1.5 绘图步骤

(1)认真阅读指定的复习内容,做好绘图的各项准备工作。

(2)设置绘图环境,选定作图比例。

(3)绘制图框和标题栏,并填写。

(4)运用有关命令绘制各个图形。

(5)检查校核、修饰,完成全图。

活动2 准备工作

设置绘图环境,并保存为样板文件。

(1)设置单位与精度。

(2)设置绘图界限:594×420,A2 图幅,采用1:100 比例绘图。

(3)文字样式设置(仅供参考):

样式名	字体名	宽度比例
汉字	仿宋-GB2312	0.7
数字与字母	gbeitc. shx,gbcbig. shx	0.7

(4)图层设置(仅供参考):

图层名	颜色	线型	线宽	用途
特粗线	红色	实线	0.8	室外地面线
粗实线	白色	实线	0.5	墙线、建筑轮廓线
中粗线	30	实线	0.25	门符号、洞口线等
细实线	品红色	实线	0.15	阳台、台阶等
虚线	黄色	虚线	0.25	不可见线
中心线	红色	点划线	0.15	轴线
尺寸线	绿色	实线	0.15	尺寸、轴线编号等
剖面线	青色	实线	0.15	填充剖面图案
文字	30	实线	默认	注写文字
门窗	30	实线	0.15	门窗符号
楼梯	30	实线	0.15	绘制楼梯
柱子	蓝色	实线	默认	填充柱截面

线型比例因子:0.65

(5)绘制图框和标题栏,并填写标题栏。

绘制纸边线(594×420),按图 10-1 绘制图框和标题栏。文字样式采用"汉字",5 号字。

(6)标注样式设置:尺寸基线间距 7 mm,超出尺寸线 2 mm,起点偏移量 1 mm,尺寸箭头采用建筑标记,大小 3 mm,尺寸数字高 3.5 mm、文字样式为"数字与字母",测量单位比例因子 100。

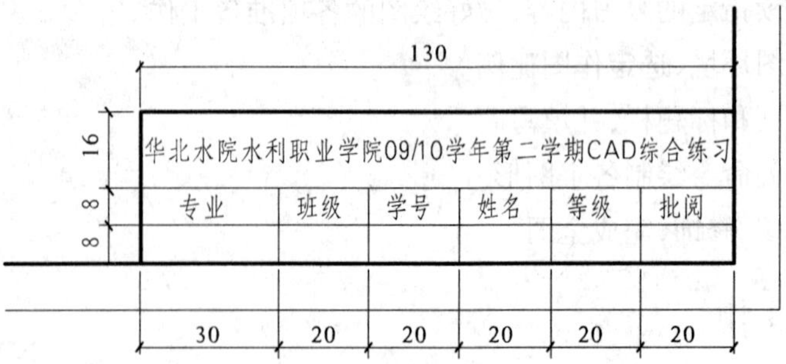

图 10-1　标题栏

任务三　绘图辅导

活动 1　绘制建筑平面图

(1)绘制轴线网。

如图 10-2,按轴间尺寸绘制轴线网。

图 10-2　轴线网

(2)用“多线”命令绘制墙线。

①设置墙线的多线样式,如图 10-3、图 10-4;

②绘制墙线,如图 10-5。

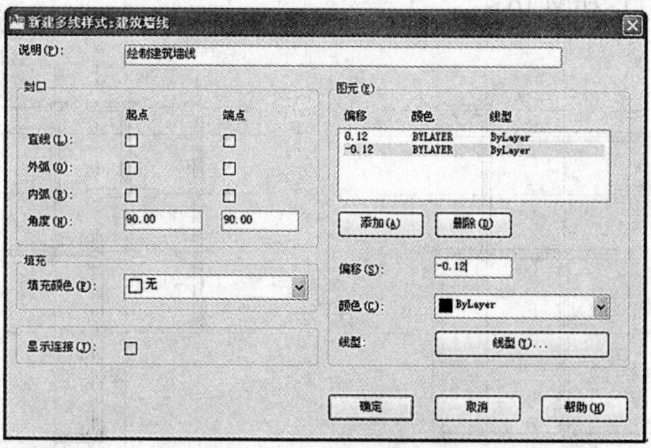

图 10-3　新建多线样式

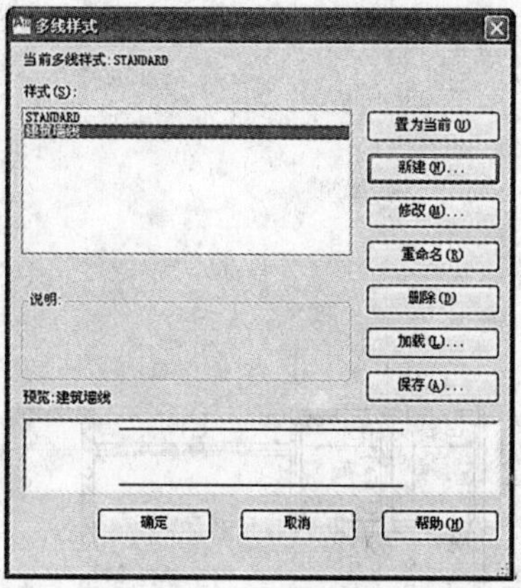

图 10-4　多线样式

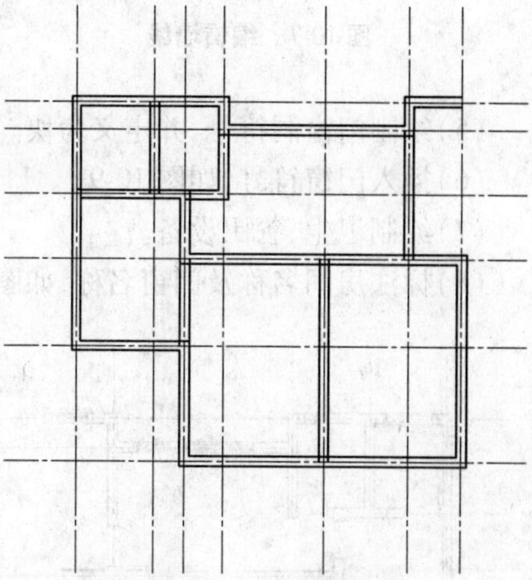

图 10-5　绘制墙线

(3)编辑墙线。

运用“多线编辑工具”编辑墙线,如图 10-6、图 10-7。

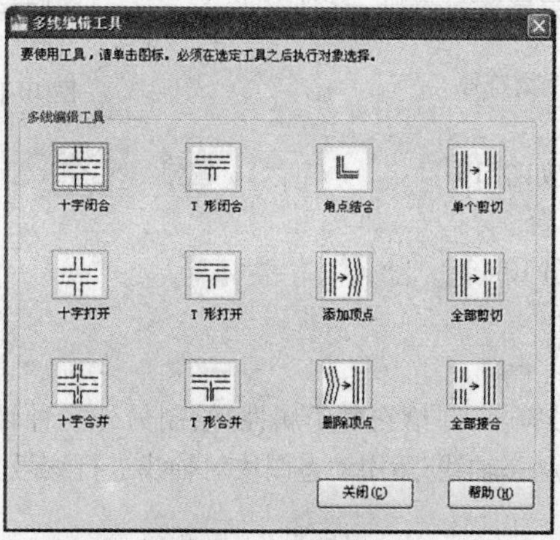

图 10-6　多线编辑

(4)开门窗洞口,如图 10-8。

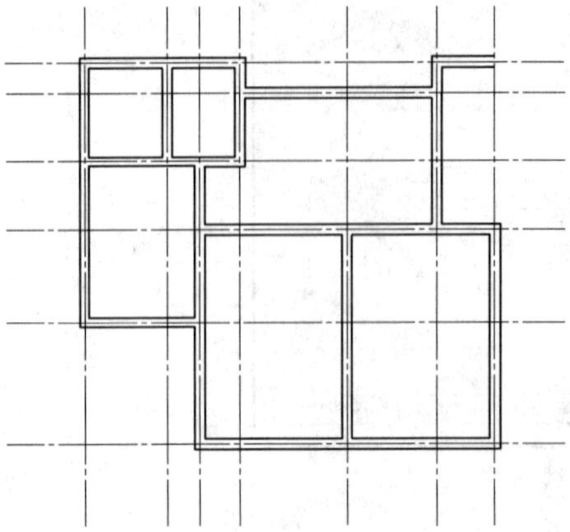

图 10-7　编辑墙线

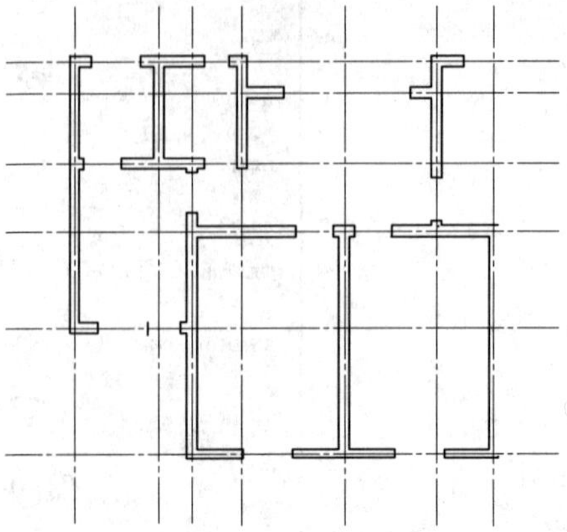

图 10-8　开门窗洞口

(5)绘制门窗洞符号,并定义为块。

(6)插入门窗符号,如图 10-9。

(7)绘制卫生、餐厨设备。

(8)标注房间名称及门窗名称,如图 10-10。

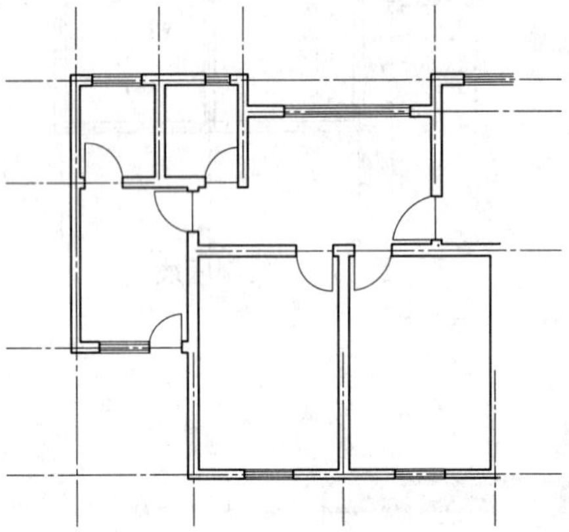

图 10-9　插入门窗符号

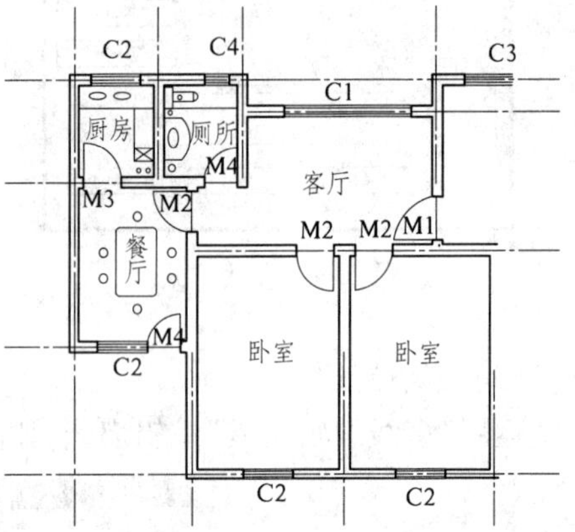

图 10-10　标注名称

(9)镜像另一户室,如图 10-11。

(10)绘制楼梯及阳台。

(11)标注尺寸,如图 10-12。

(12)镜像另一单元。

(13)标注轴线。

注意:绘制轴线编号符号,并给它赋予属性;绘制另外三种轴线编号符号,并赋予属性。这样我们可以定义动态轴线,运用动态图块对轴线进行编号。

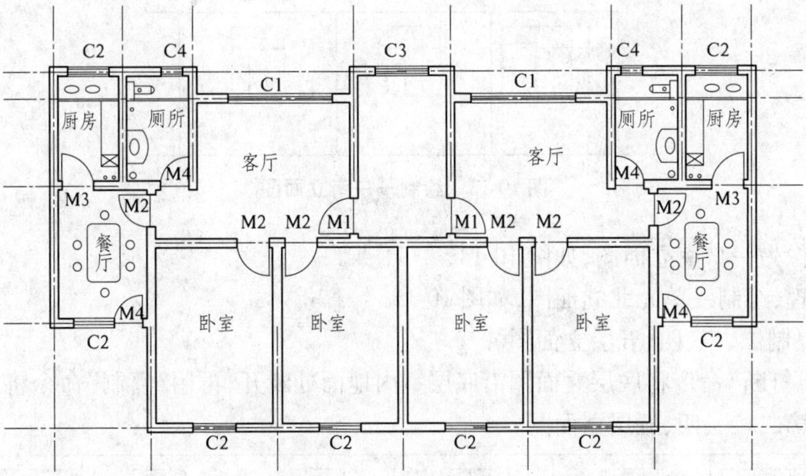

图 10-11　镜像另一梯户

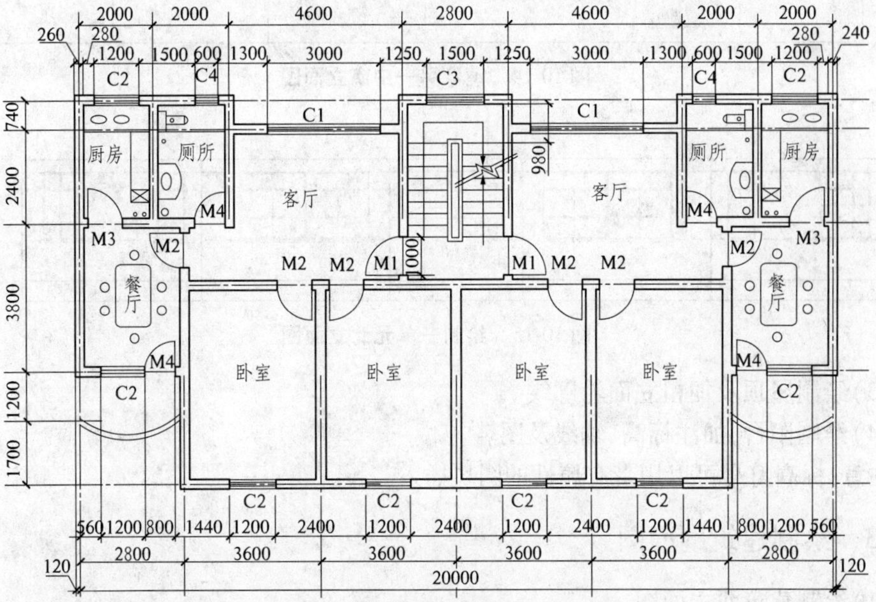

图 10-12　绘制细部并标注尺寸

活动 2　绘制建筑立面图

(1)绘制底层立面图。

①绘制两条基准线；

②绘制二层地面线与一层室外地面线；

③绘制一层西户南立面图；

④绘制阳台与门窗，如图 10-13；

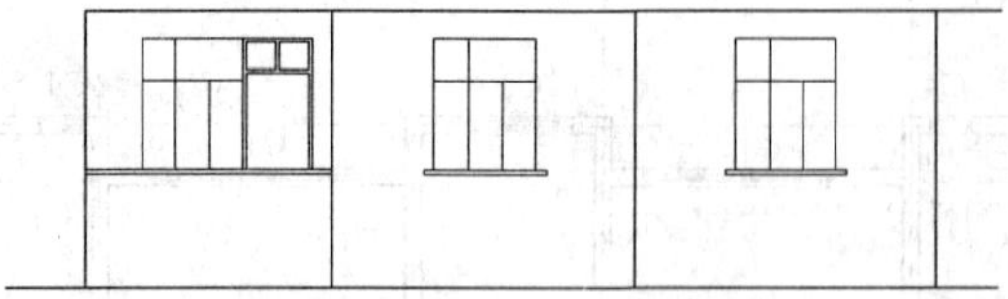

图 10-13　绘制一户南立面图

⑤镜像另一户南立面图，如图 10-14；

⑥同理，绘制一单元北立面图，如图 10-15。

(2)复制二、三、四、五层立面图。

采用“打断”命令将底层立面图沿底层室内地面处断开，再用“复制”命令将底层立面图复制出第二、三、四、五层立面图。

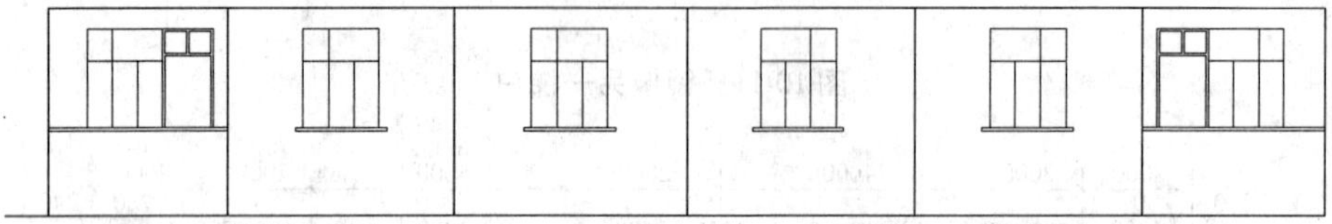

图 10-14　镜像另一户南立面图

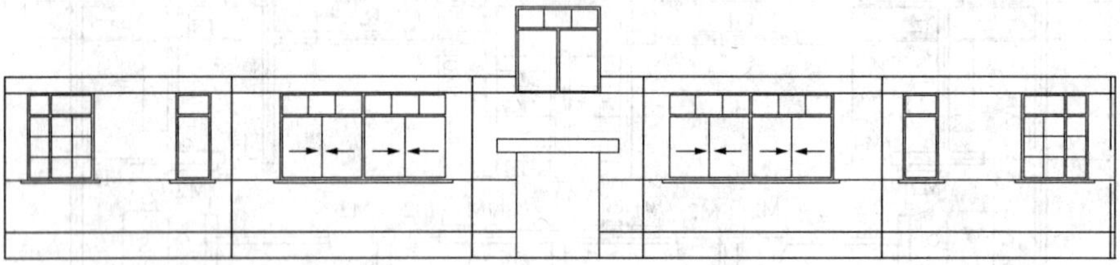

图 10-15　绘制一单元北立面图

(3)绘制屋顶及加粗立面轮廓线。

(4)绘制阳台，加注标高、轴线及图名。

注意：标高符号可以用带有属性的图块插入。

活动 3　绘制建筑剖面图

(1)绘制建筑西立面图。

(2)在 F、C 轴线间绘平台线、楼层地面线。

(3)绘制内墙线与内门窗洞线，如图 10-16。

(4)绘制底层梯段和中间梯段，如图 10-17。

(5)插入楼梯段，如图 10-18。

(6)绘制楼梯扶手。

(7)修剪墙线与多余线，绘制外墙门窗，如图 10-19。

(8)绘制阳台剖面及内墙门窗，如图 10-20。

(9)标注尺寸及标高，并完善剖面图，如图 10-21。

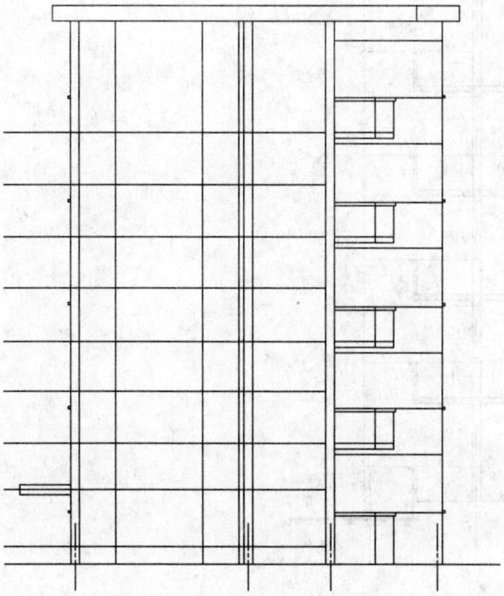

图 10-16　绘制内墙线与内门窗洞线

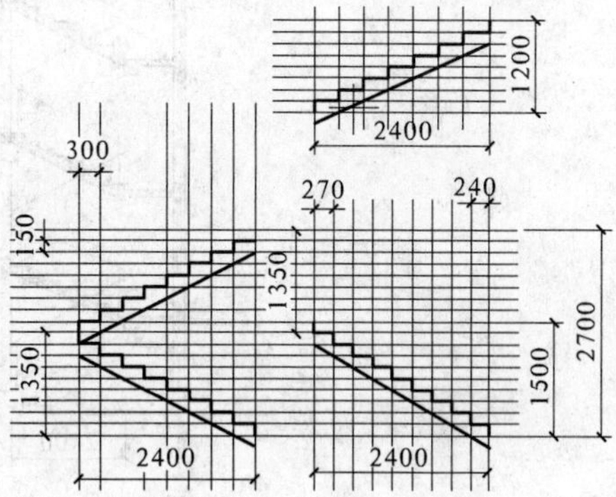

图 10-17　绘制梯段

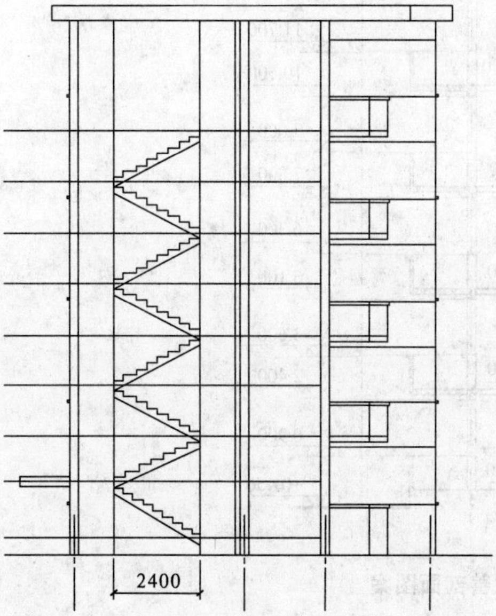

图 10-18　插入楼梯段

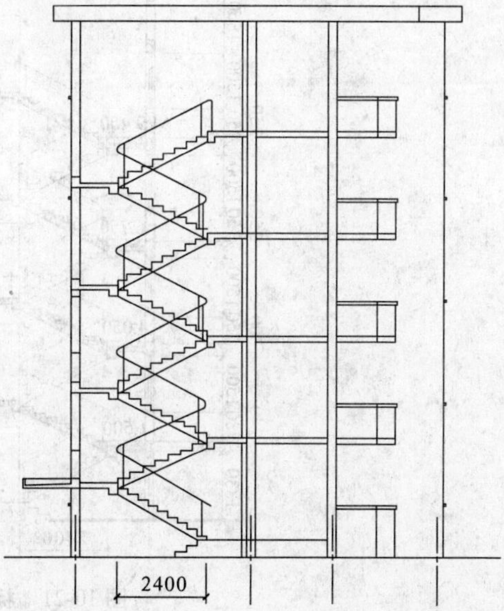

图 10-19　绘制楼梯扶手和外墙门窗及修剪

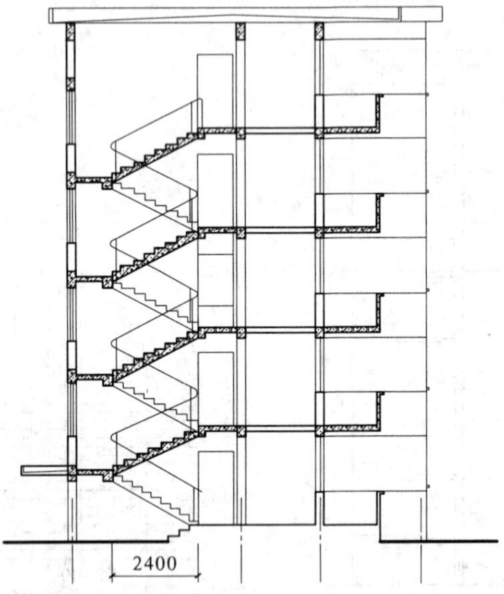

图 10-20　绘制阳台剖面及内墙门窗

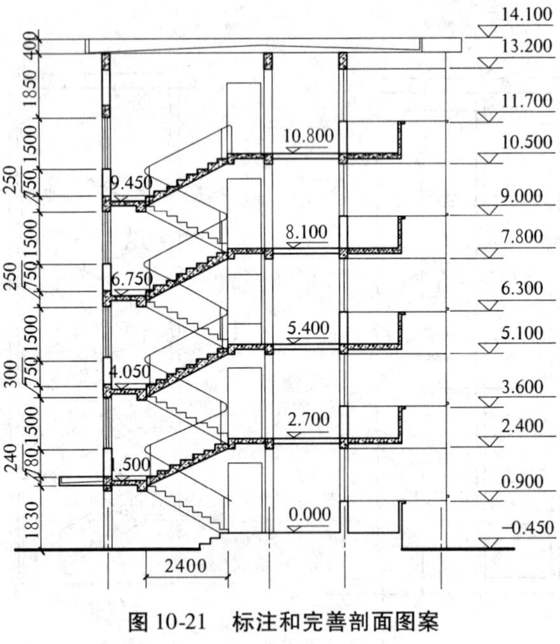

图 10-21　标注和完善剖面图案

项目练习答案

项目一

一、单项选择题

1. A　2. B　3. B　4. C　5. D　6. B　7. D　8. C　9. C　10. D　11. B　12. D　13. B　14. D

二、多项选择题

1. ABC　2. ABCD

项目二

一、单项选择题

1. D　2. A　3. D　4. C　5. A　6. A　7. C　8. A　9. D　10. B　11. C　12. A　13. A　14. D　15. D　16. B

二、多项选择题

1. ACD　2. ABCD　3. ABCD　4. BCD　5. AC　6. ABCD　7. ABCD

项目三

一、单项选择题

1. D　2. C　3. B　4. D　5. D　6. B　7. C　8. A　9. C　10. B　11. C

二、多项选择题

1. ABC　2. ABCD　3. AB　4. ABCD　5. BCD　6. ABCD　7. ABC

项目四

一、单项选择题

1. D　2. C　3. C　4. C　5. B　6. B　7. D　8. D

二、多项选择题

1. ABCD　2. ACD　3. ACD

项目五

一、单项选择题

1. C　2. D　3. A　4. D　5. B　6. B　7. C

二、多项选择题

1. ABCD　2. ABD

项目六

一、单项选择题

1. C　2. A　3. A　4. D　5. A　6. D　7. B　8. B

项目七

一、单项选择题

1. C　2. B　3. D　4. A　5. C　6. C

二、多项选择题

1. AB　2. ABCD　3. AB

项目八

一、单项选择题

1. B　2. B　3. A　4. B　5. B　6. A　7. A　8. B　9. B　10. B

二、多项选择题

1. ABD　2. ABC　3. ABCD　4. ABC　5. ABD　6. A　C　7. BC

项目九

一、单项选择题

1. B　2. A　3. A

二、多项选择题

1. ABC　2. CD

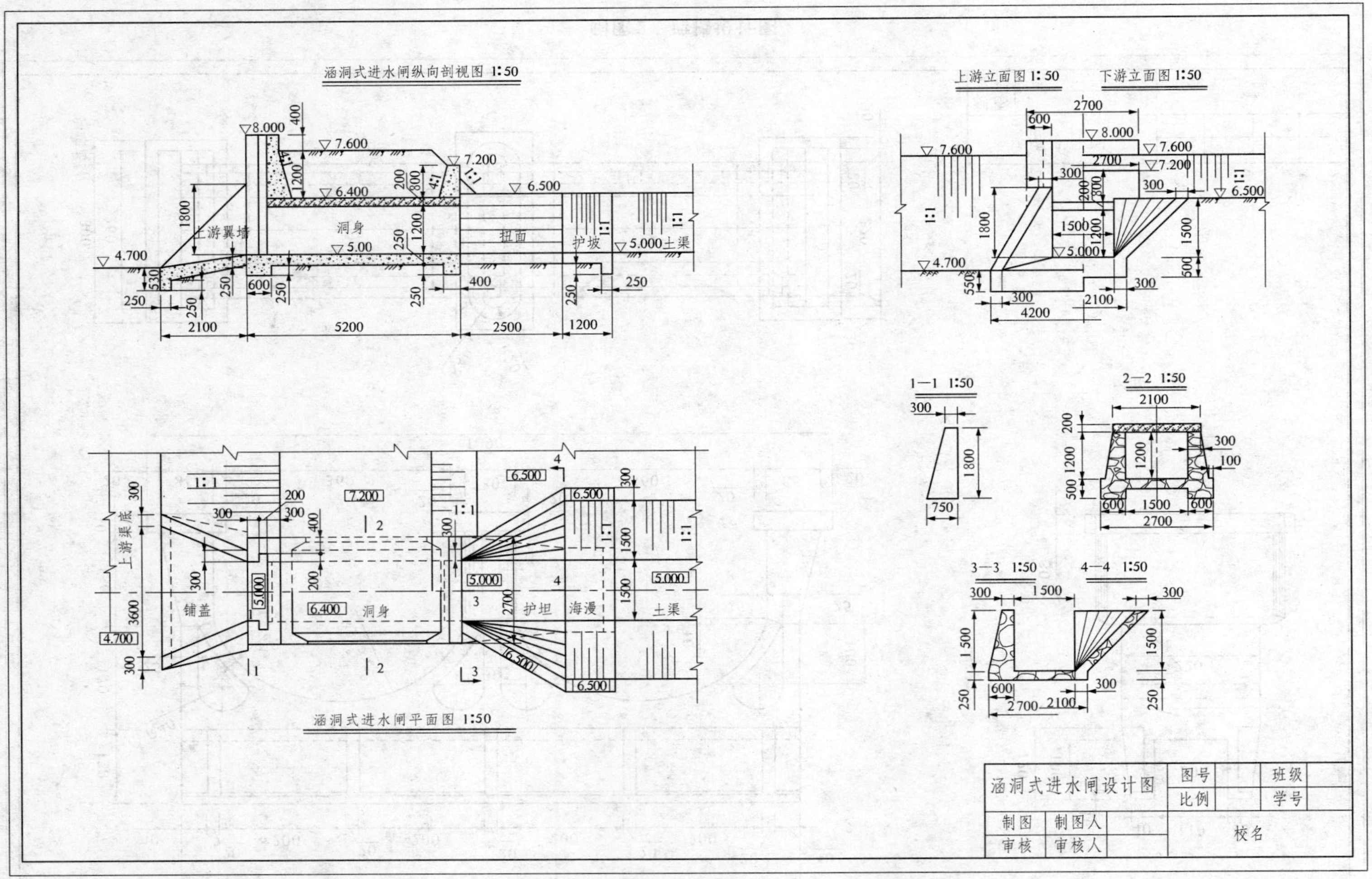

附图 1　涵洞式进水闸设计图

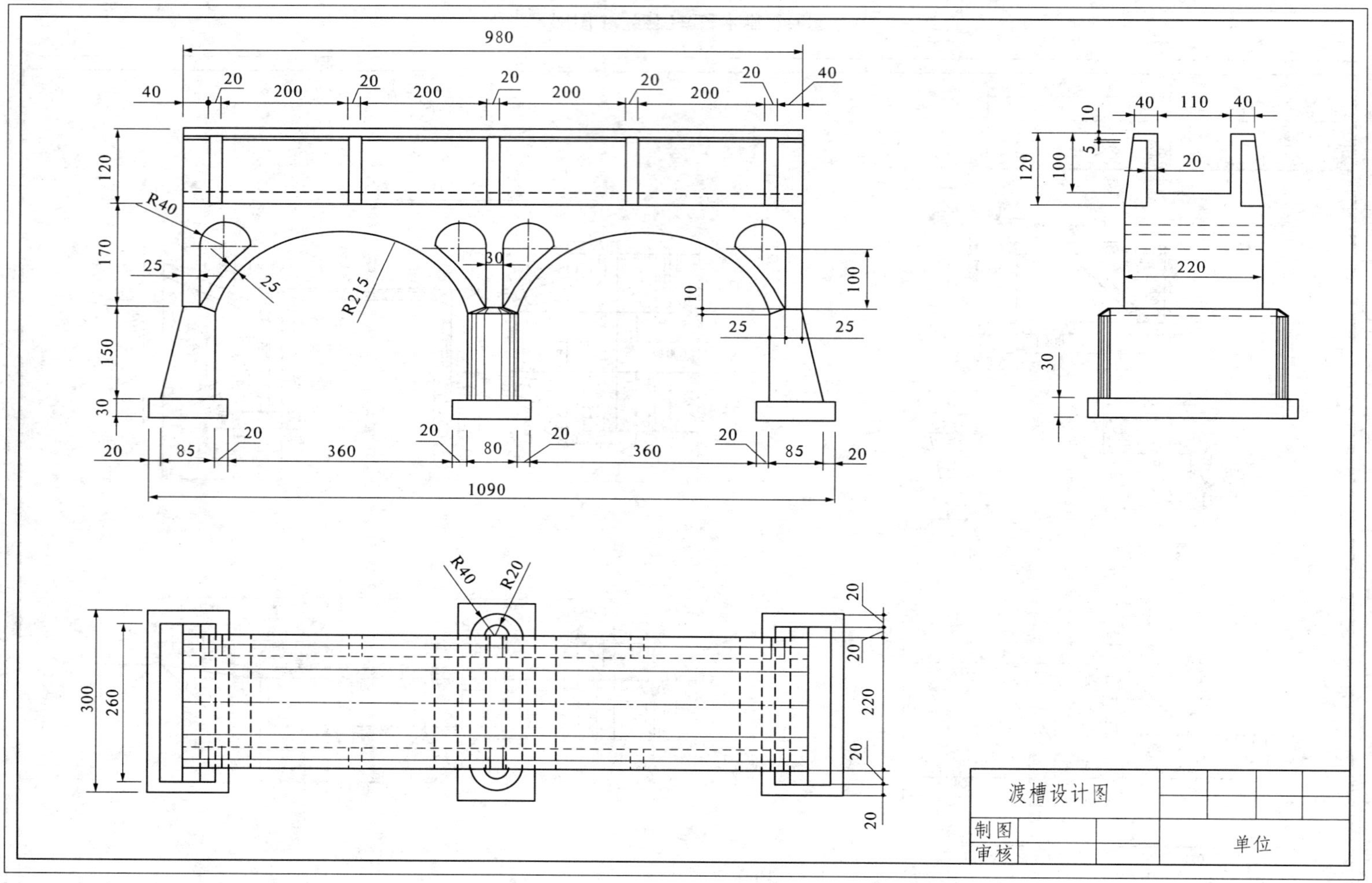
980
40
20
200
20
200
20
200
20
200
20
40
120
170
150
30
R40
25
25
R215
30
10
25
25
100
20
85
20
360
20
80
20
360
20
85
20
1090
40
110
40
10
5
120
100
20
220
30
R40
R20
300
260
20
20
220
20
20
渡槽设计图
制图
审核
单位

附图 2　渡槽设计图

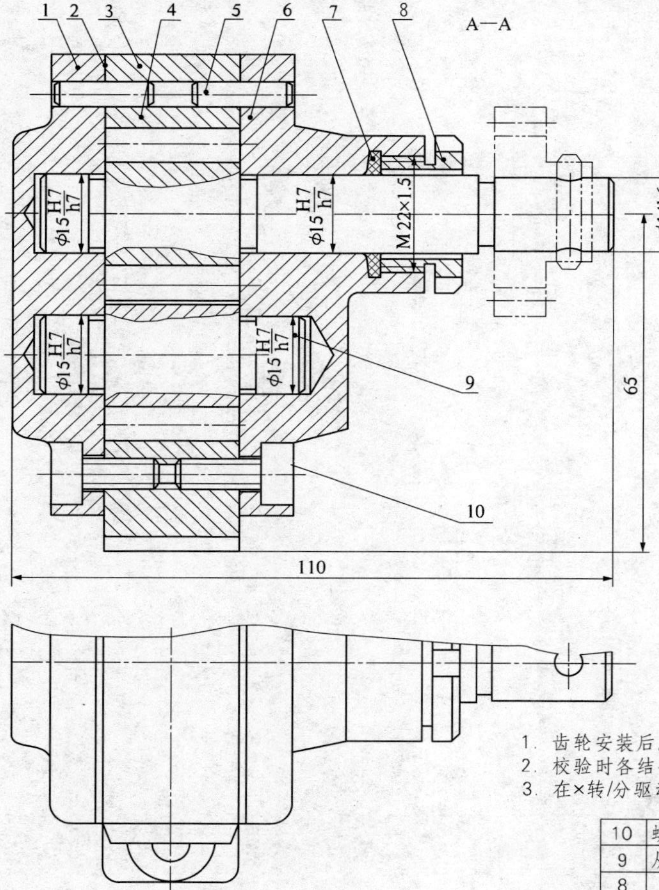

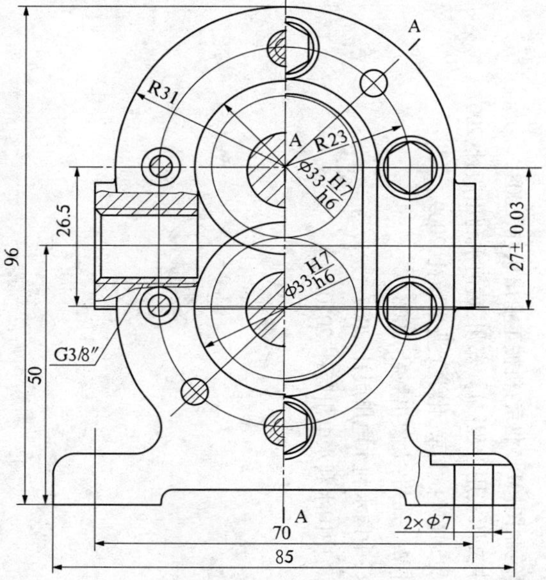

技术要求

1. 齿轮安装后，用手转动主动齿轮轴时，应灵活旋转
2. 校验时各结合面不得有漏油现象
3. 在×转/分驱动下，流量不得少于×L/min

序号	名称	数量	材料	附注
10	螺钉M6×20	12	35	GB70—85
9	从动齿轮轴	1	45	m=3 z=9
8	螺塞	1	35	
7	填料	1	橡胶	
6	泵盖	1	HT20-40	
5	销5×20	4	35	GB119—86
4	主动齿轮轴	1	45	m=3 z=9
3	泵体	1	HT20-40	
2	垫片	2	厚纸	
1	泵盖	1	HT20-40	

泵体		比例	1:1
		共1张	第1张
制图			
审核			

附图 3　油泵装配图

参 考 文 献

[1] SL 73—95　水利水电工程制图标准[S].

[2] GB/T 50104—2001　建筑制图标准[S].

[3] 刘瑞新. AutoCAD 2009 中文版建筑制图[M]. 北京:机械工业出版社,2008.

[4] 卢德友,陈红中. AutoCAD 2006 中文版实用教程[M]. 郑州:黄河水利出版社,2007.

[5] 志远. AutoCAD 制图快捷命令一览通[M]. 北京:化学工业出版社,2009.

[6] 董丞明. 现代教育技术培训教程[M]. 郑州:大象出版社,2008.

[7] 张多锋. 建筑工程制图[M]. 北京:中国水利水电出版社,2007.

[8] 尹亚坤. 水利工程 CAD[M]. 北京:中国水利水电出版社,2010.